普通高等教育规划教材

现代测量学

（附实习、实训指导书）

沙从术　主编　　耿宏锁　副主编

化学工业出版社

·北京·

本教材在传统测量学和地形测量的基础上，力求采用新思路、增加新内容、体现新结构、应用新技术，对全书结构和内容方面进行优化处理。

全书共分4篇11章，包括：现代测量学的基本知识、测量的基本方法及测量仪器的使用、现代测量学的基本理论、数字地形图的测绘及应用，每篇前面增加了导读内容，旨在提示读者本篇要讲述的主要内容、学习目标、学习方法和学习要求；每章后面都有相应的习题与思考题，通过练习，达到对本章内容学习的巩固与深化。

为更好地掌握现代测量学的理论知识，编写了与之配套的《现代测量学实习、实训指导书》（另册），通过完整的实践训练，达到理论与实践的有机结合。

本书为高等学校测绘工程、地理信息、工程测量技术、地籍测量等专业的教材。

图书在版编目（CIP）数据

现代测量学（附实习、实训指导书）/沙从术主编．—北京：化学工业出版社，2010.2

普通高等教育规划教材

ISBN 978-7-122-07519-2

Ⅰ．现… Ⅱ．沙… Ⅲ．测量学 Ⅳ．P2

中国版本图书馆CIP数据核字（2010）第000328号

责任编辑：李仙华　卓　丽　王文峡　　　　装帧设计：尹琳琳

责任校对：周梦华

出版发行：化学工业出版社（北京市东城区青年湖南街13号　邮政编码100011）

印　　装：大厂聚鑫印刷有限责任公司

787mm×1092mm　1/16　印张17　字数438千字　　2010年2月北京第1版第1次印刷

购书咨询：010-64518888（传真：010-64519686）　售后服务：010-64518899

网　　址：http://www.cip.com.cn

凡购买本书，如有缺损质量问题，本社销售中心负责调换。

定　　价（含实习、实训指导书）：30.00元

前 言

“现代测量学”是测绘工程、地理信息、工程测量技术、地籍测量等专业的一门主要专业课，重点学习现代测量学的基本知识、测量仪器的操作使用、数字地形图的测绘等内容。本课程与后续的测量课程联系密切，也是今后学习其他课程的基础，对培养学生的专业能力具有重要的作用。

本教材在传统测量学和地形测量的基础上，力求采用新思路、增加新内容、体现新结构、应用新技术对全书进行结构和内容方面的优化处理。全书共分4篇11章，包括：现代测量学的基本知识、测量的基本方法及测量仪器的使用、现代测量学的基本理论、数字地形图的测绘及应用，每篇前面增加了导读内容，旨在提示读者本篇要讲述的主要内容、学习目标、学习方法和学习要求；每章后面都有相应的习题与思考题，通过练习，达到对本章内容学习的巩固与深化。本教材摒弃了传统的平板仪测图内容，增加了利用全站仪和GPS进行数字化测图的内容，对传统的三角测量方法和交会测量方法进行了大幅度的删减，将新的技术、新的方法、新的仪器内容添加进来，如增加了GPS测量技术、数字测图和计算机绘图技术，增加了电子经纬仪、全站仪的使用与操作方法。

由于现代测量学是一门实践性很强的课程，在学习过程中必须进行各种实习和综合实训才能很好地掌握现代测量学的理论知识，为此，我们编写了与之配套的《现代测量学实习、实训指导书》（另册），通过完整的实践训练，达到理论与实践的有机结合。

本书由河南工程学院沙从术任主编、西北农林科技大学耿宏锁任副主编、福建龙岩学院陈绍杰参编，全书由沙从术统稿。

在本书编写过程中，参考了有关文献资料，在此向这些文献作者表示感谢！

在本书编写中存在的问题和不足之处，恳请读者批评指正。

本书提供有电子教案，可发信到cipedu@163.com邮箱免费获取。

编 者

2010年1月

目　录

第一篇　现代测量学的基本知识

第二篇　测量的基本方法及测量仪器的使用

第四篇 数字地形图的测绘及应用

第十一章　数字地形图的应用 ······ 179

参考文献 ······ 195

第一篇

现代测量学的基本知识

【导读】 本篇内容主要引导学生对现代测量学有一个初步的认识，了解现代测量学的一些基本概念、测量学的学科分类，了解测量学在国民经济和国防建设中的地位与作用，了解测量学的发展历史及发展前景。了解地球的形状和大小及与地球相关的一些概念，了解测量坐标系统和高程系统的相关概念与规定；掌握直线定向的方法以及象限角和坐标方位角的关系，掌握用水平面代替水准面限度的计算方法与规定；了解测量工作基本原则、基本方法和要求。

通过本篇的学习，使学生树立学好测绘专业课的信心，培养学生的学习兴趣，掌握测绘专业课的学习方法，今后测绘专业课的学习从思想认识上打下比较稳固的基础。

第一章 绪 论

【知识目标】

- 掌握测量学及相关学科的基本概念
- 了解测量学在国民经济和国防建设中的地位与作用
- 了解测量学发展历史及发展前景
- 掌握本课程的学习方法与要求

第一节 现代测量学的地位与作用

一、现代测量学的基本概念

测量学是一门古老而又现代的学科，早期的概念是以地球为研究对象，对它进行测定和描绘的科学。测绘就是利用测量仪器测定地球表面自然形态的地理要素和地表人工设施的形状、大小、空间位置及其属性等，然后根据观测到的这些数据通过地图制图的方法将地面的地物、地貌绘制成地形图。图 1-1 为利用平板仪测绘地形图。随着测绘技术和计算机绘图技术的不断发展，测绘仪器的自动化程度也越来越高，目前，传统的平板仪和经纬仪测图方法基本上不再使用，现多采用数字化的测图技术，即利用全站仪和 GPS 接收机进行野外数据采集，利用计算机进行内业绘图工作，如图 1-2 所示。在一般情况下，这种概念的测绘工作

图 1-1 平板仪测绘地形图

(a) 外业数据采集

(b) 内业计算机绘图

图 1-2 数字化测图

仅限于较小区域的测量与制图，将地面当成平面，不考虑地球曲率的影响。但是地球表面并不是平面，测绘工作的范围也不仅限于局部地区，尤其是在现代测绘科学技术的应用领域不断扩大，其工作范围不仅是大区域，例如一个地区或一个国家，有时甚至需要进行全球的测绘工作。在这种情况下，测绘工作和测绘科学所要研究的问题就不是那样简单，而是变得复杂得多了。这时，测量学不仅研究地球表面的自然形态和人工地物的几何信息的获取与表达问题，而是把地球作为一个整体，研究获取和表达其几何信息、物理信息、人文信息等以及这些信息随时间变化的规律。因此，现代测量学比较完整的概念应该是：它是研究实体（包括地球整体、表面以及外层空间各种自然与人造的物体）中与地理空间分布有关的各种几何、物理、人文及其随时间变化的信息的采集、处理、管理、更新和利用的科学与技术。

二、现代测量学的地位与作用

1. 在科学研究中的作用

地球作为人类赖以生存与发展的唯一星球，经过自古至今的自然变迁与人类改造，如今的地球正变得越来越不稳定，人类正面临着一系列全球性或区域性的重大难题与挑战，现代测量学在探索地球的奥秘与规律、深入认识和研究地球的各种问题中发挥着重要作用。伴随着现代测量技术的不断发展，现代测量已经或将要实现无人干预自动连续观测和数据处理，可提供任意时段的观测数据，这对地球内部的物质结构变化、地壳运动规律、重力场的时空变化、地球自转的变化等研究，都起到非常重要的作用。

2. 在国民经济建设中的作用

现代测量学在国民经济建设中作用更是广泛的。在经济发展规划、土地资源的调查与利用、海洋开发、农林牧渔业的发展、生态环境保护以及各种工程、矿山和城市建设等各个方面都必须进行相应的测量工作，编制各种类型的地图和建立相应的地理信息系统，以供规划、设计、施工、管理和决策使用。例如，在城市化进程中，城市规划、乡镇建设、交通管理等都需要测绘数据和相对应的地图；在水利、能源、通讯等设施的大规模、高难度的工程建设中，也离不开精确的具有现势性强的测绘资料，并且需要在工程建设的全过程采用地理信息数据进行辅助决策。丰富的地理信息是国民经济和社会信息化的重要基础，对传统的产业改造、升级、优化与生产经营，发展精细农业，构建“数字中国”和“数字城市”，发展现代物流配送系统和电子商务，实现金融、财税、贸易等信息化，都需要以测绘数据为基础的地理空间信息系统作为平台。

3. 在国防建设中的作用

古代打仗和近代战争离不开地图，在现代化的战争中，武器的定位、发射和精确制导更需要高精度的定位数据，高分辨率的地球影像图。以地理空间信息为基础的战场指挥系统，可持续、实时地提供虚拟数字化的战场环境信息，为作战方案的优化、战场指挥和战场态势评估实现自动化、系统化和信息化提供测绘数据和基础地理信息保障。测绘信息可以提高战场上的精度打击力，夺取战争的胜利与主动。公安部门合理部署警力，有效预防和打击犯罪也需要电子地图、全球定位系统和地理信息系统的技术支持。为建立国家边界及国内行政界线，测绘空间数据库和多媒体地理信息系统不仅在实际疆界划定工作中起着基础信息的作用，而且对于边界谈判、缉私禁毒、边防建设与界线管理中均有重要的作用。尤其是测绘信息中的许多内容涉及国家主权的利益，决不可失去严肃性与严密性。

4. 在社会发展中的作用

国民经济建设和社会发展的大多数活动都是在某一特定空间地域进行的，其信息数据也大多数与地理位置有关，政府部门或职能机构既要及时了解自然和社会经济要素的分布特征与资源环境条件，也要进行规划布局，还要掌握其发展状态和政策的实施效应，由于现代经济和社会的快速发展与自然关系的复杂性，使人们解决现代经济和社会问题的难度增加，因此，为实现政府管理和决策的科学化、民主化，需要提供广泛通用的地理空间信息平台，测绘数据是其基础，在此基础上，将大量的经济与社会信息要素加载到这个平台上，形成符合真实世界的空间分布形式，建立空间决策系统，进行空间分析和管理决策，以及实施电子政务。另外，在防灾与减灾、自然资源的合理开发与利用、生态建设与环境保护、社会可持续发展等方面，测绘数据与地图资料都发挥着极其重要的作用。

第二节 现代测量学的学科分类

随着现代科学技术的发展和不同学科的交叉融合，现代测量学产生了许多分支学科：大地测量学；地形测量学；摄影测量学；海洋测绘学；工程测量学；制图学；遥感（RS）；全球定位系统（GPS）和地理信息系统（GIS）等，伴随新技术的不断发展，新的测量分支学科将不断涌现。

大地测量学：它是研究地球的形状与大小、地球的重力场和地面点几何位置的测量方法及地球整体与局部运动的理论和技术的学科。在大地测量学中，测定地球的大小是指测定地球椭球的大小；研究地球的形状是指研究大地水准面的形状和地球椭球的扁率；测定地面点的几何位置是指测定以地球椭球面为参考面的地面点位置；研究地球的重力场是指利用地球的重力作用研究地球的形状。

地形测量学：研究将地球表面局部地区的地貌、地物测绘成地形图的基本理论和方法。地形测量学主要是研究在局部地区测绘各种地形图的方法与理论以及各种测量仪器的操作与使用方法。

摄影测量学：研究利用航天、航空、地面的摄影和遥感信息，进行测量的方法和理论的学科。它是研究如何利用摄影或遥感手段获取目标物的影像数据，从中提取几何和物理信息，并用图形、影像和数字形式表达测绘成果。摄影测量学又包括航空摄影测量、航天摄影测量、地面摄影测量等。

海洋测绘学：它是以海洋水体和海底为对象，研究海洋定位、测定海洋大地水准面、海底地形、海洋重力、海洋磁力、海洋环境等自然和社会信息的地理分布及编制各种海图的理论和技术的学科。其主要内容包括海道测量、海洋大地测量、海底地形测量、海洋专题测量以及航海图、海底地形图、各种海洋专题图等图的编制工作。

工程测量学：它是研究在工程建设和自然资源开发各个阶段进行测量工作的理论和技术的学科。它是测量学在国民经济和国防建设中的直接应用，包括规划设计阶段的测量、施工兴建阶段的测量、竣工验收阶段的测量和运行管理阶段的测量。每个阶段的测量工作，其内容方法和要求也各不相同。

地图学：它是研究模拟地图和数字地图的基础理论、地图设计、地图编制和复制的技术方法及其应用的学科。传统的地图学内容包括：地图投影理论、地图编制技术、地图设计方法、地图印制工艺等。随着计算机技术的引入，出现了计算机地图制图技术，它是根据地图制图原理和地图编辑过程的要求，利用计算机输入、输出等设备，通过数据库技术和图形数字处理方法，实现地图数据的获取、处理、显示、存储和输出。此时地图是以数字形式存储在计算机中，称之为数字地图，它改变了地图的传统生产方式，节约了人力，缩短了成图周期，提高了生产效率和地图制作质量。

遥感 RS（Remote Sensing）：它是不接触物体本身，用传感器采集目标物的电磁波信息，经处理分析后，识别目标物，并揭示其几何、物理性质和相互联系及其变化规律的现代科学技术。一切物体，由于其种类及环境条件不同，因而具有反射和辐射不同波长的电磁波的特性，遥感技术就是利用物体的这种电磁波特性，通过观测电磁波，从而判读和分析地表的目标及现象，达到识别物体及物体所在环境条件的技术。

全球定位系统 GPS（Global Positioning System）：它是美国国防部为满足军事部门对海上、陆地和空中设施进行高精度导航和定位的要求而建立的，是目前世界上最先进、最完善的卫星导航与定位系统，它不仅具有全球性、全天候、实时精密三维导航与定位能力，而且具有良好的抗干扰性和保密性。它由 6 个轨道上的 24 个卫星组成，基本定位原理是依据用户和 4 颗卫星之间的伪距测量，根据卫星在适当参考框架中的已知坐标确定用户接收机天线的坐标，也就是空间后方交会原理。

地理信息系统 GIS（Geographic Information System）：它是在计算机软件和硬件的支持下，把各种地理信息按照空间分布及属性以一定的格式输入、存储、检索、更新、显示、制图和综合分析应用的技术系统。它是将计算机技术与空间地理分布数据相结合，通过一系列空间操作和分析方法，为地球科学、环境科学和工程设计，乃至政府行政职能和企业经营提供对规划、管理和决策有用的信息，并回答用户提出的有关问题。

第三节 测量学的发展历史及前景

在人类发展的历史长河中，人的各种活动都与空间位置有关，因而产生了确定点位及相互关系的需要。远在上古时代，就有了夏禹在黄河两岸治理水患和埃及尼罗河泛滥后农田边界整理的传说，这些都需要有一定的测量知识。

公元前 7 世纪前后，管仲在所著《管子》一书中已收集了早期的地图 27 幅，西汉初期的《地形图》及《驻军图》已于 1973 年从长沙马王堆汉墓中出土。到了西晋，裴秀就提出了绘制地图的 6 条原则，即《制图六体》，它是世界上最早的制图理论。早期的地图不论是精度和内容，还是制图的手段都是很低的，随着人们对自然界的认识不断深入，生产力水平和科学技术的不断发展，测绘科学也不断发展和进步。17 世纪，望远镜的使用，是测绘科学发展史上一次较大的变革。1903 年飞机的发明，又促进了航空摄影测量学的发展。到了 20 世纪 50 年代，随着电子学、信息论、相干光理论、电子计算机、空间科学技术等学科的发展，又极大地推动了测绘科学的发展。

20 世纪 80 年代，由于全球定位系统卫星的发射和计算机技术的快速发展，更是推动测绘科学的进步。从低精度到高精度、从低速度到高速度、从静态观测到动态观测、从局部到全球、从图纸化到数字化、从手工到自动化、从二维到多维，这就是测绘科学发展的总趋势。

地图是一种古老而有效并一直沿用至今的精确表达地表现象的方式，是记录和传达关于自然世界、社会和人文的位置与空间特性信息最卓越的工具，它对人类社会发展的作用如同语言和文字一样，具有十分重要性。从本质上讲，地图是对客观存在的特征和变化规则的一种科学的概括和抽象。与早期用半符号、半写景的方法来表示和描述地形的地图相比，现代地图按照一定数学法则，运用符号系统概括地将地面上各种自然现象表示在平面上，因此现代地图具有早期地图无法比拟的优点，即现代地图具有可量测性。

传统的图解法测图是利用常规的测量仪器对地球表面局部区域内的各种地物、地貌特征点的空间位置进行测定，并以一定的比例尺按图式符号将其绘制在图纸上。通常称这种在图纸上直接绘图的工作方式为白纸测图。在测图过程中，观测数据的精度由于刺点、绘图及图纸伸缩变形等因素的影响会有较大的降低，而且工序多、劳动强度大、质量管理难，特别在当今的信息时代，纸质地形图已难以承载更多的图形信息，图纸更新也极为不便，难以适应信息时代经济建设的需要。

随着计算机技术和测绘仪器的发展，一种全解析机助测图方法以高自动化、全数字化、高精度的显著优势取代了传统的手工图解测图法。数字测图就是要实现丰富的地形信息、地理信息数字化和作业过程的自动化或半自动化，尽可能缩短野外测图时间，减轻野外劳动强度，而将大部分作业内容安排到室内去完成，与此同时，将大量手工作业转化为计算机控制下的自动操作，这样不仅减轻劳动强度，而且不会损失观测值精度。地面数字测图的基本过程是：首先采集有关的绘图信息并及时记录在相应存储器中（或直接传输给便携机），然后在室内通过数据接口将采集的数据传输给计算机并由计算机对数据进行处理，再经过人机交互屏幕编辑，最后形成数字图形文件。由上述过程可看出，数字测图的地形信息的载体是计算机的存储介质（磁盘或光盘），其提交的成果是可供计算机处理、远程传输、多方共享的数字地形图数据文件，如果使用打印机或绘图仪，可以在印刷介质上输出相应的地形图。

将绘制地形图的全部信息存储在设计好的数据库中，经绘图软件处理可在屏幕上将需要的地形图显示出来，用这种方式来阅读的地图称为电子地图。电子地图的优点是直接在屏幕上阅读，利用计算机技术可将地形图作放大或缩小变化，用漫游功能可阅读任意区域的内容，且不受图幅边界的限制。由于地形图全部信息的存储是用数字方式实现的，因而称为数字地图，即数字地图是用数字形式存储全部地形信息的地图，是用数字形式描述地图要素的属性、定位和关系信息的数据集合，是存储在具有直接存取性能的介质（磁盘、硬盘、光盘等）上的关联数据文件。在电子绘图系统的支持下，将“数字地图”视觉化后就成为“电子地图”，通过打印机或者绘图仪视觉化，则“电子地图”就成为传统的“模拟地图”。利用数字地图可以生成电子地图和数字地面模型（Digital Terrain Model，DTM），以数学描述和图像描述的数字地形表达方式，可实现对客观世界的三维描述，更具深远意义的是，数字地形信息作为地理空间数据的基本信息之一，已成为地理信息系统（Geographic Information System，GIS）的重要组成部分。

测绘科学是一门古老而又充满活力的现代高科技技术，它与其他学科相互渗透、相互交叉、相互影响、相互促进。

第四节　学习测量学的方法与要求

本书主要学习现代测量学的基本理论、各种测绘仪器的使用、大比例尺数字地形图的测绘方法等内容。测量学是一门实践性很强的课程，因此，在学习进程中，必须做到理论联系实际，多思考、多动手、多实践，才能很好地掌握测量学的知识。学习本书的基本要求是。

(1) 掌握现代测量学的基本理论、基本知识和基本技能。

(2) 了解常用测量仪器的构造与组成，正确掌握仪器的使用与基本操作方法。重点掌握水准测量、角度测量和距离测量的方法。

(3) 初步掌握建大比例尺数字地形图的基本知识及测绘方法。

(4) 了解测量误差的基本理论与应用方法。

(5) 了解数字地形图的应用领域及方法。

本课程具有理论严密、概念多、实践性强等特点，通过本课程的学习，除了培养学生的理论分析能力和实际动手能力之外，还要培养学生保持吃苦耐劳、一丝不苟的优良品德，培养学生具备执着的敬业精神、积极主动的工作态度和善于协作的团队意识。

习题与思考题

1. 什么是测量学？它研究的对象是什么？

2. 名词解释：大地测量学、地形测量学、摄影测量学、工程测量学、制图学。

3. 上网查阅现代测量学科的科研成果有哪些？需要哪些方面的知识积累？并制定出本课程的学习计划与学习目标。

第二章　测量学的基本知识

【知识目标】

- 掌握地球的形状和大小及相关概念
- 了解测量坐标系统和高程系统的相关概念与规定
- 掌握直线定向的方法，象限角与坐标方位角的关系
- 掌握用水平面代替水准面限度的计算方法与规定
- 了解测量工作基本原则、基本方法和要求

第一节　地球的形状和大小及相关概念

一、地球的形状和大小

从整个地球来看：地球大致像一个椭球体，其表面极不规则，不便于用数学公式来表达。地球高低起伏的形状：最高海拔 8844.43m（我国西藏与尼泊尔交界处的珠穆朗玛峰）；最低海拔 11022m（太平洋西部的马里亚纳海沟），但地球的半径大约是 6371km。海洋面积约占 71%，陆地面积约占 29%。

二、关于大地体的几个基本概念

大地体：把地球总的形状看作是被海水包围的球体，也就是设想有一个静止的海水面，向陆地延伸而形成一个封闭的曲面。由于海水有潮汐，时高时低，所以取其平均的海水面作为地球形状和大小的标准，它所包围的形体称为大地体。

重力：地球引力与离心力的合力。

水准面：静止而不流动的水面（重力等位面），是一个处处与重力方向垂直的连续曲面。

水准面的特性是：处处与铅垂线相垂直；水准面不是唯一的，可以有许多；水准面是封闭的，它的表面是不规则的。

大地水准面：通过平均海水面并向陆地延伸所形成的闭合曲面。大地水准面实际上是一个有微小起伏的不规则曲面。

重力方向：用细绳悬挂一个垂球，细绳即为悬挂点 O 的重力方向，通常称它为垂线或铅垂线方向。由于地球引力的大小与地球内部的质量有关，且内部质量的分布又不是均匀的，所以铅垂线方向的变化也是不规则的，它不一定指向地心。

在普通的地形测量工作中，铅垂线通常作为测量工作的基准线。大地水准面通常作为测量工作基准面。

三、关于参考椭球面的基本概念

参考椭球面：由于大地体与椭球比较相似，而椭球是可以用数学式来表达的，所以测绘工作便取大小与大地体接近的椭球作为地球的参考形状和大小。

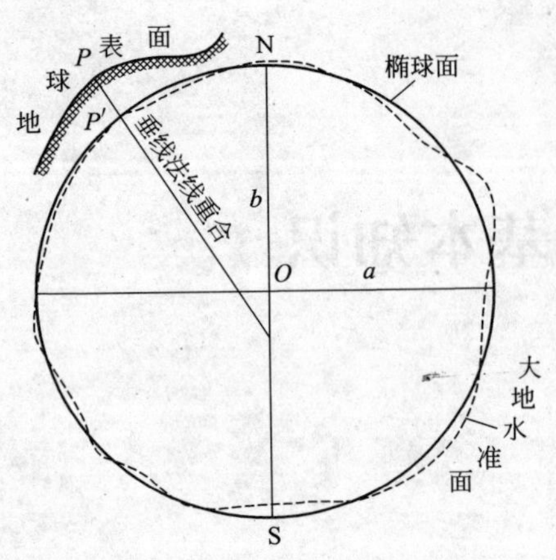

图 2-1　大地水准面与椭球面的关系

参考椭球体的定位：确定椭球体与大地体之间的相互关系并固定下来。

方法：在适当的地点选择一点 P，设想把椭球体和大地体相切，切点 P' 位于 P 点的铅垂线方向上，这时，椭球面上 P' 的法线与该点对大地水准面的铅垂线相重合，并使椭球的短轴与地球自转轴平行。P 点为大地原点。

我国目前所采用的参考椭球体为 1980 年国家大地测量坐标系，其原点在陕西省泾阳县永乐镇。

参考椭球体的参数：长半轴 a＝6378140m

短半轴 b＝6356755m

扁率 α＝1：298.257

如图 2-1 所示为大地水准面与椭球面的关系。

在高精度大范围的控制测量工作中，通常采用法线作为测量工作的基准线。参考椭球面通常作为测量工作的基准面。

第二节　测量坐标系统和高程系统

一、点的空间位置表示

地球上某一点的空间位置，需要三个量来确定，即该点在基准面（参考椭球面）上的投影位置（X,Y）和该点沿投影方向到基准面（一般实用上是用大地水准面）的距离（H）来表示。

二、有关的名词概念

如图 2-2 所示，NS 为椭球的旋转轴，N 表示北极，S 表示南极。通过椭球旋转轴的平面称为**子午面**，而通过原格林尼治天文台的子午面称为**起始子午面**。子午面与椭球面的交线称为**子午线**。通过椭球中心且与椭球旋转轴正交的平面称为**赤道面**。赤道面与椭球面的交线称为**赤道**。与椭球旋转轴正交，但不通过球心的平面与椭球面的交线，称之为**平行圈**。**大地经度**（L）就是通过某点的子午面与起始子午面的夹角。**大地纬度**（B）就是通过某点的法线与赤道面的交角。大地经度 L 和大地纬度 B 统称为**大地坐标**。大地坐标是以法线和参考椭球面作为基准线和基准面的。用经度、纬度表示某点位置的坐标系是在球面上建立的，故称为球面坐标或**地理坐标**。我国疆域全部位于东经、北纬地区。

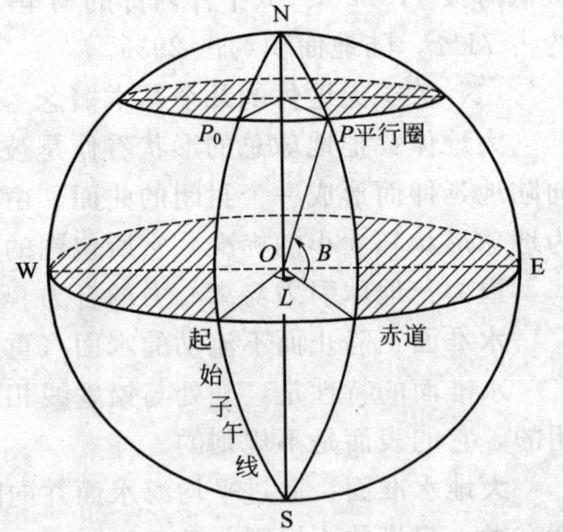

图 2-2　大地经度与大地纬度的表示

要确定某点沿投影方向到基准面的距离，就是确定某点的高程，在一般的测量工作中，称某点沿铅垂线方向到大地水准面的距离为该点的绝对高程或海拔（H）。如果是到任意一个水准面的距离，称为相对高程。我国的水准原点位于青岛观象山，称为水准原点，1956 年黄海平均海水面的水准原点为 72.289m，1985 年国家高程基准的水准原点高程为 72.260m。

三、平面直角坐标系

在小区域内进行测量工作通常采用平面直角坐标，投影面当作平面看待，此时用 x 为纵轴，表示南北方向，用 y 为横轴，表示东西方向，测量平面直角坐标系与数学平面直角坐标系是不一致的，二者的比较如图 2-3 所示。这样，就可以用平面三角学的公式进行测量计算，非常方便。

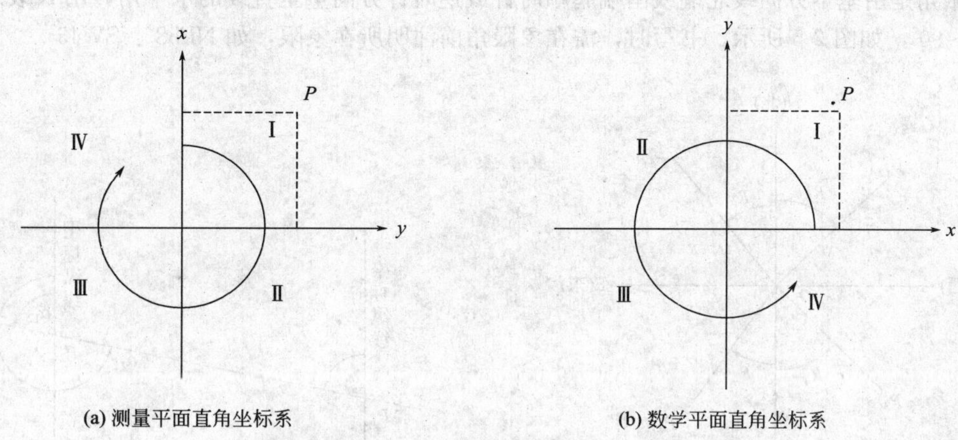

图 2-3　测量坐标系与数学坐标系的比较

第三节　直线定向

一、直线定向的意义

直线定向的意义在于确定点与点之间平面位置的相互关系。确定一条直线与基本方向的关系称为直线定向。

基本方向线有三种，亦称“三北方向”。真北方向，即椭球的子午线所指的北方向；磁北方向，即用磁针北端所确定的北方向；坐标北方向，即平面直角坐标系 x 坐标轴所指的北方向。三北方向是不重合的，在不同地方它们相互位置是不一致的，通过地面某点的真子午线北方向与其坐标北方向之间的夹角，称为子午线收敛角（γ）。凡坐标纵线偏在真子午线以东者为正，反之为负。磁北方向线与真子午线方向之间的夹角称为磁偏角（δ）。凡磁北方向线偏于真子午线以东者为东偏，其值为正，偏于西者为西偏，其值为负。如图 2-4 所示。

二、子午线收敛角

子午线收敛角的计算公式：$\gamma=\Delta L\cdot\sin B$

式中，ΔL 为地面某点到中央子午线的经差；B 为该点的大地纬度。

从式中可看出：当 ΔL 不变时，纬度愈低则子午线收敛角愈小，在赤道时，$\gamma=0$，纬度愈高则子午线收敛角愈大，在两极时，$\gamma=\Delta L$。$\sin B$ 恒大于零，故 γ 的正负号与 ΔL 的正负号一致。

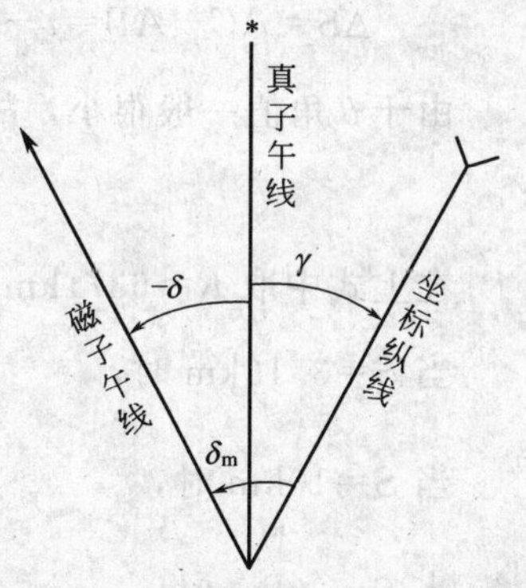

图 2-4　三种标准方向间的关系

三、直线定向的几种表示方法

1. 方位角

由基本方向线的北端起顺时针方向到某一方向线的水平角度，称为该方向线的方位角。用 A 表示，范围为 0°～360°。如果基本方向线是真北方向，则方位角为真方位角 $A_{真}$，若基本方向线是磁北方向，则方位角为磁方位角 $A_{磁}$。

$$A_{真}=A_{磁}+\delta$$

2. 象限角

象限角是由基本方向线北端或南端起顺时针或逆时针方向量至直线的水平角，用 R 表示，范围为 0°～90°，如图 2-5 所示。书写时，需在象限角前注明所在象限，如 NE58°、SW45°。

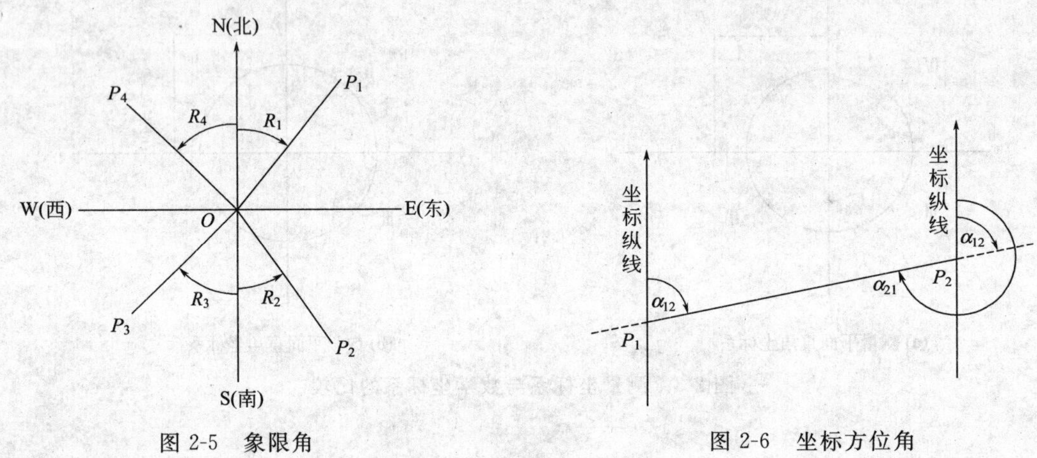

图 2-5 象限角　　图 2-6 坐标方位角

3. 坐标方位角

以坐标北方向作为基本方向线，顺时针方向到某一方向线的水平角度，称之为坐标方位角。用 α 表示，范围为 0°～360°。直线 P_1P_2 的坐标方位角可以表示 α_{12} 或 α_{21}，二者互为正反方位角，其关系如图 2-6 所示，关系式为：$\alpha_{21}=\alpha_{12}\pm180°$

第四节 用水平面代替水准面的限度

一、水准面的曲率对水平距离的影响

在图 2-7 中，设 DAE 为水准面，AB 为其上的一段圆弧，设长度为 S，其所对圆心角为 θ，地球半径为 R，另自 A 点作切线 AC，设长为 t，如果用切于 A 点的水平面代替水准面，即以 AC 代替圆弧 AB，则在距离方面将产生误差 ΔS，由图 2-7 得：

$$\Delta S=AC-\widehat{AB}=t-S=R\cdot\tan\theta-R\cdot\theta=R(\tan\theta-\theta)=R\left(\frac{1}{3}\theta^3+\frac{5}{12}\theta^5+\cdots\right)$$

由于 θ 角值一般很小，故可略去五次方以上的各项，并以 $\theta=S/R$ 代入，则得：

$$\Delta S=\frac{1}{3}\frac{S^3}{R^2}\quad 或 \quad \frac{\Delta S}{S}=\frac{1}{3}\frac{S^2}{R^2}$$

在上式中取 R=6371km，则

当 S=3.16km 时，$\frac{\Delta S}{S}=\frac{1}{12194000}$

当 S=10km 时，$\frac{\Delta S}{S}=\frac{1}{1217700}$

当 S=20km 时，$\frac{\Delta S}{S}=\frac{1}{304400}$

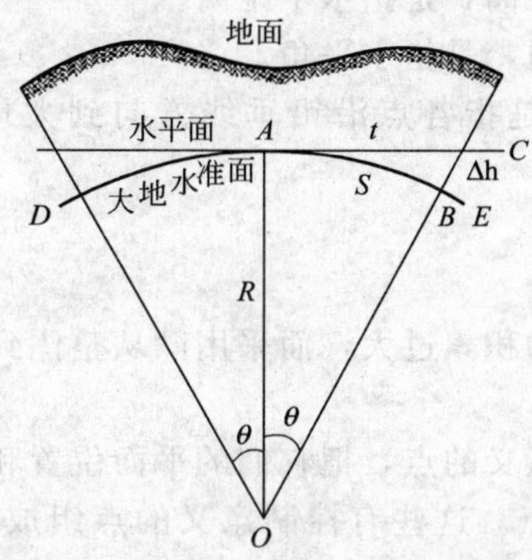

图 2-7　水准面曲率对水平距离的影响

当 $S=50\text{km}$ 时，　$\frac{\Delta S}{S}=\frac{1}{48710}$

从上式可看出：当水平距离为 10km 时，以水平面代替水准面所产生的距离误差为 1/1217700，它小于最精密的距离丈量容许误差（1/100 万）。因此，在半径为 10km 的圆面积内进行长度测量时，可不考虑地球曲率的影响。

二、水准面的曲率对水平角度的影响

由球面角超 ε 公式：　$\varepsilon=\rho\cdot\frac{P}{R^2}$

式中，ρ 为以秒计的弧度；P 为球面多边形面积；R 为地球半径。

测量工作中实测的是球面面积，而绘制成图时则为平面图形的面积。

当 $P=10\text{km}^2$ 时，　$\varepsilon=0.05''$

当 $P=100\text{km}^2$ 时，　$\varepsilon=0.51''$

当 $P=400\text{km}^2$ 时，　$\varepsilon=2.03''$

当 $P=2500\text{km}^2$ 时，　$\varepsilon=12.70''$

从以上看出：当测区范围在 100km² 时，通常可不考虑地球曲率对水平角的影响，只有在最精密的测量中才考虑。

三、地球曲率对高差的影响

由图 2-7 得知：$(R+\Delta h)^2=R^2+t^2$

即

$$\Delta h=\frac{t^2}{2R+\Delta h}\approx\frac{S^2}{2R}$$

当 $S=10\text{km}$ 时，$\Delta h=7.8\text{m}$

当 $S=100\text{m}$ 时，$\Delta h=0.78\text{mm}$

从以上可看出：地球曲率对高差的影响较大，即使在很短的距离内也要加以考虑。

第五节　测量工作概述

一、测图原理

地形图上各点是实地上相应各点在水平面上正射投影的位置再用测图的比例尺缩绘到图纸上的。测量工作中测定点与点之间关系的三条规则如下。

(1) 测定地面上两点间的距离，是指水平距离。

(2) 测定两条边之间的夹角，是指水平角。

(3) 地面上各点的高差，是指各点沿铅垂线方向到大地水准面的距离之差，即高程之差。

二、测量工作概述

1. 测量控制的概念

测量工作中为了避免误差的积累过大，而采用“从整体到局部、先控制后碎部、从高级到低级”的程序进行。

在测区内选择一些有控制意义的点，把它们的平面位置和高程精确地测定出来，然后再根据这些点来测定其他各地面点。这些有控制意义的点组成了测区的测量骨干，称之为控制点。

控制测量分为平面控制和高程控制，平面控制又分为三角控制（一、二、三、四等三角测量和小三角测量）和导线测量（一、二、三、四级导线测量）。高程控制又分为水准测量（一、二、三、四等水准测量）和三角高程测量。

在高级控制点的基础上，为满足测图需要布设的加密控制点称之为图根控制点。

2. 碎部测量简介

碎部测量就是指根据控制点的位置来测定其附近的地物地貌点的位置和高程。

外业是指在野外所进行的测量工作，如测距、测水平角、测垂直角、水准测量等。

内业是指在室内所进行的计算和绘图工作。

习题与思考题

1. 名词解释：大地体、大地水准面、参考椭球面、子午面/起始子午面、大地经度、大地纬度、绝对高程/相对高程。

2. 水准面有哪些特性？

3. 测量平面坐标系与数学平面坐标系有何区别与联系？

4. 当距离 $S=10\text{km}$ 时，用水平面代替水准面，对距离和高差测量分别造成多大的影响？

5. 为了避免测量误差的过大积累，测量工作应遵循的基本原则是什么？

6. 什么叫直线定向？直线定向方法有哪些？

第二篇

测量的基本方法及测量仪器的使用

【导读】 本篇主要学习现代测量学的基本理论、基本方法和测绘仪器的使用技巧。要求学生掌握的理论知识有：水准测量原理，水平角与竖直角测量原理，视距测量原理，光电测距原理以及坐标测量原理；要掌握的测量方法有：三等水准测量、四等水准测量和普通水准测量的方法，水平角观测的方法，竖直角观测的方法，精密钢尺量距方法，视距测量方法，光电测距的方法，坐标测量的方法；学会操作和使用测量仪器有：水准仪、光学和电子经纬仪、全站仪等，还要掌握水准仪和经纬仪的检验原理与校正方法。

学习本篇内容一定要做到理论联系实际，既要认真学习和领会各种测量原理，又要加强实习与实践，用正确的理论指导实践，在实践中深化对理论的理解，这样才能学好本篇的内容。

第三章　高程测量

【知识目标】

- 重点掌握水准测量原理
- 掌握水准测量的外业工作程序与方法技巧
- 掌握用水准测量外业与内业的计算方法
- 学会对水准测量的误差进行分析

【能力目标】

- 了解水准仪的结构及操作方法
- 掌握三等、四等和等外水准测量的观测方法与规范要求
- 掌握水准仪的结构原理与检校方法

第一节　水准测量原理

水准测量是测定地面点高程的主要方法之一。水准测量是使用水准仪和水准尺，根据水平视线测定两点之间的高差，从而由已知点的高程推求未知点的高程。

一、水准测量原理

如图 3-1 所示，已知地面上 A 点的高程为 H_A，欲求地面点 B 的高程 H_B。先在 A、B

两点上各竖立一根水准尺，并在 A、B 两点间安置一台能提供水平视线的仪器——水准仪，利用水准仪的水平视线分别读出 A、B 两点水准尺上的读数 a 和 b，则 A、B 间的高差为

$$h_{AB}=a-b$$

B 点的高程为

$$H_B=H_A+h_{AB} \tag{3-1}$$

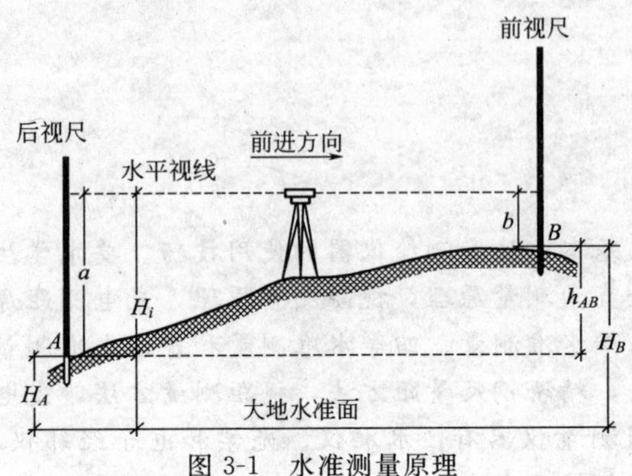

图 3-1 水准测量原理

如果测量是由 A 到 B 的方向前进，则 A 点称为后视点，B 点称为前视点，a 与 b 分别称为后视读数和前视读数，则两点间的高差等于后视读数减去前视读数。如果 B 点高于 A 点，高差为正值，反之则为负值。

从图 3-1 中看出，A 点高程 H_A 加上后视读数 a，得视线的高程，以 H_i 表示，将 H_i 减去前视读数也可求得 B 点高程，即

$$H_i=H_A+a \tag{3-2}$$

$$H_B=H_i-b \tag{3-3}$$

由上述可知，水准测量的实质是利用水准仪和水准尺测定地面相邻各点之间的高差，求得地面上各点的高程。

二、水准测量方法

图 3-1 所表示的水准测量是当 A、B 两点相距不远的情况，这时通过水准仪可以直接在水准尺上读数，且能保证一定的读数精度。当两个水准点相距很远或高差较大时，安置一次仪器不能测出其高差，此时需要在两点之间设置若干个临时立尺点，作为传递高程的这些过渡点，就称之为转点。每安置一次仪器就叫一个测站。如图 3-2 所示，欲求 A 点至 B 点的高差 h_{AB}，选择一条施测路线，用水准仪依次测出 AP_1 的高差 h_{AP1}，P_1P_2 的高差 h_{P1P2}，直到最后测出 P_{nB} 的高差 h_{PnB}。高差 h_{AB} 由下式算得：

$$h_{AB}=h_1+h_2+\cdots+h_n=(a_1-b_1)+(a_2-b_2)+\cdots+(a_n-b_n)=\sum(a-b)=\sum a-\sum b \tag{3-4}$$

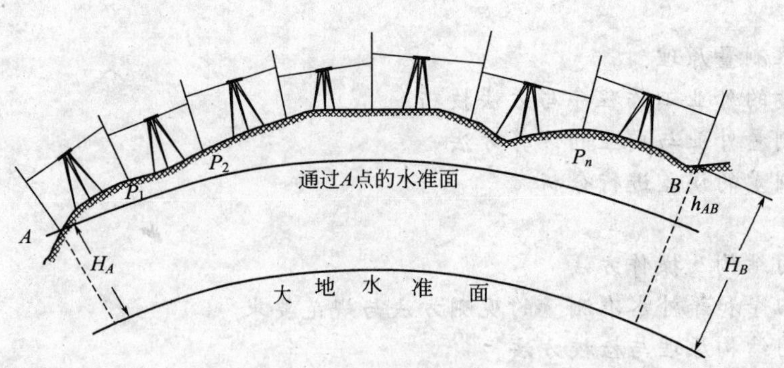

图 3-2 转点与转站

第二节 水准仪的操作方法

水准仪按其精度可分为 S0.5、S1、S3、S10 等几种型号。“S”为水准仪的汉语拼音第一个字母，“0.5”、“1”、“3”、“10”表示水准仪的精度指标，如“3”表示每公里往返测量

高差中数的偶然中误差小于或等于 3mm。数字越小，水准仪精密度越高。普通水准测量一般使用 S3 型水准仪。

一、S3 型水准仪的构造

由水准测量原理可知，水准仪是为水准测量提供水平视线的仪器。它主要由望远镜、水准器和基座三部分组成。图 3-3 是 S3 型水准仪。仪器通过基座与三脚架连接。支承在三脚架上，基座有三个脚螺旋。用以粗略整平仪器。望远镜旁装有一个符合水准管，转动望远镜微倾螺旋。可使望远镜作微小的上下俯仰。符合水准管也随之上下俯仰。当符合水准管中气泡居中，此时望远镜视线水平，仪器在水平方向的转动是由水平制动螺旋和微动螺旋控制的。S3 型水准仪的长水准管分划值为 20″/2mm。

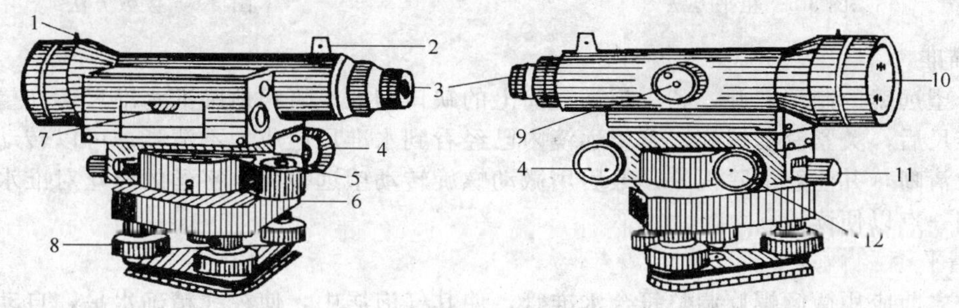

图 3-3　水准仪构造

1—准星；2—缺口；3—目镜；4—微倾螺旋；5—圆水准器；6—圆水准器校正螺丝；7—长水准管；8—脚螺旋；9—对光螺旋；10—物镜；11—水平制动螺旋；12—水平微动螺旋

二、水准尺及尺垫

水准尺（图 3-4）是进行水准测量时用以读数的重要工具。尺长一般为 3～5m，尺底从零开始，每隔一厘米，涂有黑白或红白相间的分格，每分米注一数字。水准尺按尺面分为单面尺和双面尺两种；按尺形分为直尺、折尺、塔尺三种。

双面水准尺一面为黑面，分划黑白相间，为主尺；另一面为红面，分划红白相间，为辅尺。双面水准尺必须成对使用。两根水准尺黑面底部的起始数均为零米，而红面底部的起始数分别为 4687mm 及 4787mm，此两数称为尺常数，用以检验读数。

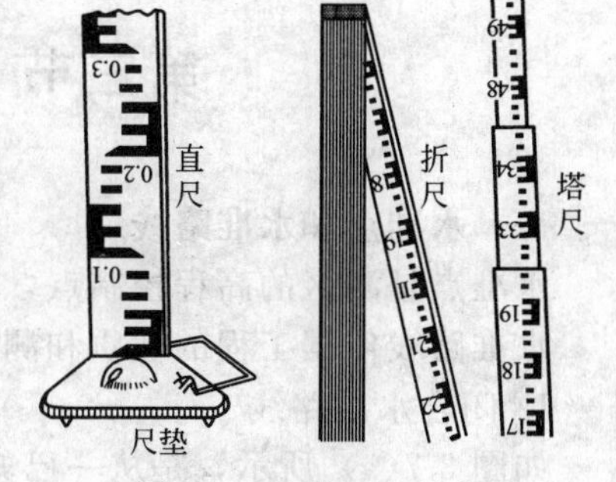

图 3-4　水准尺与尺垫

尺垫一般为三角形的铸铁块，中央有一突起的半圆球体，如图 3-4 所示。立尺前先将尺垫踩实，然后竖立水准尺于半圆球体的顶上。它的作用是减少水准尺下沉及尺子转动时防止改变高程。

三、水准仪的使用

使用水准仪的基本操作步骤包括安置水准仪、粗平、瞄准、精平和读数。

1. 安置水准仪

先选好测站位置，将三角架打开，使三角架头大致水平，土地上要用脚踩紧三角架，然后从仪器箱取出仪器并将其固定到三角架上，防止仪器摔下来。

2. 粗平

转动仪器三个脚螺旋，使圆水准气泡居中，达到粗略整平仪器的目的。操作方法见图 3-5，符合左手拇指规则：左手拇指旋转脚螺旋的运动方向，就是气泡移动的方向。

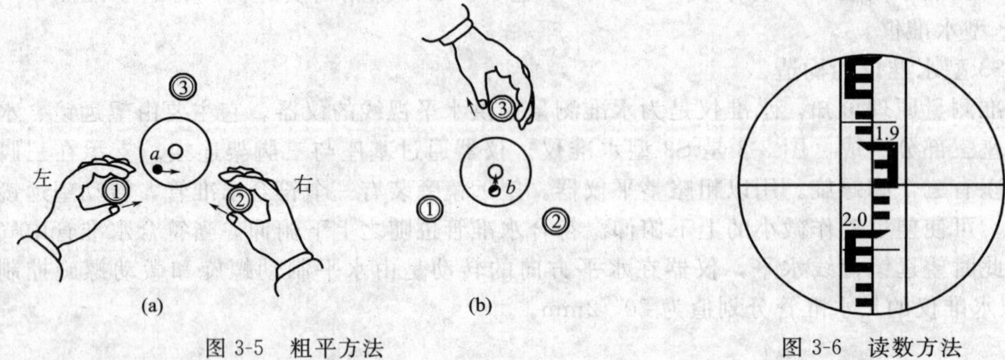

图 3-5 粗平方法

图 3-6 读数方法

3. 瞄准

松开望远镜的制动螺旋，利用望远镜筒上的缺口和准星概略地瞄准水准尺，在望远镜内看到水准尺后，关紧制动螺旋。若望远镜内已经看到水准尺但成像不清晰，可以转动调焦螺旋至成像清晰，并注意消除视差。最后用微动螺旋转动望远镜使十字丝的竖丝对准水准尺的中间稍偏一点以便读数。

4. 精平

读数之前应用微倾螺旋调整符合水准管，使其气泡居中，使视线精确水平，自动安平水准仪可以省去这一步。

5. 读数

仪器精平后即可读数，利用十字丝中横丝读取尺上读数，读数时应读出米、分米、厘米、毫米（估读）四位数并以毫米或米为单位书写。因为水准仪的望远镜一般是倒像，所以水准尺倒写的数字从望远镜中看到的是正写的数字，同时看到水准尺上刻划的注记是从上向下递增的，因此读数应由上向下读，在图 3-6 中，从望远镜中读得读数为 1.948m。

第三节 水准测量的外业工作

一、水准点和水准路线

水准点是测区的高程控制点，一般缩写为“BM”，用“⊗”符号表示。

水准路线依据工程的性质和测区的情况，可布设成以下几种形式。

1. 闭合水准路线

如图 3-7(a) 所示，是从一已知水准点 BM_A 出发，经过测量各测段的高差，求得沿线其他各点高程，最后又闭合到 BM_A 的环形路线。

2. 附合水准路线

如图 3-7(b) 所示，是从一已知水准点 BM_A 出发，经过测量各测段的高差，求得沿线其他各点高程，最后附合到另一已知水准点 BM_B 的路线。

3. 支水准路线

如图 3-7(c) 所示，是从一已知水准点 BM_1 出发，沿线往测其他各点高程到终点 2，又从 2 点返测到 BM_1，其路线既不闭合又不附合，但必须是往返施测的路线。

二、施测方法

1. 普通水准测量

从一个已知水准点出发，一般要用连续水准测量的方法，才能测量并计算出待定水准点

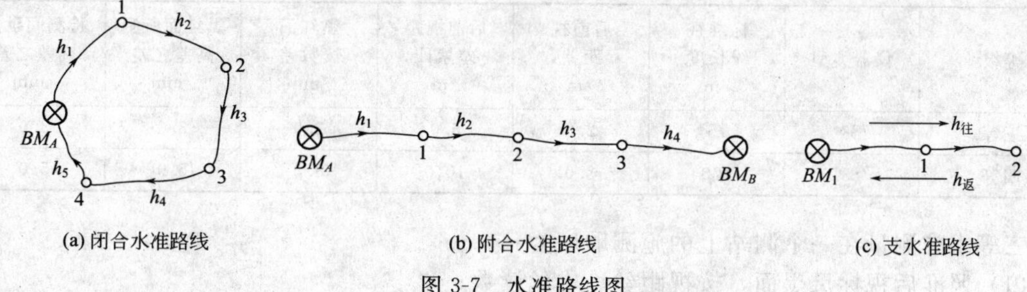

(a) 闭合水准路线　　(b) 附合水准路线　　(c) 支水准路线

图 3-7　水准路线图

的高程，其具体步骤如下。

（1）在已知高程的水准点上立水准标尺，作为后视尺。

（2）在路线的前进方向上的适当位置放置尺垫，在尺垫上竖立水准标尺作为后视尺。

（3）把水准仪安置在到两水准尺间的距离大致相等的地方，仪器到水准尺的最大视距不大于 150m。使圆水准器气泡居中。

（4）照准后视标尺并消除视差后，用微倾螺旋调节管水准气泡并使其精确居中，用中丝读取后视读数，并记入手簿，见表 3-1。

（5）照准前视标尺后使水准管气泡居中，用中丝读取前视读数，并记入手簿，见表 3-1。

表 3-1　水准测量记录手簿

测自 BM_1 点至 BM_2 点　天气：多云　呈像：清晰　日期：2009 年 3 月 22 日

仪器号码：NS325　观测者：张强　　　　　　　　记录者：杨平

测站	测点	后视读数	前视读数	高差/m		高程/m	备　注
				＋	－		
1	BM_1	1.631		0.208		70.535	
	TP_1		1.423				
2	TP_1	1.687			0.132		
	TP_2		1.819				
3	TP_2	1.435			0.304		
	TP_3		1.739				
4	TP_3	1.756		0.323			
	BM_2		1.433			70.440	
Σ		6.509	6.414	0.531	0.436		
校核计算		$\sum a-\sum b=-0.095$		$\sum h=-0.095$			

（6）将仪器按前进方向迁至第二站，此时，第一站的前视尺不动，变成第二站的后视尺，第一站的后视尺移至前面适当位置成为第二站的前视尺，按第一站相同的观测程序进行第二站测量。

（7）顺序沿水准路线的前进方向观测、记录，直至终点。

2. 三、四等水准测量

国家三、四等水准测量的精度要求较普通水准测量的精度高，见表 3-2。三、四等水准测量的水准尺通常采用红黑面的双面标尺。

表 3-2 三、四等水准测量限差要求

等级	仪器类型	标准视线长度/m	后前视距差/m	后前视距差累计/m	黑红面读数差/mm	黑红面所测高差之差/mm	检测间歇点高差之差/mm
三等	S3	75	2.0	5.0	2.0	3.0	3.0
四等	S3	100	3.0	10.0	3.0	5.0	5.0

三等水准测量在一个测站上的施测顺序为：

(1) 照准后视标尺黑面，按视距丝、中丝读数；

(2) 照准前视标尺黑面，按中丝、视距丝读数；

(3) 照准前视标尺红面，按中丝读数；

(4) 照准后视标尺红面，按中丝读数；

这样的顺序简称为“后前前后”(黑黑红红)

四等水准测量可以按“后后前前”(黑红黑红) 的顺序读数。

注意：无论何种顺序，读数前均应使水准管气泡居中。

【例 3-1】 下面以四等水准测量的观测记录及计算为例，如表 3-3 所示，表中 (1)～(8) 为观测数据，(9)～(18) 为计算数据，其计算方法如下。

视距部分：后视距离(9)＝(1)－(2)

前视距离(10)＝(5)－(6)

前后视距差(11)＝(9)－(10)

前后视距差累计(12)＝本站的(11)＋前站的(12)

高差部分：后视标尺黑红面读数之差(13)＝(3)＋K－(4)

前视标尺黑红面读数之差(14)＝(7)＋K－(8)

黑面高差(15)＝(3)－(7)

红面高差(16)＝(4)－(8)

注意：由于两根标尺的红面零点数字不同 (4687/4787)，故黑面高差与红面高差存在理论差值 100。

黑面高差与红面高差之差 (17)＝(15)±100－(16) 或 (17)＝(13)－(14)

此步可检核以上高差计算是否正确。

$$一测站高差中数(18)=\frac{1}{2}[(15)+(16)\pm 100]$$

注意：计算高差中数 (18) 时，以黑面高差 (15) 为准，将红面高差 (16) 加或减 100，再与黑面高差取平均数。

若测站上有关观测限差超限，在本站检查发现后可立即重测，若迁站后才检查发现，则应从水准点或间歇点起，重新观测。因此，水准测量时，最好在每站检查无误后再迁站。

三、水准测量应注意的事项

(1) 在已知高程点和待测高程点上立水准尺时，应直接放在标石中心 (或木桩) 上。

(2) 水准仪到前、后视水准尺的距离要大致相等，可步量确定。

(3) 水准尺要扶直，不能前后、左右倾斜。

(4) 尺垫仅用于转点，仪器迁站前，后视点的尺垫不能动。

(5) 不得涂改原始读数，读错或记错的数据应划去，再将正确数据写在上方，并在相应的备注栏内注明原因，记录簿要干净、整齐。

表 3-3 三（四）等水准测量观测手簿

测自　　　至　　　天气：多云　呈像：清晰　日期：2009 年 3 月 22 日

仪器号码：No. S325　　　观测者：李斌　　　记录者：王平

测站编号	后尺 下丝 / 上丝 / 后距 / 视距差 d	前尺 下丝 / 上丝 / 前距 / $\sum d$	方向及尺号	标尺读数 黑面	标尺读数 红面	K+黑－红	高差中数	备注
	(1)	(5)	后	(3)	(4)	(13)		
	(2)	(6)	前	(7)	(8)	(14)		
	(9)	(10)	后－前	(15)	(16)	(17)	(18)	
	(11)	(12)						
1	1571	0739	后 7	1384	6171	0		
	1197	0363	前 8	0551	5239	－1		
	37.4	37.6	后－前	＋0833	＋0932	＋1	＋0832.5	标尺零点差 No. 7 $K=4787$ No. 8 $K=4687$
	－0.2	－0.2						
2	2121	2196	后 8	1934	6621	0		
	1747	1821	前 7	2008	6796	－1		
	37.4	37.5	后－前	－0074	－0175	＋1	－0074.5	
	－0.1	－0.3						
3	1914	2055	后 7	1726	6513	0		
	1539	1678	前 8	1866	6554	－1		
	37.5	37.7	后－前	－0140	－0041	＋1	－0140.5	
	－0.2	－0.5						

第四节　水准测量的内业工作

一、水准路线闭合差的计算

由于测量误差的影响，使得观测值与重复观测值不相符，观测值与已知数据不相符，其差值称为闭合差，高差闭合差通常用 f_h 表示。

由于水准路线布设的形式不同，高差闭合差的计算方法也不同，各水准路线的高差闭合差计算公式如下。

（1）附合水准路线　实测高差的总和与始、终已知水准点高差之差值称为附合水准路线的高差闭合差。即

$$f_h=\sum h-(H_{终}-H_{始}) \tag{3-5}$$

（2）闭合水准路线　实测高差的代数和不等于零，其差值为闭合水准路线的高差闭合差。即

$$f_h=\sum h \tag{3-6}$$

（3）支水准路线　实测往、返高差的绝对值之差称为支水准路线的高差闭合差。

即

$$f_{h}=-|h_{往}|-|h_{返}| \tag{3-7}$$

产生闭合差的原因很多，但闭合差的数值必须有一个限度，如表 3-4 所示。如果水准路线的高差闭合差 f_h 小于或等于其容许的高差闭合差 $f_{h容}$，即 $f_h \leqslant f_{h容}$，就认为外业观测成果合格，否则须进行重测。

表 3-4 水准测量闭合差限差

等级	支路线往返测闭合差/mm	附合或闭合路线闭合差/mm
三等水准测量	$\pm 12\sqrt{S}$	$\pm 12\sqrt{L}$
四等水准测量	$\pm 20\sqrt{S}$	$\pm 20\sqrt{L}$
普通水准测量	$\pm 40\sqrt{S}$	$\pm 40\sqrt{L}$

注：S 为相邻两水准点间的距离，以 km 为单位；L 为附合或闭合路线的长度，以 km 为单位。

二、高差闭合差的分配

高差闭合差的调整原则是按水准路线的测段站数或测段长度成正比，将闭合差反号分配到各测段上，并进行实测高差的改正计算。

1. 按测站数分配高差闭合差

当水准路线布设于地面起伏比较大的山区时，可按测站数进行高差闭合差的调整，则某一测段高差的改正数 V_i 为

$$V_i=\frac{f_h}{\sum n}n_i \tag{3-8}$$

式中 $\sum n$——水准路线各测段的测站数总和；

n_i——某一测段的测站数。

【例 3-2】 按测站数调整高差闭合差和高程计算示例如图 3-8 所示，并参见表 3-5。

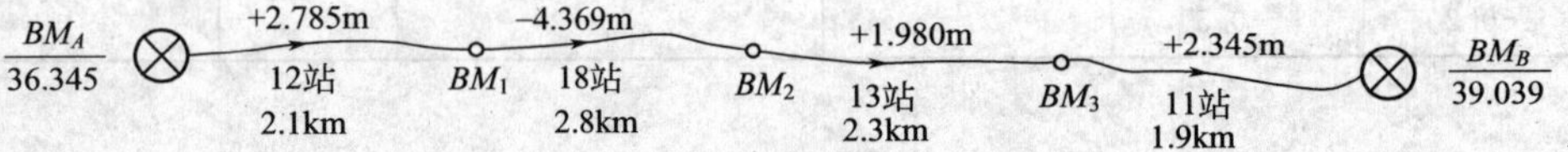

图 3-8 符合水准路线

表 3-5 按测站数调整高差闭合差及高程计算表

测段编号	测点	测站数/个	实测高差/m	改正数/m	改正后的高差/m	高程/m	备注
	BM_A					36.345	$H_{BM_B}-H_{BM_A}=2.694$
1		12	+2.785	−0.010	+2.775		$f_h=\sum h-(H_{BM_B}-H_{BM_A})$
	BM_1					39.120	$=2.741-2.694$
2		18	−4.369	−0.016	−4.385		$=+0.047$(m)
	BM_2					34.735	$\sum n=54$
3		13	+1.980	−0.011	+1.969		$V_i=-\frac{f_h}{\sum n}\cdot n_i$
	BM_3					36.704	
4		11	+2.345	−0.010	+2.335		
	BM_B					39.039	
$\sum$		54	+2.741	−0.047	+2.694		

2. 按测段长度分配高差闭合差

当水准路线布设于平坦地区时，可按测段长度进行高差闭合差的调整，则某一测段高差的改正数 V_i 为

$$V_i=-\frac{f_h}{\sum L}L_i \tag{3-9}$$

式中 $\sum L$——水准路线各测段的总长度，km；

L_i——某一测段的长度，km。

【例 3-3】　按测段长度调整高差闭合差和高程计算示例如图 3-8 所示，并参见表 3-6。

表 3-6　按路线长度调整高差闭合差及高程计算表

测段编号	测点	测段长度/km	实测高差/m	改正数/m	改正后的高差/m	高程/m	备　注
	BM_A					36.345	$f_h=\sum h-(H_{BM_B}-H_{BM_A})=2.741-2.694=+0.047(m)$ $\sum L=0.1$ $V_i=-\frac{f_h}{\sum L}\cdot L_i$
1		2.1	+2.785	−0.011	+2.774		
	BM_1					39.119	
2		2.8	−4.369	−0.014	−4.383		
	BM_2					34.736	
3		2.3	+1.980	−0.012	+1.968		
	BM_3					36.704	
4		1.9	+2.345	−0.010	+2.335		
	BM_B					39.039	
$\sum$		9.1	+2.741	−0.047	+2.694		

需要指出的是：在水准测量成果处理时，无论是按测站数调整高差闭合差，还是按测段长度调整高差闭合差，都应满足下列关系：

$$\sum V=-f_h$$

也就是水准路线各测段的改正数之和与高差闭合差大小相等，符号相反。

第五节　水准仪的检验与校正

水准仪主要部分的关系可用其轴线关系来表示，主要轴线有圆水准器轴、竖轴、水准管轴、视准轴和十字丝的横丝，如图 3-9 所示。

一、水准仪应满足的条件

1. 水准仪应满足的主要条件

水准仪应满足的主要条件有两个：一是水准管的水准轴应与望远镜的视准轴平行。如果此条件不满足，那么水准测量的水准管气泡居中后，即水准轴水平而视准轴却未水平，不符合水准测量基本原理的要求。二是望远镜的视准轴不因调焦而变动位置。它是为满足第一条件而提出的，望远镜调焦在水准测量中是不可避免的，如果望远镜调焦时视准轴发生变动，就不能设想在不同位置的许多条视线都能够与一条固定不变的水准轴平行。

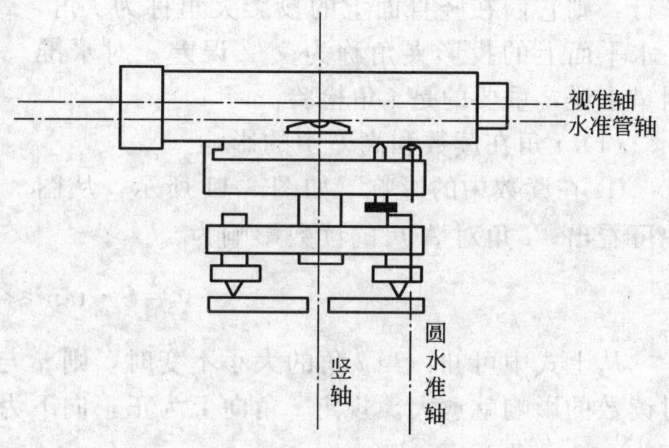

图 3-9　水准仪主要轴线关系图

2. 水准仪应满足的次要条件

水准仪应满足的次要条件也有两个：一是圆水准器的水准轴应与水准仪的旋转轴平行。它的目的在于能迅速整置好仪器，即当圆水准器的气泡居中时，仪器的旋转轴已基本处于竖直状态。二是十字丝的横丝应垂直于仪器的旋转轴。它的目的是当仪器旋转轴已经竖直，在水准尺上的读数可以不必严格用十字丝的交点而用交点附近的横丝读出。

二、水准仪的检验与校正

1. 圆水准器的水准轴应与仪器的旋转轴平行的检验与校正

(1) 检验方法　先用脚螺旋将圆水准器气泡居中，然后旋转仪器 180°，若气泡仍居中，则表明此条件满足，若气泡有了偏移，则表明条件不满足，需校正。

（2）校正方法　校正工作可以通过用改针调节水准器下面的螺钉来实现。操作时，分别调动三个螺钉使气泡向中间位置移动偏离长度的一半，校正后再检验一次，若还有偏移，再校正一次，直到满足条件为止。

2. 十字丝横丝应与仪器旋转轴垂直的检验与校正

（1）检验方法　将仪器整平后，先用十字丝横丝的一端瞄准墙面上的一个点 P，如图3-10所示，然后用微动螺旋缓慢地转动望远镜，观察 P 点是否始终在横丝上移动，若偏离了横丝，则说明条件不满足，需校正。

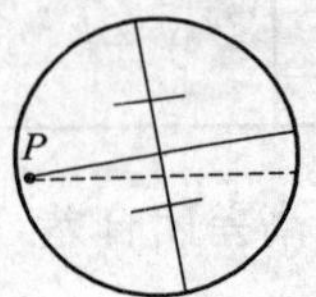

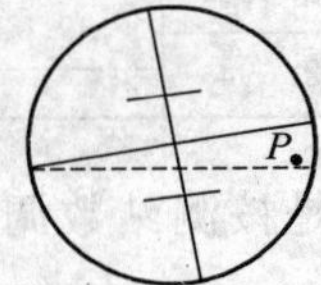

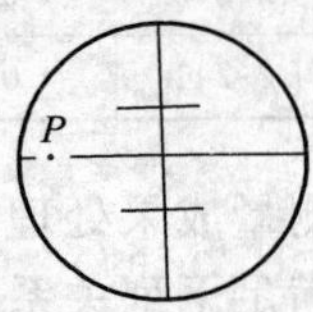

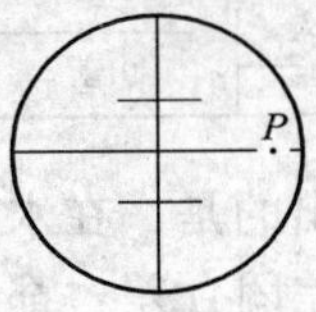

图 3-10　十字丝横丝与仪器旋转轴垂直的检验方法

（2）校正方法　它是通过旋转十字丝分划板来校正。操作时，应先松动固定十字丝的螺钉，轻轻转动十字丝环至正确位置后，小心地固定十字丝分划板，防止将十字丝分划板的玻璃挤破。校正后再检验，直到满足条件为止。

3. 望远镜视准轴应与水准管的水准轴平行的检验与校正

望远镜视准轴和水准管的水准轴是两条空间直线，若它们互相平行，则它们在水平面和竖直面上的投影都是平行的；若它们在空间不平行，则它们在竖直面上的投影夹角称为 i 角，在水平面上的投影夹角称为交叉误差。对水准测量来说，重要的是 i 角检验。

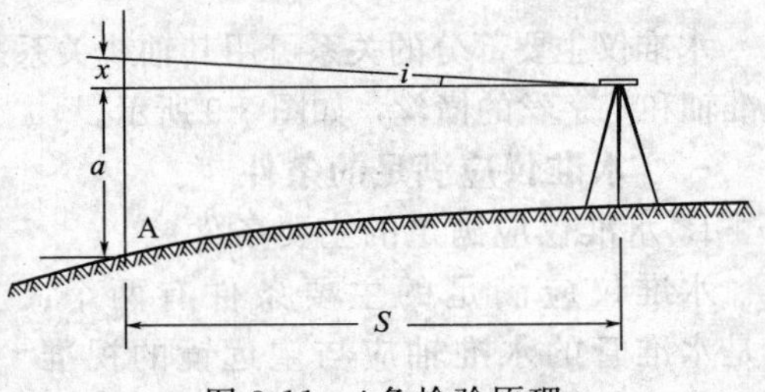

图 3-11　i 角检验原理

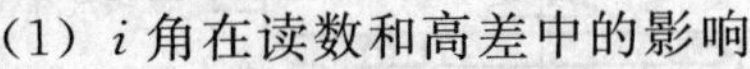

（1）i 角在读数和高差中的影响

① 在读数中的影响　如图 3-11 所示，从图中可看出，i 角对 A 尺的读数影响为

$$x=S\cdot \tan i\approx S\cdot \frac{i}{\rho}$$

从上式中可知：当 i 角的大小不变时，则 x 与视距 S 成正比，即尺子离仪器愈远，i 角对读数的影响就愈大。规定 i 角向上为正，向下为负，x 与 i 角同号，则 A 尺上的正确读数应为 $a=a'-x$。

② 在高差中的影响　已知 A、B 两点的高差 h'_{AB} 可按下式计算：

$$h'_{AB}=a'-b'$$

式中，a' 为后视读数；b' 为前视读数。

A、B 两点的正确高差应为

$$h_{AB}=(a'-x_A)-(b'-x_B)=h'_{AB}-(x_A-x_B)$$

式中，x_A-x_B 为 i 角在高差中的影响，用 δh_{AB} 表示，即

$$\delta h_{AB}=x_A-x_B=\frac{i}{\rho}(S_A-S_B) \tag{3-10}$$

从上式可见：当前后视距相等时，$\delta h_{AB}=0$，得到的是正确高差。当前后视距差愈大，i 角对高差的影响就愈大。

(2) 检验 i 角的基本原理　在地面上选择两个固定点 A 和 B，测出 A、B 的两次高差 h'_{AB} 和 h''_{AB}。则

$$h_{AB}=h'_{AB}-\frac{i}{\rho}(S'_A-S'_B) \tag{3-11}$$

$$h_{AB}=h''_{AB}-\frac{i}{\rho}(S''_A-S''_B) \tag{3-12}$$

即
$$h'_{AB}-\frac{i}{\rho}(S'_A-S'_B)=h''_{AB}-\frac{i}{\rho}(S''_A-S''_B)$$

$$i=\frac{h''_{AB}-h'_{AB}}{(S''_A-S''_B)-(S'_A-S'_B)}\cdot\rho \tag{3-13}$$

目前在实际中采用两种方法，一种是使 $S'_A=S'_B$，此时 h'_{AB} 为不受 i 角影响的正确高差 h_{AB}。

$$i=\frac{h''_{AB}-h_{AB}}{S''_A-S''_B}\cdot\rho \tag{3-14}$$

另一种方法是使 $S'_A-S'_B=-(S''_A-S''_B)$，此时，

$$i=\frac{h''_{AB}-h'_{AB}}{2(S''_A-S''_B)}\cdot\rho \tag{3-15}$$

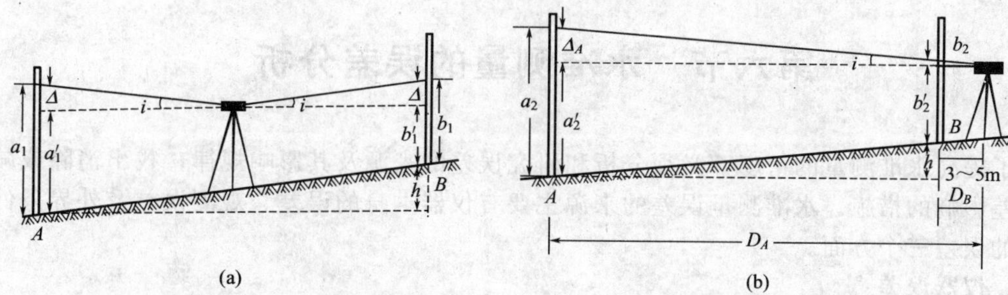

图 3-12　i 角检验方法

(3) 检验与校正

① 检验　在平坦地方选定适当距离的两个点 A 和 B，并用木桩钉入地面，或用尺垫代替。置水准仪于 A、B 的中间，使两端距离严格相等，如图 3-12(a) 所示，此时测量出正确的高差 h_{AB}，然后将仪器置于 B 点附近，如图 3-12(b) 所示，测量有 i 角影响的高差 h''_{AB} 按公式 $i=\frac{h''_{AB}-h_{AB}}{S''_A-S''_B}\cdot\rho$ 计算出 i 角。

② 校正　在校正前先算出：$x_A=\frac{i}{\rho}S''_A$ 值，

再算出 A 标尺正确读数：
$$a_2=a'_2-x_A \tag{3-16}$$

在 B 点不要搬动仪器，用微倾螺旋使读数对准 a_2，这时水准管气泡不居中，调节固定水准管的上下螺丝使气泡居中，调节时注意先松后紧。

4. 自动安平水准仪补偿器性能的检验

(1) 检验原理　自动安平水准仪补偿器的作用是：在补偿器的允许范围内，虽然视准轴倾斜仍能在十字丝上读得视线水平时的正确读数。检验的一般原则是：有意将仪器的旋转轴安置得不竖直，测量两点的高差与其正确的高差进行比较。

(2) 检验方法　在平坦的地方选择 A、B 两点，AB 长约为 100 米左右，在 A、B 两点各钉入一木桩或放置尺垫，将水准仪安置于 AB 连线的中点，并使两个脚螺旋中心的连线与 AB 连线方向垂直。

先将仪器整平，测量出 A、B 两点间的正确高差值 h_{AB}。

升高第 3 个（在 AB 连线方向上）脚螺旋，使仪器向上倾斜，测出 A、B 两点高差 $h_{AB上}$。

降低第 3 个（在 AB 连线方向上）脚螺旋，使仪器向下倾斜，测出 A、B 两点高差 $h_{AB下}$。

升高第 3 个脚螺旋，使仪器的圆水准器气泡居中。

升高第 1 个（垂直 AB 连线方向）脚螺旋，使仪器向左倾斜，测出 A、B 两点高差 $h_{AB左}$。

降低第 1 个（垂直 AB 连线方向）脚螺旋，使仪器向右倾斜，测出 A、B 两点高差 $h_{AB右}$。

无论上、下、左、右倾斜，仪器的倾斜角度均由圆水准器气泡的位置确定，四次倾斜的角度应相同，一般取补偿器所能补偿的最大角度。

将 $h_{AB上}$、$h_{AB下}$、$h_{AB左}$、$h_{AB右}$ 与 h_{AB} 进行比较，视其差数确定补偿器的性能，对于普通水准测量来说，此差数一般应小于 5mm。

若经反复检验发现补偿器失灵，则应进行维修。

第六节　水准测量的误差分析

为了提高水准测量的精度，必须分析和研究误差的来源及其影响规律，找出消除或减弱这些误差影响的措施。水准测量误差的来源主要有仪器本身的误差、观测误差及外界条件影响产生的误差三个方面。

一、仪器误差

仪器误差的主要来源是望远镜的视准轴与水准管轴不平行而产生的 i 角误差。规范规定，S3 水准仪的 i 角大于 $20''$ 才需要校正，水准仪虽经检验校正，但不可能彻底消除 i 角，要消除或减弱 i 角对高差的影响必须在观测时使仪器至前、后视水准尺的距离相等。在水准测量的每一站观测中，前、后视水准尺的距离相等不容易做到，故规范规定，对于四等水准测量，一站的前、后视距差应不大于 5m，前后视距累积差应不大于 10m。

二、水准标尺的误差

由于标尺本身的原因和使用不当所引起的读数误差称为标尺误差。水准标尺本身的误差包括：分划误差、尺面弯曲误差、尺长误差等。规范规定，对于区格式木制水准标尺，米间隔平均真长与名义长之差不应大于 0.5mm，所以在使用前必须对水准标尺进行检验，符合要求方可使用。

1. 水准标尺零点差

由于使用、磨损等原因，水准标尺的底面与其分划零点不完全一致，其差值称为标尺零点差。标尺零点差的影响对于一个测段的测站数为偶数段的水准路线，可自行抵消；若为奇数站，所测高差中将含有该误差的影响。

2. 水准标尺倾斜误差

如图 3-13 所示，水准测量时，若水准标尺前后倾斜，从水准仪的望远镜视场中不会察觉，在倾斜标尺上的读数总是比正确的标尺读数大，且视线高度愈大，误差就愈大。为减小水准标尺竖立不直产生的读数误差，可使用安装有圆水准器的水准尺，并注意在测量工作中认真扶尺，使标尺竖直。

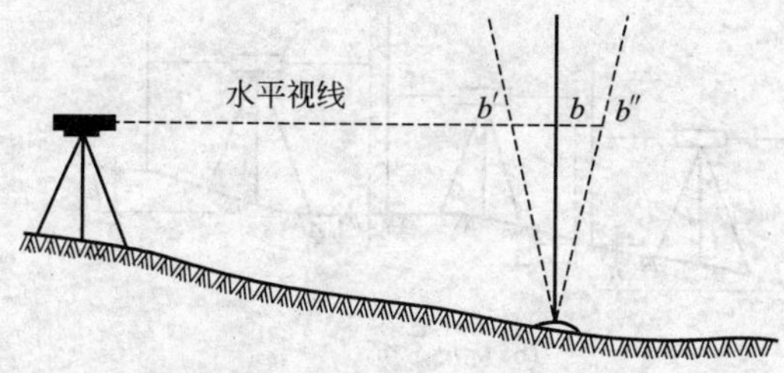

图 3-13 标尺倾斜对读数的影响

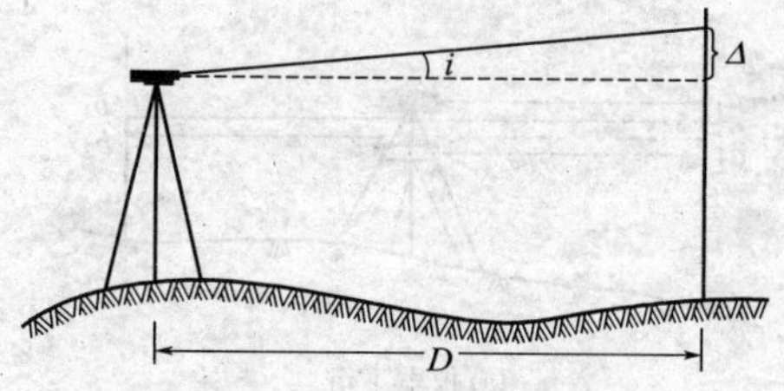

图 3-14 整平误差对读数的影响

三、整平误差

水准测量是利用水平视线测定高差的，如果仪器没有精确整平，则倾斜的视线将使标尺读数产生误差

$$\Delta=\frac{i}{\rho}D \tag{3-17}$$

如图 3-14 所示，设水准管的分划值为 20″，如果气泡偏离半格（即 $i=10''$），则当距离为 50m 时，$\Delta=2.4$mm；当距离为 100m 时，$\Delta=4.8$mm；误差随距离的增大而增大。因此，在读数前必须使附合水准气泡精确吻合。

四、读数误差的影响

读数误差产生的原因有两个：一是十字丝视差；二是估读毫米数不准确。十字丝视差可通过重新调节目镜和物镜调焦螺旋加以消除；估读误差与望远镜的放大率和视距长度有关，因此对于各等级水准测量所用仪器的望远镜放大率和最大视距都有相应规定，视距愈长，读数误差愈大，等外水准测量中，要求望远镜放大率在 20 倍以上时，视线长不超过 150m。

五、仪器和标尺升沉误差

如图 3-15 所示，在水准测量时，由于仪器、水准尺的重量和土壤的弹性会使仪器及尺垫下沉或上升，将使读数减小或增大而引起观测误差。

1. 仪器下沉（或上升）引起的误差

仪器下沉（或上升）的速度与时间成正比，如图 3-15(a) 所示，从读取后视读数 a_1 到读取前视读数 b_1 时，仪器下沉了 Δ，则有

$$h_1=a_1-(b_1+\Delta)$$

为了减弱此项误差的影响，可在同一测站进行第二次观测，而且第二次观测应先读前视读数 b_2，再读后视读数 a_2，则

$$h_2=(a_2+\Delta)-b_2$$

取两次高差的平均值，即

$$h=\frac{h_1+h_2}{2}=\frac{(a_1-b_1)+(a_2-b_2)}{2}$$

可消除仪器下沉对高差的影响，一般称上述操作为“后前前后”的观测程序。

2. 标尺下沉（或上升）引起的误差

如图 3-15(b) 所示，如果往测与返测标尺下沉量是相同的，则由于误差符号相同，而往测与返测高差符号相反，因此，取往测和返测高差的平均值可消除其影响。

六、大气折光的影响

因大气层密度不同，对光线产生折射，使视线产生弯曲，从而使水准测量产生误差。视线离地面愈近，视线愈长，大气折光影响愈大。为消减大气折光的影响，只能采取缩短视线，并使视线离地面有一定的高度及前、后视的距离相等的方法。规范规定，三、四等水准

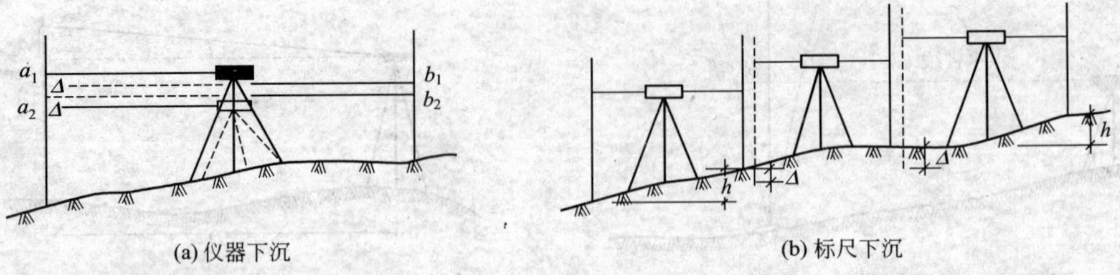

(a) 仪器下沉　　(b) 标尺下沉

图 3-15　仪器和标尺升沉误差的影响

测量应保证上、中、下三丝都能读数。

总之，实际工作中往往遇到的是以上各项误差的综合性影响，只要在作业中按规范要求施测，注意撑伞遮阳，在操作熟练和提高观测速度的前提下，完全能够达到施测精度。

习题与思考题

1. 试绘图说明水准测量的基本原理。
2. 水准测量时，在哪些立尺点上要放置尺垫？哪些立尺点上不能放置尺垫？
3. 圆水准器和管水准器在水准测量中各起什么作用？
4. 水准测量时，前、后视距离相等可消除哪些误差？
5. 水准仪有哪些轴线？它们之间应满足什么条件？什么是主要条件？为什么？
6. 使用水准仪应注意哪些事项？
7. 单一水准路线的布设形式有哪几种？其检核条件是什么？
8. 设 A 点为后视点，B 点为前视点，A 点高程为 87.215m。当后视读数为 1.158m，前视读数为 1.526m 时，求 A、B 两点的高差？并绘图说明。
9. 将如图 3-16 所示的水准测量观测数据填入表 3-7 的记录手簿，计算出各点的高差及 B 点的高程，并检核。

表 3-7　水准测量记录手簿

测站	测点	后视读数/m	前视读数/m	高差/m		高程/m	备注
				+	−		
Ⅰ	BM_A						
	TP_1						
Ⅱ	TP_1						
	TP_2						
Ⅲ	TP_2						
	TP_3						
Ⅳ	TP_3						
	TP_4						
Ⅴ	TP_4						
	B						
Σ							
校核计算		$\sum a-\sum b=$		$\sum h=$			

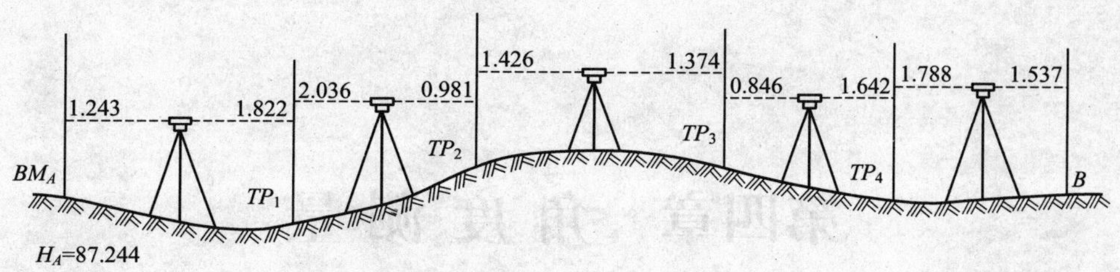

图 3-16　水准测量观测数据

10. 如图 3-17 所示为附合水准路线的简图及观测成果，已知点高程已填入表 3-8 中。试分别用测站数和按距离在表中完成水准测量成果的计算。

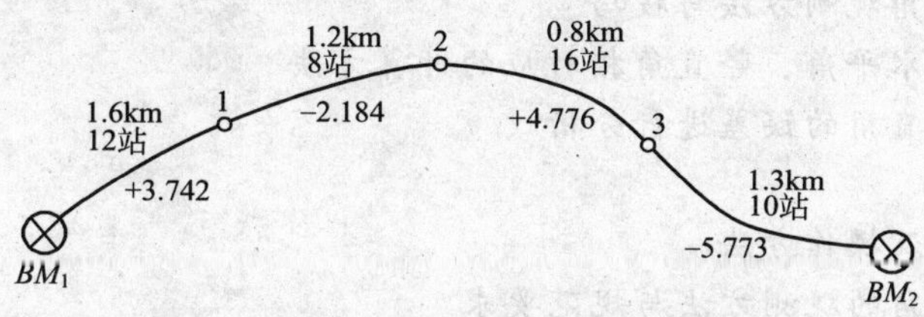

图 3-17　附合水准路线的简图及观测成果

表 3-8　水准测量成果计算

点号	距离 /km	测站数 /个	实测高差 /m	高差改正数 /m	改正后高差 /m	高程 /m	备注
BM_1						136.742	
1							
2							
3							
BM_2						137.329	
Σ							
辅助计算							

11. 设 A、B 两点相距 80m，水准仪安置在中间点 C，用两次仪器高法测得 A、B 两点的高差 $h_{AB}=+0.247$m。仪器搬至 B 点附近，读取 B 尺读数 $b=1.432$m，A 尺读数 $a=1.652$m。求仪器的 i 角是多少？

第四章　角 度 测 量

【知识目标】

● 掌握水平角与竖直角的概念及测量原理
● 掌握水平角与竖直角观测方法与技巧
● 掌握不同方法观测水平角、竖直角相对应的计算方法
● 学会对水平角和竖直角的误差进行分析

【能力目标】

● 了解经纬仪的结构及操作方法
● 掌握水平角、竖直角的观测方法与规范要求
● 掌握经纬仪的结构原理与检校方法

第一节　水平角与竖直角的概念及测量原理

一、水平角观测的概念及测量原理

测量水平角的目的是为了计算地面点的平面坐标。所谓水平角，就是地面上一点至任意两个目标方向线的夹角在水平面上投影。它也是过两条方向线的铅垂面所夹的两面角，如图 4-1 所示。$\angle AOB$ 为直线 OA 与 OB 之间的夹角，测量中要观测的是 $\angle A_1O_1B_1$，而不是 $\angle AOB$。

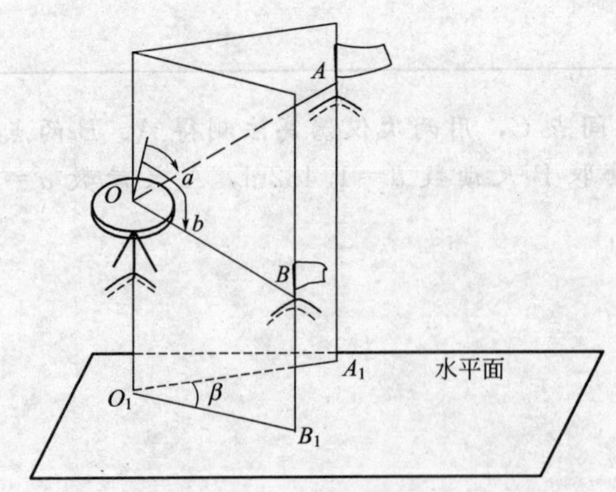

图 4-1　水平角测量原理

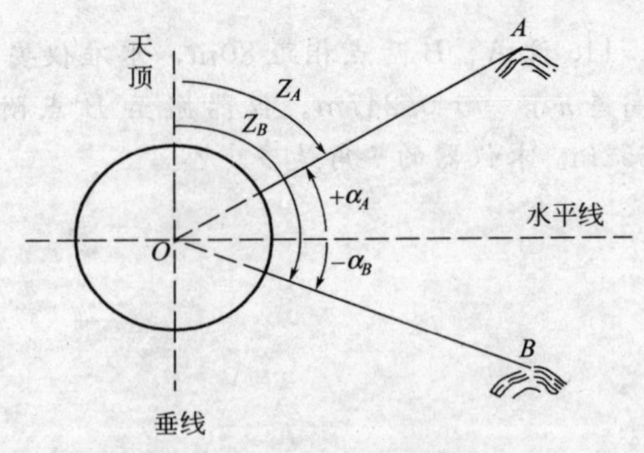

图 4-2　竖直角测量原理

观测水平角是通过利用经纬仪水平度盘实现的。在测量水平角时，经纬仪水平度盘始终是水平的，它与望远镜是左右连动的，当望远镜上下转动时，水平度盘的读数是不变的，用望远镜瞄准地面上的两点，分别对应于度盘上的两个读数，这两个读数之差就是水平角的角度值，即 $\beta=b-a$。水平角的取值范围为 0°～360°，单个方向的读数

称为方向值。

二、竖直角观测的概念及测量原理

测量竖直角的目的是为了计算地面点的高程。所谓竖直角，就是指在同一铅垂面内，某目标方向线与水平线的夹角，或者说目标方向线与水平面的夹角，其范围为－90°～＋90°。天顶距（Z）是指目标方向线与天顶方向线之间的夹角在铅垂面内的投影，其范围为0°～180°，没有负值，如图4-2所示。

测定竖直角也与测量水平角一样，其角值也是度盘上两个方向读数之差。所不同的是两方向中必须有一个是水平方向。不过任何注记形式的竖直度盘，当视线水平时，其竖盘读数应为定值，正常状态应是90°的整倍数，所以在测定竖直角时只需对视线指向的目标点读数，即可计算出竖直角。

第二节　光学经纬仪与电子经纬仪的操作方法

经纬仪的种类很多，但基本构造大致相同。我国生产的光学经纬仪按精度不同分为DJ07、DJ1、DJ2、DJ6和DJ15等几个级别。其中“D”、“J”分别是“大地测量”和“经纬仪”汉语拼音的第一个字母大写，数字“07”、“1”、“2”等表示仪器的精度等级，即该仪器的一测回方向观测中误差。

一、光学经纬仪的构造

1. 光学经纬仪的构造

各种型号的光学经纬仪基本构造大致相同（如图4-3、图4-4所示），主要由照准部、水平度盘和基座三部分组成。

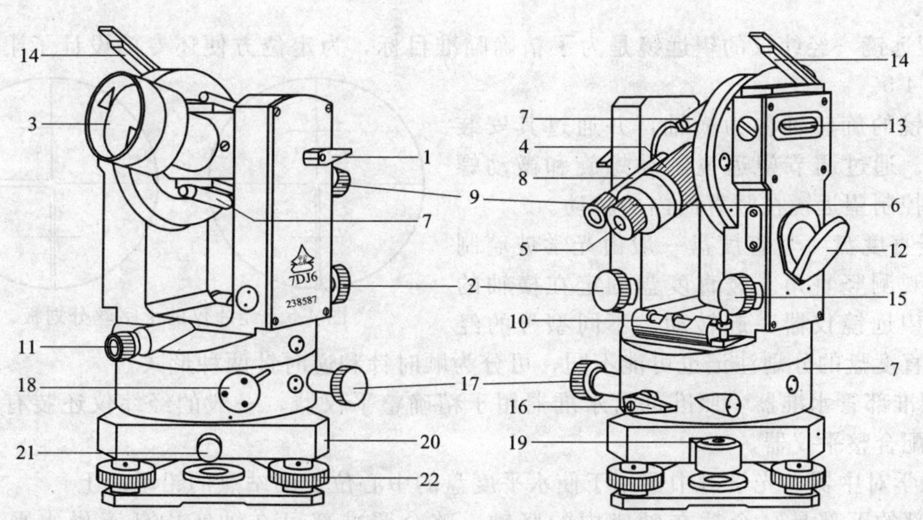

图4-3　DJ6光学经纬仪

1—望远镜制动螺旋；2—望远镜微动螺旋；3—物镜；4—物镜调焦螺旋；5—目镜；6—目镜调焦螺旋；7—光学瞄准器；8—度盘读数显微镜；9—度盘读数显微镜调焦螺旋；10—照准部管水准器；11—光学对中器目镜；12—度盘照明反光镜；13—竖盘指标管水准器；14—竖盘指标管水准器观察反射镜；15—竖盘指标管水准器微动螺旋；16—水平方向制动螺旋；17—水平方向微动螺旋；18—水平度盘变换螺旋与保护卡；19—基座圆水准器；20—基座；21—轴套固定螺旋；22—脚螺旋

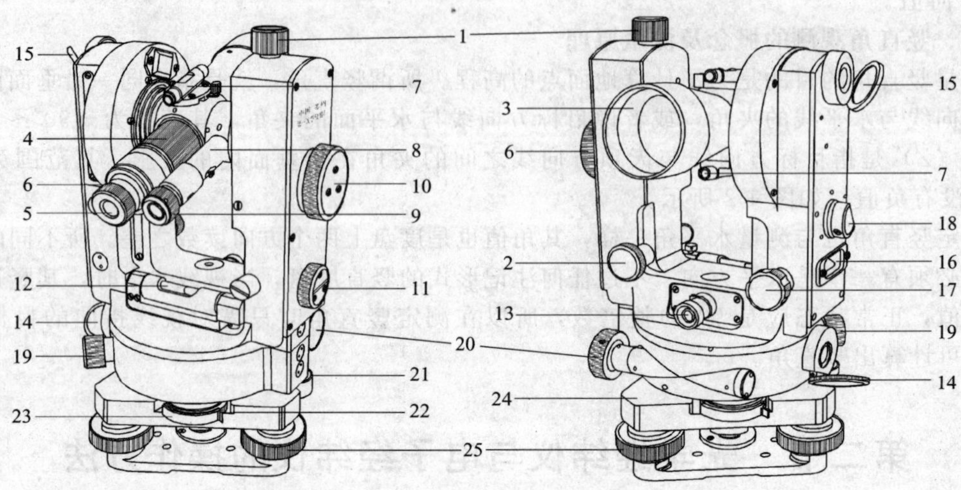

图 4-4 DJ2 光学经纬仪

1—望远镜制动螺旋；2—望远镜微动螺旋；3—物镜；4—物镜调焦螺旋；5—目镜；6—目镜调焦螺旋；7—光学瞄准器；8—度盘读数显微镜；9—度盘读数显微镜调焦螺旋；10—测微轮；11—水平度盘与竖直度盘换像手轮；12—照准部管水准器；13—光学对中器；14—水平度盘照明镜；15—垂直度盘照明镜；16—竖盘指标管水准器进光窗口；17—竖盘指标管水准器微动螺旋；18—竖盘指标管水准气泡观察窗；19—水平制动螺旋；20—水平微动螺旋；21—基座圆水准器；22—水平度盘位置变换手轮；23—水平度盘位置变换手轮护盖；24—基座；25—脚螺旋

(1) 照准部　照准部是仪器上部可转动部分的总称，是光学经纬仪的重要组成部分。照准部主要由望远镜、竖直度盘、照准部水准管、读数设备、旋转制动螺旋、支架和光学对中器等组成。

① 望远镜　经纬仪的望远镜是为了精确瞄准目标，为定位方便还专门设计了十字分划板，见图 4-5。

望远镜的旋转轴称为横轴，并通过其安装在支架上。通过调节望远镜制动螺旋和微动螺旋，可以控制望远镜在竖直面内的转动。

② 竖直度盘　竖直度盘一般由光学玻璃制成，用于观测竖直角。竖直度盘固定在横轴的一端，随望远镜仪器一起转动。不同型号的经纬仪，竖直度盘的分划注记也可能不同，可分为顺时针和逆时针两种形式。

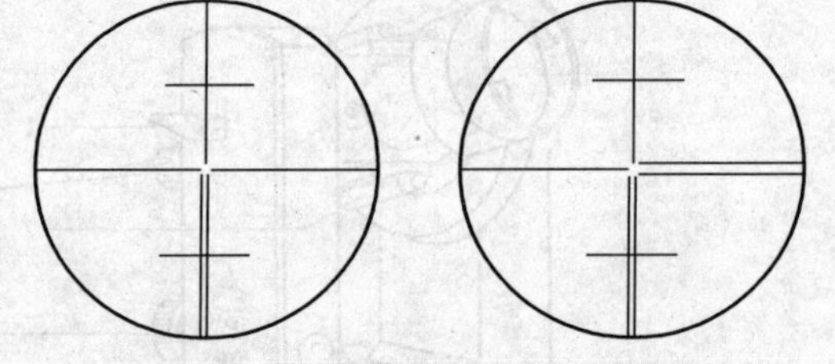

图 4-5 经纬仪的十字丝分划板

③ 照准部管水准器　照准部管水准器用于精确整平仪器。一般的经纬仪还装有圆水准器，用于配合整平仪器。

④ 光学对中器　光学对中器用于使水平度盘的中心位于测站点的铅垂线上。

照准部的下部是一个插在轴座内的竖轴，整个照准部可在轴座内任意做水平方向的旋转。

(2) 水平度盘　水平度盘一般也是由光学玻璃制成，装在竖轴上，在测角过程中和照准部分离，不随照准部一起转动，当望远镜照准不同方向的目标时，移动的读数指标线便可在固定不动的度盘上读得不同的度盘读数即方向值。如需变换度盘位置时，可利用仪器上的度盘变换手轮或复测扳手，把度盘变换到需要的读数上。

水平度盘的边缘上按顺时针方向均匀刻有 0°～360°的分划线，相邻两分划线之间的格值为 1°或 30′。

(3) 基座　基座用于支撑整个仪器，并通过中心螺旋将经纬仪固定在三角架上。基座上有三个脚螺旋用于整平仪器。

2. 光学经纬仪的读数装置与读数方法

光学经纬仪的水平度盘和竖直度盘的分划线通过一系列的棱镜和透镜，成像于读数显微镜内，观测者可以通过读数窗读取度盘读数。DJ6 光学经纬仪在读数窗中能同时看到竖直度盘和水平度盘两种影像，而 DJ2 光学经纬仪的读数窗内只能看到竖直度盘或水平度盘中的一种影像，读数时必须通过换像手轮选择所需的度盘影像。由于度盘尺寸有限，因此分划精度也有限，为实现精密测角，要借助光学测微技术。不同的测微技术读数方法也不一样，下面分别予以介绍。

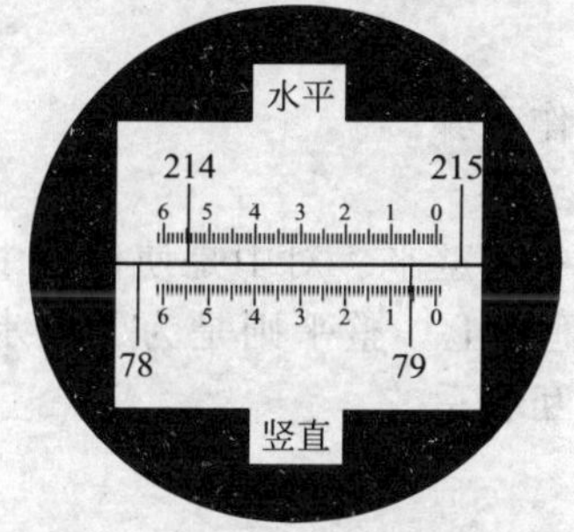

图 4-6　带分微尺测微器的读数窗

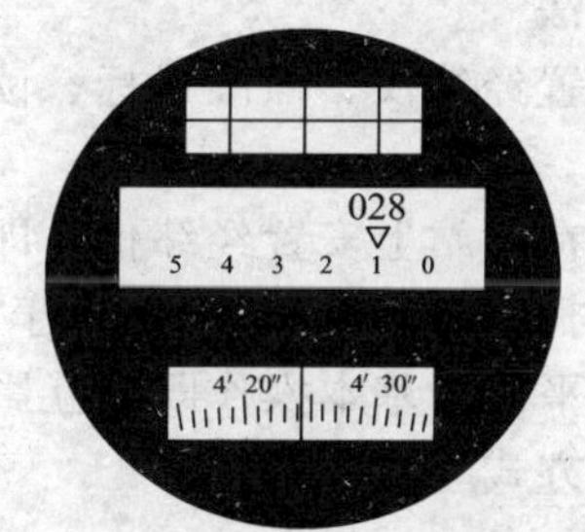

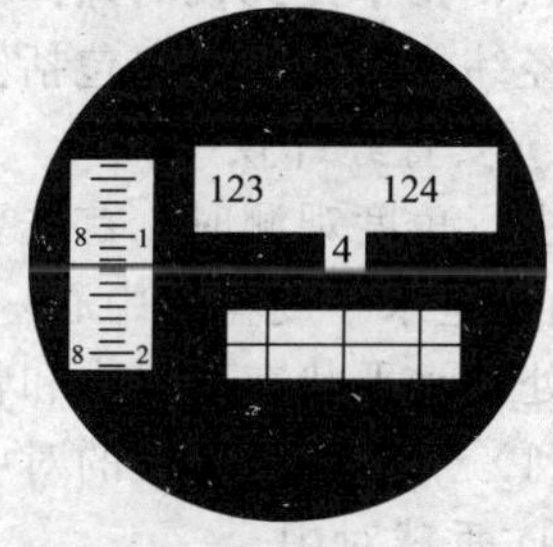

图 4-7　对径符合读数装置读数窗

(1) 分微尺测微器及其读数方法　分微尺测微器结构简单，读数方便，目前大部分 DJ6 光学经纬仪都采用这种测微器。见图 4-6，在读数显微镜中可以看到注有“水平（或 H)”和“竖直（或 V)”的两个读数窗，每一读数窗上有一条刻有 60 小格的测微尺，每小格为 1′，全长为 1°，可估读到 0.1′。读数时，先读出位于分微尺 60 小格区间内的度盘分划线的度注记值，再以度盘分划线为指标，在分微尺上读出不足 1°的分数，并估读秒数（秒数必须为 6″的倍数即 0.1′的倍数）。图示的水平度盘的读数为 214°54′42″，竖直度盘的读数为79°05′30″。

(2) 对径符合读数装置及其读数　DJ2 光学经纬仪采用对径符合读数方法，即在水平度盘或竖直度盘的相差 180°的位置取得两个度盘读数的平均值，由此可以消除度盘偏心误差的影响，以提高读数精度。

为使读数方便和不易出错，现在生产的 DJ2 级光学经纬仪，一般采用图 4-7 所示的读数窗。度盘对径分划像及度数和 10′的影像分别出现于两个窗口，第三个窗口为测微器读数。当转动测微轮使对径上、下分划对齐以后，从度盘读数窗读取度数和 10′数，从测微器窗口读取分数和秒数（可估读至 0.1″）。如图 4-7 所示的读数分别为 28°10′＋4′24.2″＝28°14′24.2″，123°40′＋8′12.3″＝123°48′12.3″。

3. 角度观测其他辅助工具

为精确进行角度观测，还需要其他的辅助工具。标杆、测钎和觇牌均为常用的照准工具，有时也可悬吊垂球用铅垂线作为瞄准标志（图 4-8)。一般测钎常用于测站较近的目标；标杆常用于较远的目标；觇牌远近均适合，但一般常与棱镜结合用于电子经纬仪或全站仪。

通常将标杆、测钎的尖端对准目标点的标志，并尽量竖直立好以方便瞄准。觇牌要连接在基座上并通过连接螺旋固定在三脚架上使用，并通过基座上的脚螺旋和光学对中器进行精确整平对中。

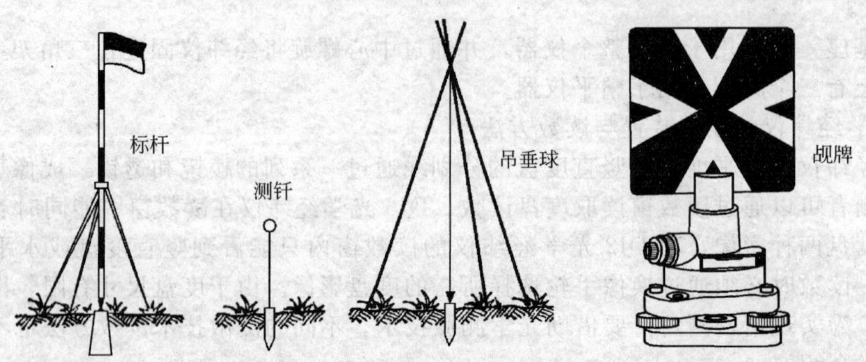

图 4-8 其他角度观测辅助工具

二、光学经纬仪的操作方法

经纬仪的使用主要包括安置经纬仪、照准目标、读数等操作步骤。

1. 安置经纬仪

进行角度观测时，首先要在测站上安置经纬仪，即进行对中和整平。对中是使仪器中心（准确说是水平度盘的中心）与测站点的标志中心位于同一铅垂线上；整平则是为了使水平度盘处于水平状态。对中和整平两个基本操作既相互影响又相互联系。

（1）对中 经纬仪的对中方式有以下两种。

① 垂球对中

a. 在测站点上打开三脚架，并目估使架顶中心与测站点标志中心大致对准。注意此时三脚架的高度要方便观察和读数，架头要大致水平，三个脚至测站点的距离要大致相等。

b. 打开仪器箱，将仪器放在架头上，并拧紧中心连接螺旋。

c. 挂上垂球，调整垂球线长度至标志点的高差约 2～3mm。

d. 当垂球尖端距测站点稍远时，可平移三脚架或以一只脚为中心将另外两只脚抬起以前后推拉和左右旋转的方式使垂球尖大致对准测站点，然后将架脚尖踩入土中。

e. 松开中心连接螺旋，在架头上缓慢移动仪器使垂球尖精确对准测站点。

用垂球对中的误差一般可控制在 3mm 以内，但误差仍相对较大，一般适用于初学者或精度要求不高的情况下。

② 光学对中器对中

a. 在测站点上打开三脚架，使架头高度适中，并目估使架头大致水平，而后用垂球或目估使架头中心与测站点标志中心大致对准。

b. 连接经纬仪，调整光学对中器使对中标志清晰及地面点成像清晰。

c. 通过光学对中器瞄准地面并轻提三脚架的两只脚，以另一只脚为中心移动，直至对中器分划板的对中标志中心与测站中心大致重合，而后放下三脚架并踩实。

d. 调节脚螺旋使测站点标志中心与对中器分划板的对中标志中心严格重合。

e. 调整三脚架的相应架腿使圆水准器气泡大致居中。整平仪器，使照准部管水准器在相互垂直的两个方向的气泡都居中。

f. 检查对中器标志中心与观测站标志中心是否重合。当偏移较小时，可稍微松开中心连接螺旋，在架头上平移（不得旋转）仪器，使之重合。重复 e、f 步，直至仪器既对中又整平。

g. 当偏移较大时重复 c、d、e、f 步。

用光学对中器对中的误差一般可控制在 1mm 以内。目前的经纬仪一般均采用该种方法。

(2) 整平

① 转动仪器使管水准器大致平行于其中任意两个脚螺旋的连线方向，如图 4-9(a) 所示。

② 两只手同时相反或相对移动这两只脚螺旋，使管水准器气泡居中（左手大拇指的移动方向与气泡的移动方向一致）。

③ 将照准部旋转 90°，如图 4-9(b) 所示，然后转动第三只脚螺旋，使管水准器气泡居中。

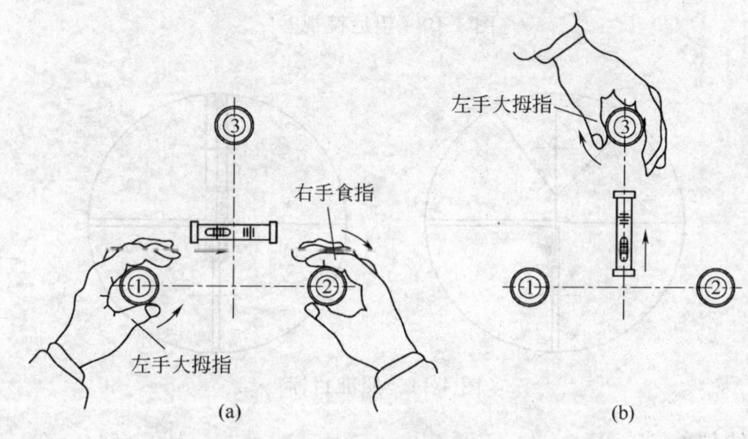

图 4-9　经纬仪整平

④ 重复上述步骤直至管水准器气泡在任意位置偏移均不超过一格为止。

无论采用哪种对中方式，对中和整平均须反复操作直至仪器既对中又整平为止。

2. 照准目标

照准目标就是用望远镜十字丝分划板的竖丝对准观测标志。步骤如下。

(1) 松开照准部和望远镜制动螺旋，将望远镜对准明亮背景，调整望远镜目镜调焦螺旋，使十字丝最清晰。

(2) 利用望远镜上的瞄准器粗略对准目标，而后旋紧照准部水平制动螺旋和望远镜制动螺旋。

(3) 调整望远镜物镜调焦螺旋，使观测标志影像清晰。同时要注意消除视差。

所谓视差，就是当望远镜瞄准目标后，若观测者眼睛在目镜端上下、左右作少量移动时，发现十字丝和目标影像有相对移动，这种现象称为视差。产生视差的原因是没有按照正确的操作步骤进行调焦，使得目标通过物镜之后的像没有与十字丝分划板重合。如图 4-10 所示。

消除视差的方法是：首先必须按照正确的步骤依次调焦，同时保持眼睛处于松弛状态。

(4) 调整照准部水平微动螺旋和望远镜微动螺旋，使十字丝分划板的竖丝对准或夹住观测标志，如图 4-11 所示。注意要尽量瞄准观测标志的底部。

3. 读数

打开度盘照明反光镜并调整方向使读数窗亮度适中，再调整显微镜调焦螺旋使度盘影像分划清晰，而后根据仪器的读数装置按前述方法读取度盘读数。

另外还可以利用水平度盘位置变换手轮使度盘读数置于预定的数值，即置数。

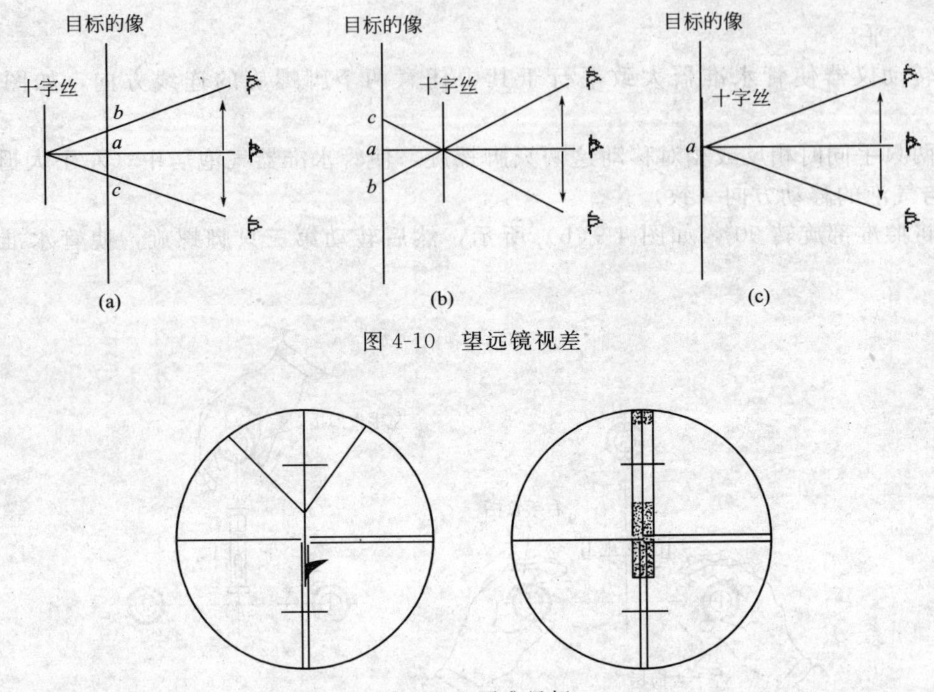

图 4-10 望远镜视差

图 4-11 照准目标

三、电子经纬仪

电子经纬仪是在光学经纬仪基础上发展起来的新一代的测角仪器，是利用电子测角原理，自动把度盘的角值以液晶方式显示在屏幕上。如图 4-12 所示为某仪器公司生产的 ET-05 电子经纬仪的外观构造和部件名称。

与光学经纬仪相比，电子经纬仪有以下特点。

(1) 采用电子测角系统，能自动显示测量结果，避免了观测误差，减少了外业劳动强度，提高工作效率。

(2) 现代电子经纬仪具有三轴自动补偿功能，可以自动测定仪器的横轴误差、竖轴误

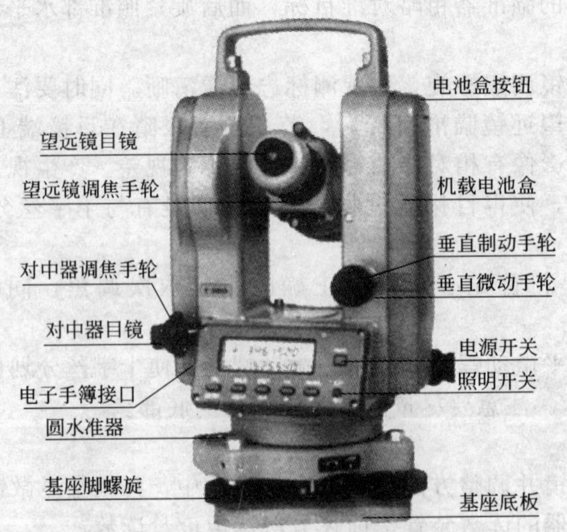

图 4-12 ET-05 电子经纬仪

差，并能自动对角度观测值进行改正。

(3) 电子经纬仪可以与其他的光电测距仪结合，组成全站型电子速测仪，配合适当的接口，实现测量、计算、成图的自动化和一体化。

电子经纬仪在结构上和外观上与光学经纬仪基本相同，使用方法与光学经纬仪也基本相同，除读数在屏幕上直接读取外，其他操作步骤与光学经纬仪完全相同，也是包括安置仪器、照准目标和读数三个步骤。

第三节　水平角的测量方法

水平角的观测方法可根据照准目标的多少确定，常用的有测回法和方向观测法两种。

一、测回法

测回法适用于观测只有两个方向的单个水平角。如图 4-13 所示，A、O、B 分别为地面上的三点，欲观测 OA 和 OB 两方向线之间的水平角，其操作步骤如下。

(1) 安置经纬仪于测站点 O 上，对中、整平。

(2) 将经纬仪置于盘左位置（竖盘在望远镜观测方向的左侧，也称正镜），照准目标 A 读取读数 $a_{左}$，顺时针旋转照准部，望远镜照准目标 B 读取读数 $b_{左}$，以上称为上半测回。上半测回测得角值为

$$\beta_{左}=b_{左}-a_{左} \tag{4-1}$$

(3) 倒转望远镜成盘右位置（竖盘在望远镜观测方向的右侧，也称倒镜），照准目标 B 读取读数 $b_{右}$，按逆时针方向旋转望远镜照准目标 A，读取读数 $a_{右}$，以上称为下半测回。下半测回测得角值为

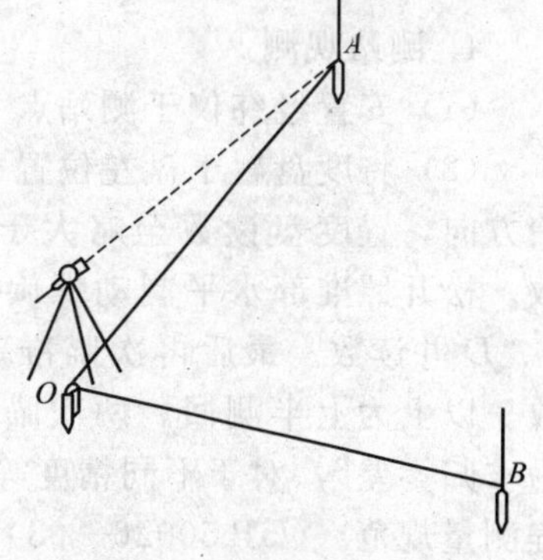

图 4-13　测回法观测水平角

$$\beta_{右}=b_{右}-a_{右} \tag{4-2}$$

上、下半测回合称为一个测回，当两个半测回角值之差不超过限差（DJ6 经纬仪一般取 $\pm40''$）要求时，取其平均值作为一测回观测成果，即

$$\beta=\frac{1}{2}(\beta_{左}+\beta_{右}) \tag{4-3}$$

为提高观测精度，一般需进行多测回观测；为了减少度盘分划不均匀形成的误差的影响，各测回应均匀分配在度盘不同位置进行观测。一般将第一测回起始目标的度盘读数设至略大于 0°附近，其他各测回间按 $180°/n$ 的差值递增设置度盘起始位置，n 为测回数。各测回角度之差称为测回差，用 DJ6 光学经纬仪观测时，其测回差不得超过 $\pm40''$。当测回差满足限差要求时，取各测回平均值作为本测站水平角观测成果。表 4-1 为测回法测角的记录和计算示例。

二、方向观测法

当一个测站上需要观测多个角度，即观测方向在三个或三个以上时，通常采用方向观测法。该方法是以选定的某一方向为起始方向（称为零方向），依次观测出其余各个方向相对于起始方向的方向值，则任意两个方向的观测值之差即为该两方向线之间的水平角值。

下面依图 4-14 说明方向观测法的步骤。

表 4-1 水平角观测手簿（测回法）

观测日期__________天气状况__________工程名称__________

仪器型号__________观测者__________记录者__________

<table>
<tr><th>测站</th><th>测回</th><th>竖盘位置</th><th>目标</th><th>水平度盘读数 /(° ′ ″)</th><th>半测回角值 /(° ′ ″)</th><th>一测回角值 /(° ′ ″)</th><th>各测回平均角值 /(° ′ ″)</th><th>备注</th></tr>
<tr><td rowspan="8">O</td><td rowspan="4">1</td><td rowspan="2">左</td><td>A</td><td>0 02 18</td><td rowspan="2">79 22 24</td><td rowspan="4">79 22 18</td><td rowspan="8">79 22 22</td><td rowspan="8"></td></tr>
<tr><td>B</td><td>79 24 42</td></tr>
<tr><td rowspan="2">右</td><td>A</td><td>180 02 24</td><td rowspan="2">79 22 12</td></tr>
<tr><td>B</td><td>259 24 36</td></tr>
<tr><td rowspan="4">2</td><td rowspan="2">左</td><td>A</td><td>90 02 24</td><td rowspan="2">79 22 36</td><td rowspan="4">79 22 27</td></tr>
<tr><td>B</td><td>169 25 00</td></tr>
<tr><td rowspan="2">右</td><td>A</td><td>270 02 30</td><td rowspan="2">79 22 18</td></tr>
<tr><td>B</td><td>349 24 48</td></tr>
</table>

注：表中两个半测回角值之差及各测回角值之差均不超过限差。

1. 测站观测

（1）安置经纬仪于测站点 O，精确对中、整平。

（2）将度盘置于盘左位置并任选一方向（假定为 A）为起始方向，置度盘读数至略大于 0°，精确瞄准目标并读取此读数。松开照准部水平制动螺旋，顺时针方向依次瞄准目标 B、C、D 并读数。最后再次瞄准起始方向 A（称为归零），并读数。以上为上半测回。两次瞄准起始方向 A 点的读数之差称为“归零差”，对于不同精度等级的仪器，限差要求不同，《工程测量规范》（GB 50026—93）的规定见表 4-2，其中任何一项限差超限，均应重测。

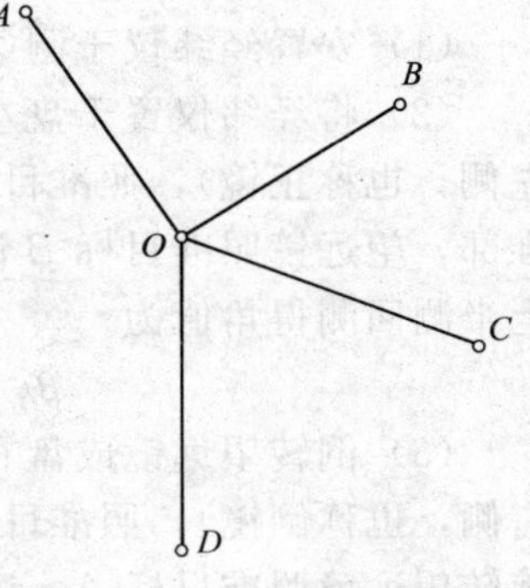

图 4-14 方向观测法观测水平角

（3）将度盘置于盘右位置照准起始方向 A，并读数。而后按逆时针方向依次照准目标 D、C、B、A 并读数。以上称为下半测回。

上、下半测回合称一个测回，在同一测回内不能第二次改变水平度盘的位置。当精度要求较高，需测多个测回时，各测回间应按 $180°/n$ 设置度盘起始方向的读数。规范规定超过三个方向数的方向观测法必须归零。

表 4-2 水平角方向观测法的技术要求

等级	仪器型号	半测回归零差/(″)	一测回 2c 变动范围/(″)	同一方向值各测回较差/(″)
一级及以下	DJ2	12	18	12
	DJ6	18	—	24

2. 观测记录计算

方向观测法的观测手簿见表 4-3。上半测回各方向的读数从上向下记录，下半测回各方向读数自下向上记录。

（1）归零差的计算　对起始方向，每半测回都应计算“归零差 Δ”，并记入表格；若归零差超限，应及时在原来度盘位置上进行重测。

（2）两倍视准误差 $2c$ 的计算

$$2c=盘左读数-(盘右读数\pm180°) \tag{4-4}$$

表 4-3　水平角观测手簿（方向观测法）

观测日期＿＿＿＿＿＿＿＿天气状况＿＿＿＿＿＿＿＿工程名称＿＿＿＿＿＿＿＿

仪器型号＿＿＿＿＿＿＿＿观测者＿＿＿＿＿＿＿＿记录者＿＿＿＿＿＿＿＿

测站	测回	目标	水平度盘读数		2c	盘左、盘右平均读数	一测回归零方向值	各测回平均方向值	角值
			盘左	盘右					
			° ′ ″	° ′ ″	″	° ′ ″	° ′ ″	° ′ ″	° ′ ″
1	2	3	4	5	6	7	8	9	10
O	1	A	0 01 00	180 01 12	−12	(0 01 14) 0 01 06	0 00 00	0 00 00	91 52 47
		B	91 54 06	271 54 00	+06	91 54 03	91 52 49	91 52 47	61 38 47
		C	153 32 48	333 32 48	0	153 32 48	153 31 34	153 31 34	60 33 22
		D	214 06 12	34 06 06	+06	214 06 09	214 04 55	214 04 56	145 55 04
		A	0 01 24	180 01 18	+06	0 01 21			
		Δ	24	6					
	2	A	90 01 12	270 01 24	−12	(90 01 27) 90 01 18	0 00 00		
		B	181 54 06	1 54 18	−12	181 54 12	91 52 45		
		C	243 32 54	63 33 06	−12	243 33 00	153 31 33		
		D	304 06 26	124 06 20	+06	304 06 23	214 04 56		
		A	90 01 36	270 01 36	0	90 01 36			
		Δ	24	12					

式中，盘右读数大于180°时取“−”号，盘右读数小于180°时取“＋”号。计算各方向的 $2c$ 值，填入表 4-3 第 6 栏。一测回内各方向 $2c$ 值互差不应超过表 4-2 中的规定。如果超限，应在原度盘位置重测。

（3）计算各方向的平均读数的计算

$$\text{平均读数}=\frac{1}{2}[\text{盘左读数}+(\text{盘右读数}\pm 180°)] \tag{4-5}$$

平均读数又称为各方向的方向值，计算时，以盘左读数为准，将盘右读数加或减 180°后，和盘左读数取平均值。计算各方向的平均读数，填入表 4-3 第 7 栏。起始方向有两个平均读数，故应再取其平均值，填入表 4-3 第 7 栏上方小括号内。

（4）归零后方向值的计算　将各方向的平均读数减去起始方向的平均读数（括号内数值），即得各方向的“归零后方向值”，填入表 4-3 第 8 栏。起始方向归零后的方向值为零。

（5）各测回归零后平均方向值的计算　多测回观测时，同一方向值各测回较差，符合表 4-2 中的规定，则取各测回归零后方向值的平均值，作为该方向的最后结果，填入表 4-3 第 9 栏。

（6）水平角角值的计算　相邻方向值之差即为两相邻方向所夹的水平角，将第 9 栏相邻两方向值相减即可求得，填入第 10 栏的相应位置上。

第四节　竖直角的测量方法

一、竖直角的观测与计算

1. 竖直角计算公式

光学经纬仪的类型不同，竖直度盘的分划注记方向也不同，在首次使用该仪器测量竖直角之前，要首先判断其竖直度盘的注记方向。方法如下。

如图 4-15(a) 所示将竖直度盘置于盘左（正镜）位置，使望远镜大致水平，此时竖盘读数应在 90°左右；而后缓慢上仰望远镜，若读数减少则为顺时针注记，若读数增加则为逆时针注记。图示为顺时针注记方式。

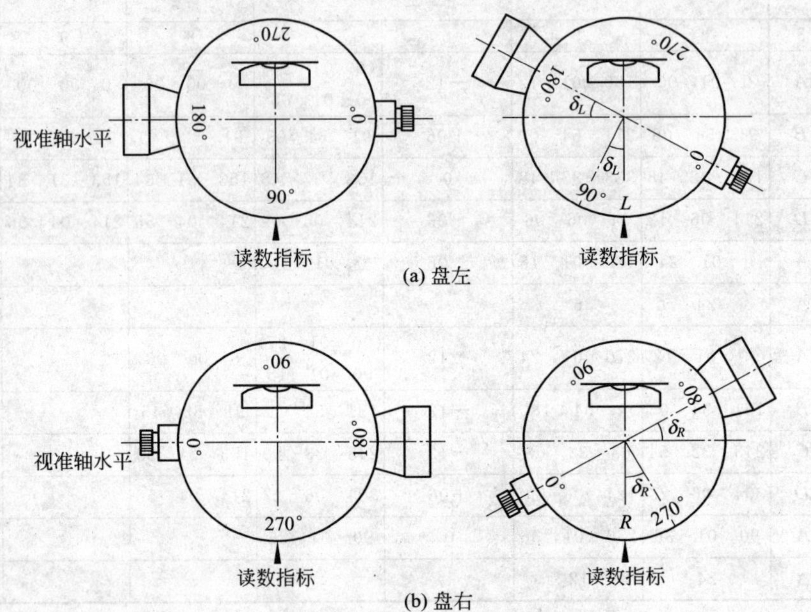

图 4-15 竖直度盘分划示意

若此时度盘读数为 L，则竖直角计算公式为

$$\delta_L = 90° - L \tag{4-6}$$

同样，如图 4-15(b) 所示可以得出盘右时竖直角计算公式为

$$\delta_R = R - 270° \tag{4-7}$$

同理可得出竖直度盘为逆时针分划时竖直角的计算公式为

$$\delta_L = L - 90° \tag{4-8}$$

$$\delta_R = 270° - R \tag{4-9}$$

对于同一标志，由于观测中存在误差，以及仪器本身和外界条件的影响，盘左、盘右所获得的竖直角 δ_L 和 δ_R 不完全相等，则取盘左、盘右的平均值作为竖直角的结果，即

$$\delta = \frac{1}{2}(\delta_L + \delta_R) \tag{4-10}$$

2. 观测、记录与计算

(1) 竖直角观测

① 在测站点上安置仪器，并判断竖盘的注记方式以确定竖直角的计算公式。

② 盘左照准标志，使十字丝的中丝切住标志的顶端，如图 4-16 所示，调整竖盘指标水准管微动螺旋，使气泡居中，读取竖盘读数 L。

③ 盘右照准原标志位置，使竖盘指标水准管居中后，读取竖盘读数 R。

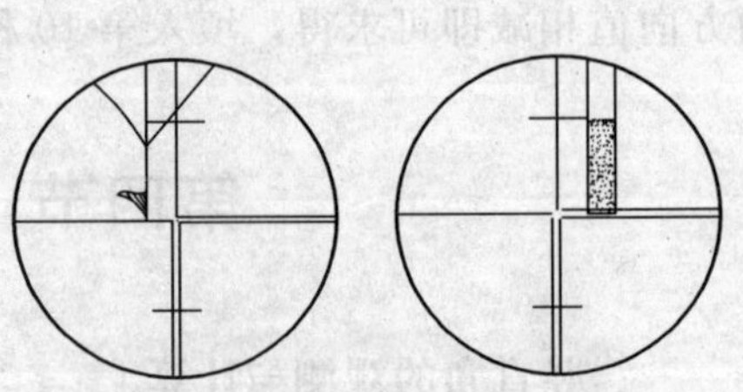

图 4-16 十字丝的中丝照准标志

以上观测构成一个竖直角测回。

(2) 记录与计算 将各观测数据及时填入表 4-4 的竖直角观测手簿并按上述公式分别计算半测回竖直角和一测回竖直角。

表 4-4 竖直角观测手簿

观测日期________ 天气状况________ 工程名称________

仪器型号________ 观测者________ 记录者________

测站	目标	测回	竖盘位置	竖盘读数 /(° ′ ″)	半测回竖直角 /(° ′ ″)	指标差 /(″)	一测回竖直角 /(° ′ ″)	各测回竖直角 /(° ′ ″)	备注
O	A	1	左	81 38 12	+8 21 48	−12	+8 21 36	+8 21 45	竖盘为顺时针注记
			右	278 21 24	+8 21 24				
	A	2	左	81 38 00	+8 22 00	−6	+8 21 54		
			右	278 21 48	+8 21 48				
	B	1	左	96 12 36	−6 12 36	−9	−6 12 45	6 12 44	
			右	263 47 06	−6 12 54				
	B	2	左	96 12 42	−6 12 42	0	−6 12 42		
			右	263 47 18	−6 12 42				

二、竖盘读数指标差

当竖盘指标水准管气泡居中且水平时，竖盘指标应处于正确位置，即正好指向 90°或 270°，事实上在实际工作中由于仪器制造、运输和长期使用等原因使读数指标偏离正确位置，与正确位置相差一小角值，该角值称为竖直度盘指标差，如图 4-17 所示。

根据图 4-17 可看出竖直度盘指标差对竖直角的影响为

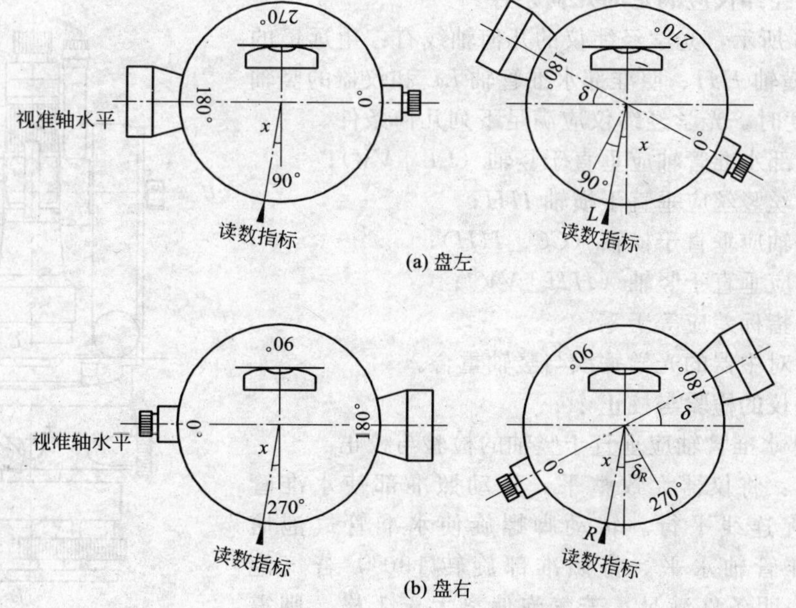

图 4-17 读数、竖直角和指标差的关系

盘左时

$$\delta_L = 90° - (L - x) \tag{4-11}$$

盘右时

$$\delta_R = (R - x) - 270° \tag{4-12}$$

将式(4-11) 和式(4-12) 联立求解可得

$$\delta = \frac{1}{2}(\delta_L + \delta_R) = \frac{1}{2}(R - L - 180°) \tag{4-13}$$

$$x = \frac{1}{2}(\delta_R - \delta_L) = \frac{1}{2}(R + L - 360°) \tag{4-14}$$

从式(4-13) 可看出通过盘左、盘右观测取平均值的方法，可以消除竖盘指标差的影响，获得正确的竖直角。

在同一测站的观测中，同一仪器的指标差值应相同，但由于受外界条件和观测误差的影响，使得各方向的指标差值产生变化。因此指标差互差可以反映观测成果的质量。为保证观测精度，对于 DJ6 光学经纬仪规范规定了在同一测站上不同目标的指标差互差或同方向指标差互差不应超过 25″。否则需重新观测。

目前光学经纬仪为使操作简便及保证观测结果的准确性，一般采用竖盘指标自动归零装置。但必须注意正确使用。

第五节 经纬仪的检验与校正

由于光学经纬仪经过长途运输和长期在野外使用，在出厂前所做的严格的检验与校正可能被破坏，因此测量规范要求，在正式作业前应对经纬仪进行检验校正，以使测量成果符合精度要求。光学经纬仪检验和校正的项目较多，但通常只进行主要轴线间的几何关系的检校。

一、光学经纬仪应满足的几何条件

如图 4-18 所示，光学经纬仪的几何轴线有：望远镜的视准轴 CC、横轴 HH、照准部水准管轴 LL 和仪器的竖轴 VV。测量角度时，光学经纬仪应满足下列几何条件。

(1) 照准部水准管轴应垂直于竖轴（$LL \perp VV$）；

(2) 十字丝竖丝应垂直于横轴 HH；

(3) 视准轴应垂直于横轴（$CC \perp HH$）；

(4) 横轴应垂直于竖轴（$HH \perp VV$）；

(5) 竖盘指标差应等于零；

(6) 光学对中器的光学垂线与竖轴重合。

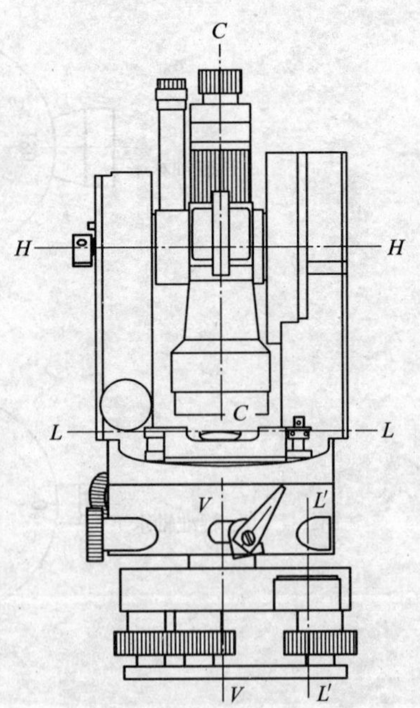

图 4-18 经纬仪主要轴线关系

二、经纬仪的检验与校正

1. 照准部水准管轴应垂直于竖轴的检验与校正

(1) 检验：将仪器大致整平，转动照准部使水准管与两个脚螺旋连线平行。转动脚螺旋使水准管气泡居中，此时水准管轴水平。将照准部旋转 180°，若气泡仍然居中，表明条件满足；若气泡偏离大于 1 格，则需进行校正。

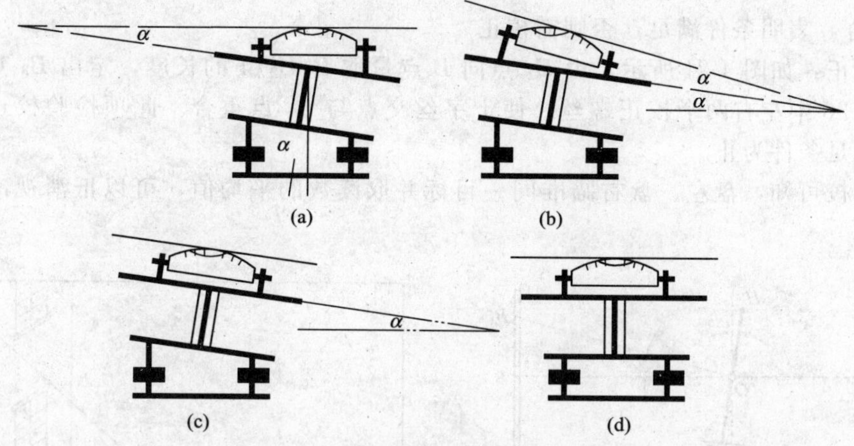

图 4-19　水准管轴垂直于竖轴的校正

（2）校正：如图 4-19 所示首先转动与水准管平行的两个脚螺旋，使气泡向中央移动偏离值的一半。再用校正针拨动水准管校正螺丝（注意应先放松一个，再旋紧另一个），使气泡居中，此时水准管轴处于水平位置，竖轴处于铅直位置，即 $LL \perp VV$。此项检验校正需反复进行，直至照准部旋转到任何位置气泡偏离最大不超过 1 格时为止。

2. 十字丝竖丝垂直于横轴的检验与校正

（1）检验：整平仪器，以十字丝竖丝的上端精确照准任一清晰的小点 P，如图 4-20(a) 所示。拧紧照准部和望远镜制动螺旋，转动望远镜上下微动螺旋，使望远镜做上下微动，如果所瞄准的小点始终不偏离竖丝，则说明条件满足；若十字丝竖丝移动的轨迹明显偏离了 P 点，则需进行校正。

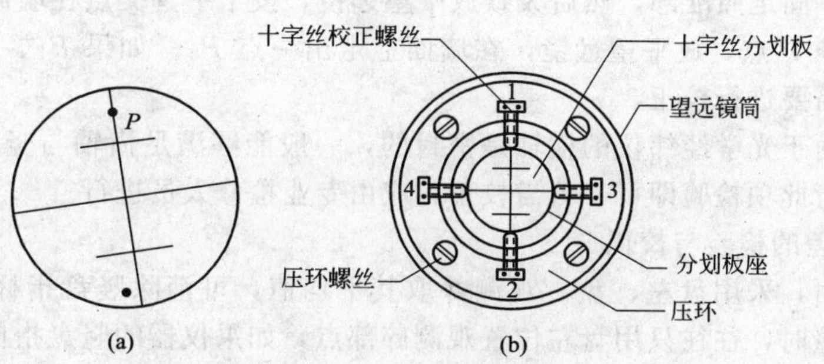

图 4-20　十字丝竖丝垂直于横轴的检验与校正

（2）校正：卸下目镜处的外罩，即可见到十字丝分划板校正设备，如图 4-20(b) 所示。松开四个十字丝分划板套筒压环固定螺丝，转动十字丝套筒，直至十字丝竖丝始终在 P 点上移动，然后再将压环固定螺丝旋紧。

3. 视准轴垂直于横轴的检验与校正

视准轴不垂直于横轴所偏离的角度叫照准误差，一般用 c 表示。

（1）检验：选择一平坦场地，如图 4-21 所示，在 A、B 两点（相距约 100m）的中点 O 安置仪器，在 A 点竖立一标志，在 B 点横放一根水准尺或毫米分划尺，使其尽可能与视线 OA 垂直。标志与水准尺的高度大致与仪器同高。首先用盘左位置照准 A 点，固定照准部，然后倒转望远镜成盘右位置，在 B 尺上读数，得 B_1，见图 4-21(a)。再用盘右位置再照准 A

点，固定照准部，倒转望远镜成盘左位置，在 B 尺上读数，得 B_2，见图 4-21(b)。若 B_1、B_2 两点重合，表明条件满足；否则需校正。

(2) 校正：如图 4-21 所示，由 B_2 点向 B 点量取 $B_1B_2/4$ 的长度，定出 B_3 点。用校正针拨动图 4-20 中左右两个校正螺丝，使十字丝交点与 B_3 点重合。此项检验校正需反复进行，直至满足条件为止。

由此检校可知，盘左、盘右瞄准同一目标并取读数的平均值，可以抵消视准轴误差的影响。

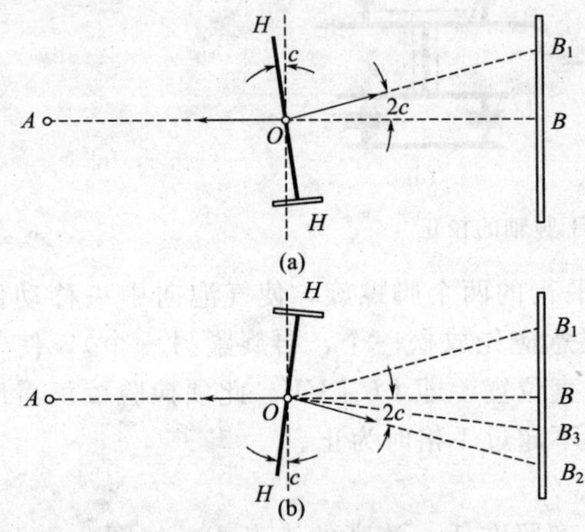

图 4-21 视准轴垂直于横轴的检验与校正

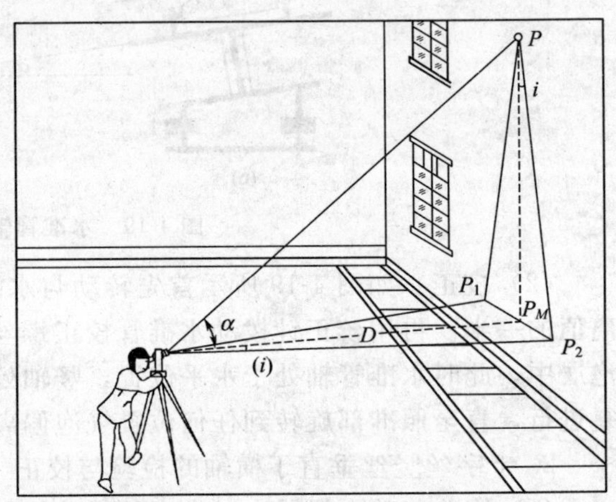

图 4-22 横轴垂直于竖轴的检验与校正

4. 横轴垂直于竖轴的检验与校正

(1) 检验：如图 4-22 所示在距一洁净的高墙 20～30m 处安置仪器，以盘左瞄准墙面高处的一固定点 P，固定照准部，然后大致放平望远镜，按十字丝交点在墙面上定出一点 P_1；同样再以盘右瞄准 P 点，放平望远镜，在墙面上定出一点 P_2。如果 P_1、P_2 两点重合，则满足要求，否则需要进行校正。

(2) 校正：由于光学经纬仪的横轴是密封的，一般能够满足横轴与竖轴相垂直的条件，测量人员只要进行此项检验即可，若需校正，应由专业检修人员进行。

5. 竖盘指标差的检验与校正

观测竖直角时，采用盘左、盘右观测并取其平均值，可消除竖盘指标差对竖直角的影响，但在地形测量时，往往只用盘左位置观测碎部点，如果仪器的竖盘指标差较大，就会影响测量成果的质量。因此，应对其进行检校消除。

(1) 检验：安置仪器，分别用盘左、盘右瞄准高处某一固定目标，在竖盘指标水准管气泡居中后，各自读取竖盘读数 L 和 R。根据公式(4-14) 计算指标差 x 值，若 $x=0$，则条件满足；如 x 值超出 $\pm1'$ 时，应进行校正。

(2) 校正：检验结束时，保持盘右位置和照准目标点不动，先转动竖盘指标水准管微动螺旋，使盘右竖盘读数对准正确读数 $R-x$，此时竖盘指标水准管气泡偏离居中位置，然后用校正拨针拨动竖盘指标水准管校正螺钉，使气泡居中。反复进行几次，直至竖盘指标差小于 $\pm1'$ 为止。

6. 光学对中器的检验与校正

光学对中器有两种形式，即在照准部上和基座上，其检验方式不同，下面仅介绍常见的在照准部上的形式的检验。

（1）检验：在平坦的地面上严格整平仪器，在脚架的中央地面上固定一张白纸。对中器调焦，将对中器标志中心投影于白纸上得 P_1。然后转动照准部 180°，得对中器标志中心投影 P_2，若 P_1 与 P_2 重合，则条件满足；否则，需校正。

（2）校正：取 P_1、P_2 的中点 P，校正直角转向棱镜或对中器分划板，使对中器标志中心对准 P 点。重复检验校正的步骤，直到照准部旋转 180°后对中器刻划标志中心与地面点无明显偏离为止。

第六节　角度测量的误差分析及注意事项

一、角度测量的误差分析

在角度观测中影响观测精度的因素很多，主要的有仪器误差、观测误差和外界条件的影响等。

1. 仪器误差

仪器虽经过检验及校正，但总会有残余的误差存在。仪器误差的影响，一般都是系统性的，可以在工作中通过一定的方法予以消除或减小。

仪器误差的主要来源有两方面。

（1）仪器制造加工不完善所引起的误差，如水平度盘偏心差、度盘刻划误差等；

（2）仪器检验校正不完善所引起的误差，如望远镜视准轴不垂直于仪器横轴（也称视准差）、仪器横轴不垂直于竖轴（常称为支架差）、竖轴倾斜等。

这些误差一般都很小，并且大多数都可以在观测过程中采取相应的措施消除或减弱他们的影响。如通过盘左、盘右观测取平均值的方法可以消除水平度盘偏心差、望远镜视准轴不垂直于仪器横轴、仪器横轴不垂直于竖轴等所引起的误差；通过观测多个测回，并在测回间变换度盘位置，使读数均匀地分布在度盘的各个位置，以减小度盘刻划误差；而竖轴倾斜误差不能用盘左、盘右观测取平均值的方法予以消除，因此在观测前应严格检验、校正照准部水准管，观测时要严格整平。

2. 观测误差

（1）仪器对中误差　在水平角观测中，若经纬仪对中有误差，将使仪器中心与标志中心不在同一铅垂线上，造成测角误差。

如图 4-23 所示仪器在 B 点观测的水平角应为 β，而由于对中偏移距离 e 的原因实际测得角值为 β'，则对中误差造成的角度偏差为

$$\Delta\beta=\beta-\beta'=\varepsilon_1+\varepsilon_2$$

设 $\angle AB'B=\theta$，$AB=D_1$、$BC=D_2$，则

$$\varepsilon_1\approx\frac{e\cdot\sin\theta}{D_1}\cdot\rho$$

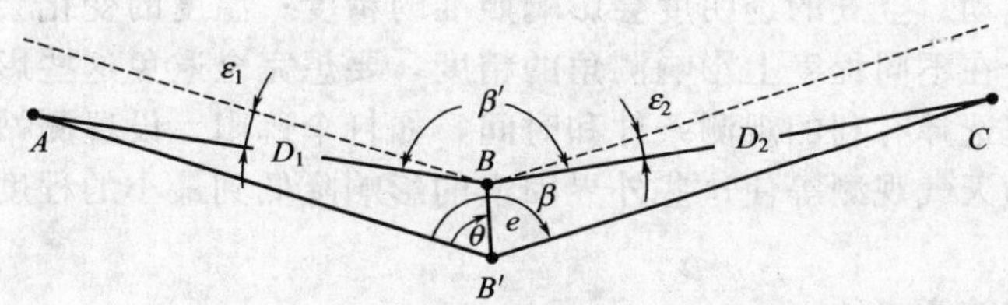

图 4-23　仪器对中误差对水平角的影响

$$\varepsilon_2 \approx \frac{e \cdot \sin(\beta'-\theta)}{D_2} \cdot \rho$$

则

$$\Delta\beta = e\rho\left[\frac{\sin\theta}{D_1}+\frac{\sin(\beta'-\theta)}{D_2}\right] \qquad (4\text{-}15)$$

从上式可知，对中误差的影响与偏心距 e 成正比，e 越大，则 $\Delta\beta$ 越大；与边长成反比，边越短，则 $\Delta\beta$ 越大；与水平角的大小有关，θ、$(\beta'-\theta)$ 越接近 90°，$\Delta\beta$ 越大。因此，在边长越短或观测角度接近 180°时，应特别注意仪器的对中，尽可能减小偏心距。

（2）目标偏心误差　在测角时，通常是用标杆立于目标点上，作为照准标志。当标杆倾斜又瞄准标杆顶部时，将使照准点偏离目标而产生目标偏心误差。如图 4-24 所示。

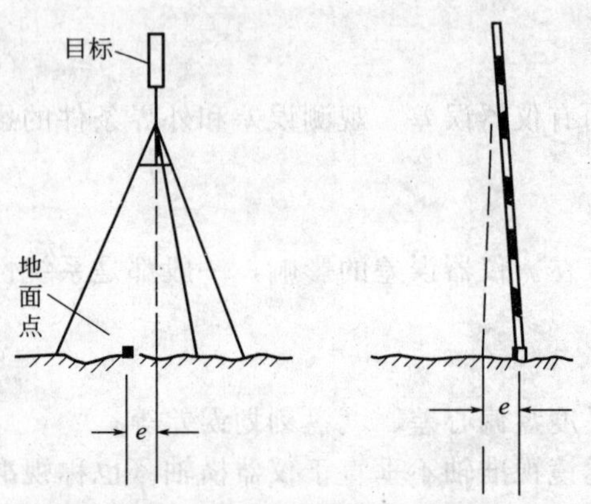

图 4-24　目标偏心误差示意

设标杆的长度为 l，标杆与铅垂线间的夹角为 γ，则照准点的偏心距为

$$e = l\sin\gamma \qquad (4\text{-}16)$$

e 对水平角观测的影响与对中误差的影响类似。边长越短和瞄准位置越高，其影响也就越大。因此，在观测水平角时应仔细地将标杆竖直，并要求尽可能瞄准标杆的底部，以减少误差。

（3）仪器整平误差　水平角观测时必须保持水平度盘水平、竖轴竖直。若照准部水准管的气泡不居中，导致竖轴倾斜而引起的角度误差，该项误差不能通过盘左、盘右观测取平均值的方法消除。因此在观测过程中，应特别注意仪器的整平，在同一测回内，若气泡偏移超过 2 格，应重新整平仪器，并重新观测该测回。

（4）照准误差　测角时人眼通过望远镜照准目标而产生的误差称为照准误差。照准误差与望远镜的放大率，人眼的分辨能力，目标的形状、大小、颜色、亮度和清晰度等因素有关。一般认为，人眼的分辨率为 60″，若望远镜的放大率为 V，则分辨能力就可以提高 V 倍，故照准误差为±60″/V。如 DJ6 光学经纬仪的放大倍率一般为 28 倍，故照准误差大约为±2.1″。因此在观测时应仔细做好调焦和照准工作。

（5）读数误差　读数误差与读数设备、照明情况和观测人员的经验有关，其中主要取决于读数设备。一般认为，对 DJ6 光学经纬仪的最大估读误差不超过±6″，对 DJ2 光学经纬仪一般不超过±1″，但如果照明条件不好、操作不熟练或读数不仔细，读数误差将可能更大。

3. 外界条件影响

影响角度观测的外界因素很多，大风、松土会影响仪器的稳定；地面辐射热会影响大气稳定而引起物像的跳动；空气的透明度会影响照准的精度；温度的变化会影响仪器的正常状态等。这些因素都会在不同程度上影响测角的精度，要想完全避免这些影响是不可能的，观测者只能采取措施及选择有利的观测条件和时间，如打伞遮阳、设置测站点尽量避开松土和建筑物、选择良好的天气观测等使这些外界因素的影响降低到最小的程度，从而保证测角的精度。

二、角度观测的注意事项

为减少误差，确保观测成果的精确性，还要注意以下事项。

（1）仪器安置的高度要合适，三脚架要踩牢，仪器与脚架连接要牢固；观测时不要手扶或碰动三脚架，转动照准部和使用各种螺旋时，用力要轻。

（2）对中、整平要准确，测角精度要求越高或边长越短的，对中要求越严格；如观测的目标之间高低相差较大时，更应注意仪器整平。

（3）在水平角观测过程中，如同一测回内发现照准部水准管气泡偏离居中位置，不允许重新调整水准管使气泡居中；若气泡偏离中央超过一格时，则需重新整平仪器，重新观测。

（4）观测竖直角时，每次读数之前，必须使竖盘指标水准管气泡居中或自动归零开关设置启用位置。

（5）标杆要立直于测点上，尽可能用十字丝交点瞄准标杆或测钎的底部；竖角观测时，宜用十字丝中丝切于目标的指定部位。

（6）不要把水平度盘和竖直度盘读数弄混淆；记录要清楚，并当场计算校核，若误差超限应查明原因并重新观测。

（7）观测水平角时，同一个测回里不能转动度盘变换手轮或按水平度盘复测扳钮。

习题与思考题

1. 什么是水平角和竖直角？简述它们的观测原理。
2. 光学经纬仪的构造有哪些？常用的读数装置有哪些类型？
3. 简述光学经纬仪的使用步骤及注意要点。
4. 分述测回法和方向观测法观测水平角的操作步骤。
5. 光学经纬仪的各主要轴线应满足的条件有哪些？
6. 采用盘左、盘右观测取平均值的方法可以消除哪些仪器误差？
7. 常见的角度观测误差的原因有哪些？
8. 简述角度观测的注意事项。
9. 整理测回法观测水平角的手簿（表4-5）。

表 4-5　水平角观测手簿（测回法）

观测日期＿＿＿＿＿＿天气状况＿＿＿＿＿＿工程名称＿＿＿＿＿＿
仪器型号＿＿＿＿＿＿观测者＿＿＿＿＿＿记录者＿＿＿＿＿＿

测站	测回	竖盘位置	目标	水平度盘读数 /(° ′ ″)	半测回角值 /(° ′ ″)	一测回角值 /(° ′ ″)	各测回平均角值 /(° ′ ″)	备注
O	1	左	A	0　00　06				
			B	78　48　54				
		右	A	180　00　36				
			B	258　49　06				
	2	左	A	90　00　12				
			B	168　49　06				
		右	A	270　00　30				
			B	348　49　12				

10. 整理用方向观测法观测水平角的手簿（表4-6）。

表 4-6 水平角观测手簿（方向观测法）

观测日期________天气状况________工程名称________

仪器型号________观测者________记录者________

测站	测回	目标	水平度盘读数		2c	盘左、盘右平均读数	一测回归零方向值	各测回平均方向值	角值
			盘左	盘右					
			° ′ ″	° ′ ″	″	° ′ ″	° ′ ″	° ′ ″	° ′ ″
1	2	3	4	5	6	7	8	9	10
O	1	A	0 02 36	180 02 36					
		B	91 23 36	271 23 42					
		C	228 19 24	48 19 30					
		D	254 17 54	74 17 54					
		A	0 02 30	180 02 36					
		Δ							
	2	A	90 03 12	270 03 12					
		B	181 24 06	1 23 54					
		C	318 20 00	138 19 54					
		D	344 18 30	164 18 24					
		A	90 03 18	270 03 12					
		Δ							

11．整理竖直角观测手簿（表 4-7）。

表 4-7 竖直角观测手簿

观测日期________天气状况________工程名称________

仪器型号________观测者________记录者________

测站	目标	测回	竖盘位置	竖盘读数/(° ′ ″)	半测回竖直角/(° ′ ″)	指标差/(″)	一测回竖直角/(° ′ ″)	各测回竖直角/(° ′ ″)	备注
O	A	1	左	71 38 00					竖盘为顺时针注记
			右	288 21 54					
	A	2	左	71 38 06					
			右	288 22 06					
	B	1	左	86 10 30					
			右	273 50 06					
	B	2	左	86 10 36					
			右	273 50 18					

第五章 距离测量

【知识目标】

- 掌握钢尺量距的方法、使用条件和精度分析
- 掌握视距测量的方法、使用条件和精度分析
- 掌握电磁波和激光测距的方法、使用条件和精度分析

【能力目标】

- 学会钢尺量距的方法和成果处理
- 掌握测距仪操作方法

第一节 距离测量概述

距离测量是测量的基本工作之一。距离测量的目的就是测量地面两点之间的水平距离。根据使用的工具和方法的不同，常用的距离测量方法有钢尺量距、视距测量、电磁波测距和GPS测量等。

钢尺量距是用钢卷尺沿地面丈量距离。该方法适用于平坦地区的短距离量距，易受地形限制。

视距测量是利用经纬仪或水准仪望远镜中的视距丝及视距标尺按几何光学原理测距。这种方法能克服地形障碍，适合于低精度的近距离测量（200m以内）。

电磁波测距是用仪器发射并接收电磁波，通过测量电磁波在待测距离上往返传播的时间计算出距离。这种方法测距精度高，测程远，一般用于高精度的远距离测量和近距离的细部测量，其测量精度由仪器的出厂精度确定。

GPS测量是利用两台GPS接收机接收空间轨道上4颗以上GPS卫星发射的载波信号，通过一定的测量和计算方法，求出两台GPS接收机天线相位中心的距离。

本章将分别介绍前三种距离测量方法及所用仪器的有关原理和使用方法。

第二节 钢尺量距

一、量距工具

1. 钢尺

钢尺量距的首要工具是钢尺，又称钢卷尺。尺的宽度约为10～15mm，厚度约为0.3～0.4mm，长度有20m、30m、50m、100m等几种。最小刻画到毫米，有的钢尺仅在0～1dm之间刻画到毫米，其他部分刻画到厘米。在分米和米的刻画处，注有数字注记。钢尺卷在圆形金属盒中或金属尺架内，便于携带使用，如图5-1所示。

图 5-1 钢卷尺

钢尺由于尺的零点位置不同，有刻线尺和端点尺之分，如图 5-2 所示。刻线尺是在尺上刻出零点的位置；端点尺是以尺的端部、金属环的最外端为零点，从建筑物的边缘开始丈量时用端点尺很方便。

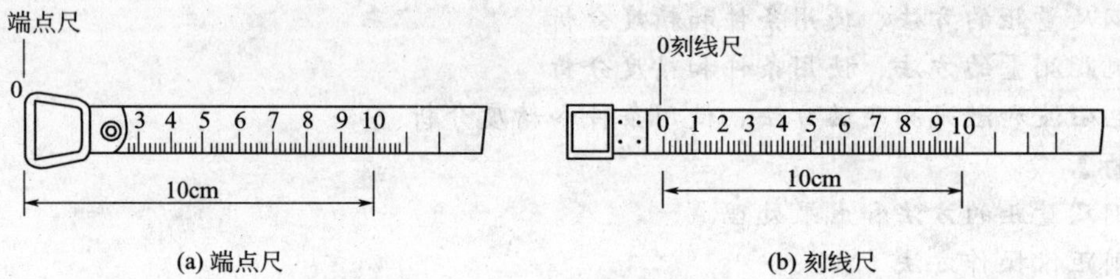

图 5-2 端点尺和刻线尺

2. 钢尺量距的辅助工具

钢尺量距的辅助工具有测钎、标杆、垂球等。如图 5-3 所示，测钎亦称测针，用直径 5mm 左右的粗钢丝制成，长 30～40cm，上端弯成环形，下端磨尖，一般以 11 根为一组，穿在铁环中，用来标定尺的端点位置和计算整尺段数；标杆又称花杆，直径 3～4cm，长2～3m，杆身涂以 20cm 间隔的红、白漆，下端装有锥形铁尖，主要用于标定直线方向；垂球用于在不平坦地面丈量时将钢尺的端点垂直投影到地面。当进行精密量距时，还需配备弹簧秤和温度计，弹簧秤用于对钢尺施加规定的拉力，温度计用于测定钢尺量距时的温度，以便对钢尺丈量的距离施加温度改正，如图 5-4 所示。

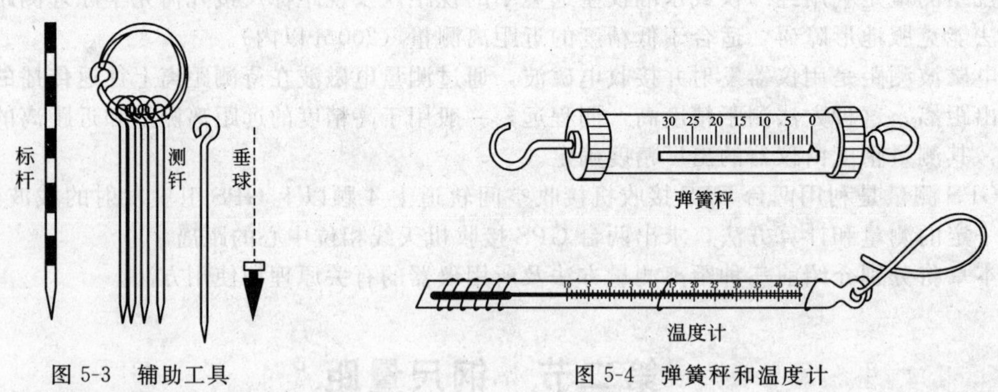

图 5-3 辅助工具　　图 5-4 弹簧秤和温度计

二、直线定线

当地面两点之间的距离大于钢尺的一个尺段或地势起伏较大时，为方便量距工作，需分成若干尺段进行丈量，这就需要在直线的方向上插上一些标杆或测钎，在同一直线上定出若干点，这项工作被称为直线定线，其方法有以下两种。

1. 两点间目测定线

目测定线适用于钢尺量距的一般方法。如图 5-5 所示，设 A 和 B 为地面上相互通视、待测距离的两点。现要在直线 AB 上定出 1、2 等分段点。先在 A、B 两点上竖立花杆，甲

站在 A 杆后约 1m 处，指挥乙左右移动花杆，直到甲在 A 点沿标杆的同一侧看见 A、1、B 三点处的花杆在同一直线上。用同样方法可定出 2 点。直线定线一般应由远到近，即先定出 1 点，再定 2 点。

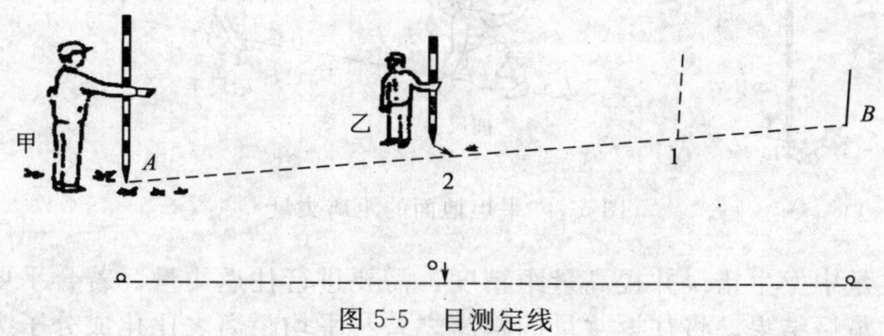

图 5-5　目测定线

2. 经纬仪定线

当直线定线精度要求较高时，可用经纬仪定线。如图 5-6 所示，欲在 AB 直线上精确定出 1,2,3 点的位置，可将经纬仪安置于 A 点，用望远镜照准 B 点，固定照准部制动螺旋，然后将望远镜向下俯视，将十字丝交点投测到木桩上，并钉小钉以确定出 1 点的位置。同法标定出 2,3 点的位置。

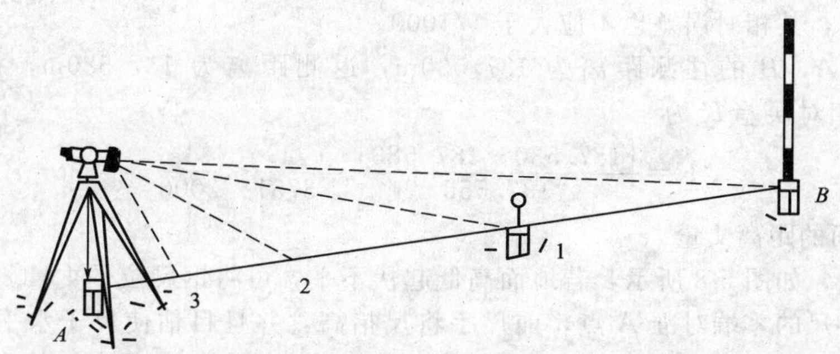

图 5-6　经纬仪定线

三、一般量距方法

1. 平坦地面的距离丈量

丈量工作一般由两人进行。如图 5-7 所示，沿地面直接丈量水平距离时，可先在地面上定出直线方向，丈量时后尺手持钢尺零点一端，前尺手持钢尺末端和一组测钎沿 BA 方向前进，行至一尺段处停下，后尺手指挥前尺手将钢尺拉在 A，B 直线上，后尺手将钢尺的零点对准 A 点，当两人同时把钢尺拉紧后，前尺手在钢尺末端的整尺段长分划处竖直插下一根测钎得到 1 点，即量完一个尺段。前、后尺手抬尺前进，当后尺手到达插测钎处时停住，再重复上述操作，量完第二尺段。后尺手拔起地上的测钎，依次前进，直到量完 BA 直线上的最后一段为止。

丈量时应注意沿着直线方向进行，钢尺必须拉紧伸直且无卷曲。直线丈量时尽量以整尺段丈量，最后丈量余长，以方便计算。丈量时应记清楚整尺段数，或用测钎数表示整尺段数。然后逐段丈量，则直线的水平距离 D 按下式计算

$$D=nl+q \tag{5-1}$$

式中　l——钢尺的一整尺段长，m；

n——整尺段数；

q——不足一整尺的零尺段的长，m。

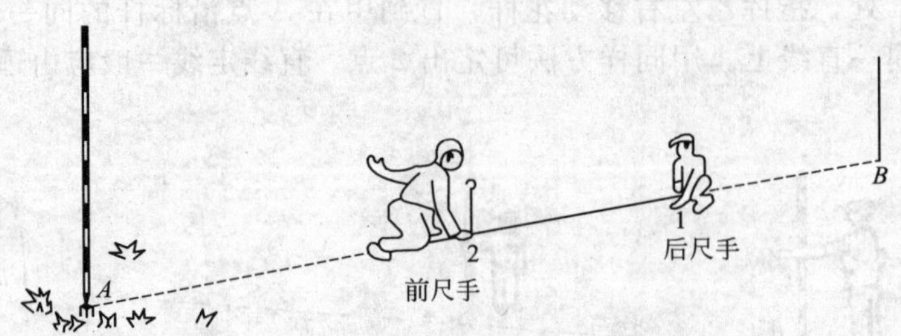

图 5-7 平坦地面的距离丈量

为了防止丈量中发生错误并提高量距精度，需要进行往返丈量。若合乎要求，取往返平均数作为丈量的最后结果。将往返丈量的距离之差与平均距离之比化成分子为 1 的分数，称之为相对误差 K，可用它来衡量丈量结果的精度。即

$$K=\frac{|D_{往}-D_{返}|}{D_{平均}}=\frac{1}{\frac{D_{平均}}{|D_{往}-D_{返}|}} \tag{5-2}$$

相对误差分母越大，则 K 值越小，精度越高；反之，精度越低。量距精度取决于工程的要求和地面起伏的情况，在平坦地区，钢尺量距的相对误差一般不应大于 1/2000；在量距较困难的地区，其相对误差也不应大于 1/1000。

【例 5-1】 A，B 的往测距离为 187.530m，返测距离为 187.580m，往返平均数为 187.555m，则相对误差 K 为

$$K=\frac{|187.530-187.580|}{187.555}=\frac{1}{3751}<\frac{1}{2000}$$

2. 倾斜地面的距离丈量

(1) 平量法　如图 5-8 所示，若地面高低起伏不平，可将钢尺拉平丈量。丈量由 A 向 B 进行，后尺手将尺的零端对准 A 点，前尺手将尺抬高，并且目估使尺子水平，用垂球尖将尺段的末端投于 AB 方向线的地面上，再插以测钎。依次进行，丈量 AB 的水平距离。若地面倾斜较大，将钢尺整尺拉平有困难时，可将一尺段分成几段来平量。

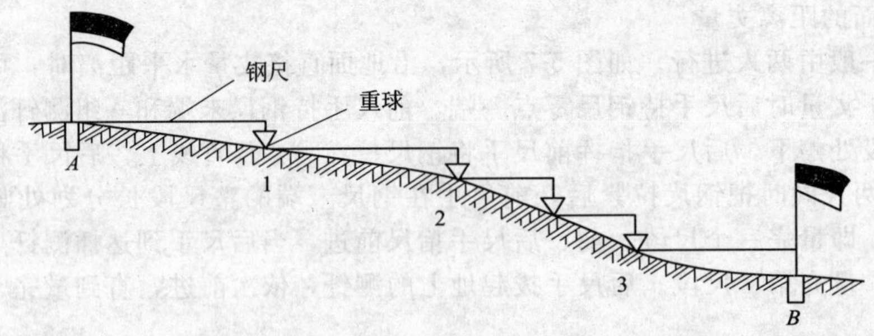

图 5-8 平量法

(2) 斜量法　当倾斜地面的坡度比较均匀时，如图 5-9 所示，可沿斜面直接丈量出 AB 的倾斜距离 D'，测出地面倾斜角 α 或 AB 两点间的高差 h，按下式计算 AB 的水平距离 D。

$$D=D'\cos\alpha \tag{5-3}$$

或

$$D=\sqrt{D'^2-h^2} \tag{5-4}$$

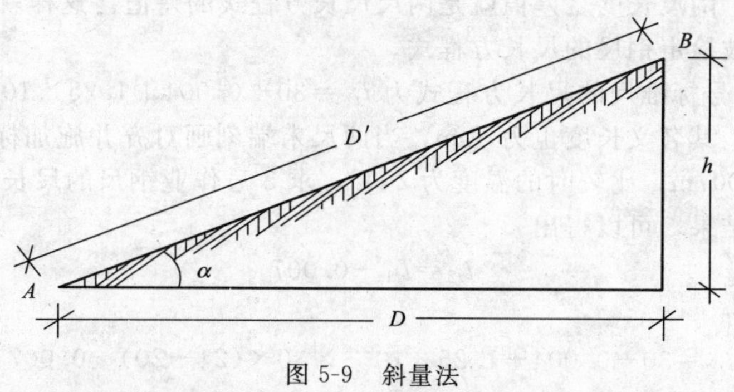

图 5-9 斜量法

四、钢尺的检定

由于钢尺材料的质量及制造误差等因素的影响，其实际长度和名义长度（即尺上所注的长度）往往不一样，而且钢尺在长期使用中因受外界条件变化的影响也会引起尺长的变化。因此，在精密量距中，距离丈量精度要求达到 1/40000～1/10000 时，在丈量前必须对所用钢尺进行检定，以便在丈量结果中加入尺长改正。

1. 尺长方程式

所谓尺长方程式即在标准拉力下（30m 钢尺用 100N，50m 钢尺用 150N）钢尺的实际长度与温度的函数关系式。其形式为

$$l_t = l_0 + \Delta l + \alpha l_0 (t - t_0) \tag{5-5}$$

式中 l_t——钢尺在温度 t 时的实际长度；

l_0——钢尺的名义长度；

Δl——尺长改正数，即钢尺在温度 t_0 时的改正数，等于实际长度减去名义长度；

α——钢尺的线膨胀系数，其值取为 1.25×10^{-5}/℃；

t_0——钢尺检定时的标准温度（20℃）；

t——丈量时的温度。

【例 5-2】 某钢尺的名义长度为 50m，当温度为 20℃时，其真实长度为 49.994m。求该钢尺的尺长方程式。

解： 根据题意 $l_0=50$m，$t=20$℃，$\Delta l=49.994-50=-0.006$m，则该钢尺的尺长方程式为

$$l_t = 50 - 0.006 + 1.25\times10^{-5}\times50\times(t-20)$$

这就是该钢尺的尺长方程式。

每一根钢尺都有一相应的尺长方程式，以确定其真实长度，从而求得被量距离的真实长度。尺长改正数 Δl 因钢尺经常使用会产生不同的变化。所以作业前必须检定钢尺以确定其尺长方程式。确定尺长方程式的过程就称为钢尺的检定。

2. 钢尺的检定方法

（1）比长检定法 钢尺检定最简单的方法就是比长检定法，该法是用一根已有尺长方程式的钢尺作为标准尺，使作业尺与其比较从而求得作业钢尺的尺长方程式的方法。检定时，最好选在阴天或阴凉处，将标准钢尺与作业钢尺并排伸展在平坦的地面上，两钢尺零分划端各连接弹簧秤一支，使两尺末端分划线对齐并在一起，由一人拉着两尺，一人辅助保持对齐状态，喊“预备”，听到口令，零分划端两人各拉一弹簧秤，当钢尺达到标准拉力时在零分划端的观测员将两尺的零分划线之间的差值 δl（$\delta l = l_{作} - l_{标}$）读出，估读至 0.5mm，如此比较 3 次，若互差不超过 2mm，取平均数作为最后结果。由于拉力相同，温度相同，若钢尺

线膨胀系数也相同，两尺长度之差值就是两尺尺长方程式的差值。这样就能根据标准钢尺的尺长方程式计算出被检定钢尺的尺长方程式。

【例 5-3】 设 1 号标准尺的尺长方程式为 $l_{t1}=30+0.004+1.25\times10^{-5}\times30\times(t-20)$，被检定的 2 号钢尺，其名义长度也为 30m，当两尺末端刻画对齐并施加标准拉力后，2 号钢尺比 1 号钢尺短 0.007m，比较时的温度为 24℃，求 2 号作业钢尺的尺长方程式。

解： 根据比较结果，可以得出

$$l_{t2}=l_{t1}-0.007$$

即

$$\begin{aligned}l_{t2}&=30+0.004+1.25\times10^{-5}\times30\times(24-20)-0.007\\&=30+0.004+(1.25\times10^{-5}\times30\times24-1.25\times10^{-5}\times30\times20)-0.007\\&=30+0.004+(0.009-0.008)-0.007=30-0.002\end{aligned}$$

故 2 号钢尺的尺长方程式为

$$l_{t2}=30-0.002+1.25\times10^{-5}\times30\times(t-24)$$

若将检定温度改化成 20℃，则

$$l_{t2}=30+0.004+1.25\times10^{-5}\times30\times(t-20)-0.007$$

即

$$l_{t2}=30-0.003+1.25\times10^{-5}\times30\times(t-20)$$

（2）基线检定法　如果检定精度要求得更高一些，可在国家测绘机构已测定的已知精确长度的基线上进行量距，用欲检定的钢尺多次丈量基线长度，推算出尺长改正数及尺长方程式。

设基线长度为 D，丈量结果为 D'，钢尺名义长度为 l_0，如则尺长改正数 Δl 为

$$\Delta l=\frac{D-D'}{D'}l_0 \tag{5-6}$$

再将结果改化为标准温度 20℃时的尺长改正数，即得到标准尺长方程式。

【例 5-4】 设基线长为 120.230m，用名义长度为 30m 的作业钢尺丈量基线的结果是 120.303m，丈量时的温度为 14℃，求作业钢尺的尺长方程式。

解： 根据题意，全长的差值为 120.230－120.303＝－0.073m，一整尺段的改正数为

$$\Delta l=\frac{-0.073}{120.303}\times30=-0.018(\text{m})$$

所以，作业钢尺在检定温度为 14℃时的尺长方程式为

$$l_{作}=30-0.018+1.25\times10^{-5}\times30\times(t-14)$$

若将检定时的温度改为标准温度 20℃，则尺长方程式为

$$\begin{aligned}l_{作}&=30-0.018+1.25\times10^{-5}\times30\times(20-14)+1.25\times10^{-5}\times30\times(t-20)\\&=30-0.016+1.25\times10^{-5}\times30\times(t-20)\end{aligned}$$

应当指出：由于温度改正实际上往往是非线性的，因此，当丈量精度要求较高时，钢尺作业时的温度与检定时的温度就不能相差过大（规定温差限度为±15℃），若温差超过规定限度，则应重新检定钢尺。

五、钢尺的精密量距

当用钢尺进行精密量距时，钢尺必须经过检定并得出在检定时拉力与温度的条件下应有的尺长方程式。丈量前应先用经纬仪定线。如地势平坦或坡度均匀，可将测得的直线两端点高差作为倾斜改正的依据；若沿线地面坡度有起伏变化，标定木桩时应注意在坡度变化处两木桩间距离略短于钢尺全长。木桩顶高出地面 2～3cm，桩顶用“＋”来标示点的位置，用水准仪测定各坡度变换点木桩桩顶间的高差，作为分段倾斜改正的依据。丈量时钢尺两端都

对准尺段端点进行读数，如钢尺仅零点端有毫米分划，则须以尺末端某分米分划对准尺段一端以便零点端读出毫米数。每尺段丈量三次，以尺子的不同位置对准端点，其移动量一般在1dm以内。三次读数所得尺段长度之差视不同要求而定，一般不超过2～5mm，若超限，须进行第四次丈量。丈量完成后还须进行成果整理，即改正数计算，最后得到精度较高的丈量成果。

1. 尺长改正 Δl_1

由于钢尺的名义长度和实际长度不一致，丈量时就产生误差。设钢尺在标准温度、标准拉力下的实际长度为 l，名义长度为 l_0，则一整尺的尺长改正数为

$$\Delta l = l - l_0$$

每量一米的尺长改正数为

$$\Delta l_{米} = \frac{l - l_0}{l_0}$$

丈量 D'距离的尺长改正数为

$$\Delta l_1 = \frac{l - l_0}{l_0} D' \tag{5-7}$$

钢尺的实长大于名义长度时，尺长改正数为正，反之为负。

2. 温度改正 Δl_t

丈量距离都是在一定的环境条件下进行的，温度的变化对距离将产生一定的影响。设钢尺检定时温度为 t_0，丈量时温度为 t，钢尺的线膨胀系数 α 一般为 $1.25\times10^{-5}/℃$，则丈量一段距离 D'的温度改正数 Δl_t 为

$$\Delta l_t = \alpha(t - t_0)D' \tag{5-8}$$

若丈量时温度大于检定时温度，改正数 Δl_t 为正，反之为负。

3. 倾斜改正 Δl_h

设量得的倾斜距离为 D'，两点间测得高差为 h，将 D'改算成水平距离 D 需加倾斜改正 Δl_h，一般用下式计算

$$\Delta l_h = -\frac{h^2}{2D'} \tag{5-9}$$

倾斜改正数 Δl_h 永远为负值。

4. 全长计算

将测得的结果加上上述三项改正值，即得

$$D = D' + \Delta l + \Delta l_t + \Delta l_h \tag{5-10}$$

相对误差在限差范围之内，取平均值为丈量的结果，如相对误差超限，应重测。

钢尺量距记录计算手簿见表 5-1。

对表 5-1 中 A-1 段距离进行三项改正计算。

尺长改正 $\Delta l_1 = \frac{30.0015 - 30}{30} \times 29.9218 = 0.0015(\text{m})$

温度改正 $\Delta l_t = 0.0000125 \times (25.5 - 20) \times 29.9218 = 0.0020(\text{m})$

倾斜改正 $\Delta l_h = -\frac{(-0.125)^2}{2\times29.9218} = -0.0003(\text{m})$

经上述三项改正后的 A-1 段的水平距离为

$$D_{A-1} = 29.9218 + 0.0020 + (-0.0003) + 0.0015 = 29.9250(\text{m})$$

其余各段改正计算与 A-1 段相同，然后将各段相加为 83.8602m。如表 5-1 所示，设返测的总长度为 83.8524m，可以求出相对误差，用来检查量距的精度。

表 5-1 钢尺量距记录计算手簿

钢尺号:No.04-3 钢尺线膨胀系数:0.0000125m/℃ 检定温度:20℃ 计算者:刘维华

名义长度:30m 钢尺检定长度:30.0015m 检定拉力:10kg 日期:2008 年 9 月 9 日

尺段	丈量次数	前尺读数	后尺读数	尺段长度	温度℃	高差/m	温度改正/mm	高差改正/mm	尺长改正/mm	改正后尺段长/m
1	2	3	4	5	6	7	8	9	10	11
A-1	1	29.9910	0.0700	29.9210	25.5	−0.125	+2.0	−0.3	+1.5	29.9250
	2	29.9920	0.0695	29.9225						
	3	29.9910	0.0690	29.9220						
	平均			29.9218						
1-2	1	29.8710	0.0510	29.8200	25.4	−0.071	+2.1	−0.1	+1.5	29.8230
	2	29.8705	0.0515	29.8190						
	3	29.8715	0.0520	29.8195						
	平均			29.8195						
2-B	1	24.1610	0.0515	24.1095	25.7	−0.210	+1.7	−0.9	+1.2	24.1122
	2	24.1625	0.0505	24.1120						
	3	24.1615	0.0524	24.1091						
	平均			24.1102						
总和										83.8602

$$\text{相对误差}\quad K=\frac{|D_{往}-D_{返}|}{D_{平均}}=\frac{0.0078}{83.8563}\approx\frac{1}{11000}$$

若将平均值保留 3 位小数，则最后结果为 83.856m。

六、钢尺量距的误差分析及注意事项

1. 钢尺量距的误差分析

影响钢尺量距精度的因素很多，下面简要分析产生误差的主要来源和注意事项。

(1) 尺长误差 钢尺的名义长度与实际长度不符，就产生尺长误差，用该钢尺所量距离越长，则误差累积越大。因此，新购的钢尺必须进行检定，以求得尺长改正值。

(2) 温度误差 钢尺丈量的温度与钢尺检定时的温度不同，将产生温度误差。尺温每变化 8.5℃，尺长将改变 1/10000，按照钢的线膨胀系数计算，温度每变化 1℃，丈量距离为 30m 时对距离的影响为 0.4mm。在一般量距时，丈量温度与标准温度之差不超过±8.5℃时，可不考虑温度误差。但精密量距时，必须进行温度改正。

(3) 拉力误差 钢尺在丈量时的拉力与检定时的拉力不同而产生误差。拉力变化 68.6N 尺长将改变 1/10000。以 30m 的钢尺来说，当拉力改变 30～50N 时，引起的尺长误差将有 1～1.8mm。如果能保持拉力的变化在 30N 范围之内，这对于一般精度的丈量工作是足够的。对于精确的距离丈量，应使用弹簧秤，以保持钢尺的拉力是检定时的拉力。30m 钢尺施力 100N，50m 钢尺施力 150N。

(4) 钢尺倾斜和垂曲误差 量距时钢尺两端不水平或中间下垂成曲线时，都会产生误差。因此丈量时必须注意保持尺子水平，整尺段悬空时，中间应有人托住钢尺，若检定时悬空，则不用托尺。精密量距时须用水准仪测定两端点高差，以便进行高差改正。

(5) 定线误差 由于定线不准确，所量得的距离是一组折线而产生的误差称为定线误差。丈量 30m 的距离，若要求定线误差不大于 1/2000，则钢尺尺端偏离方向线的距离就不应超过 0.47m，若要求定线误差不大于 1/10000，则钢尺的方向偏差不应超过 0.21m。在一般量距中，用标杆目估定线能满足要求，但精密量距时需用经纬仪定线。

(6) 丈量误差　丈量时插测钎或垂球落点不准，前、后尺手配合不好以及读数不准等产生的误差均属于丈量误差。这种误差对丈量结果影响可正可负，大小不定。因此，在操作时应认真仔细、配合默契，以尽量减少误差。

2. 量距时的注意事项

(1) 伸展钢卷尺时，要小心慢拉，钢尺不可卷扭、打结。若发现有扭曲、打结情况，应细心解开，不能用力抖动，否则容易造成折断。

(2) 丈量前，应辨认清钢尺的零端和末端。丈量时，钢尺应逐渐用力拉平、拉直、拉紧，不能突然猛拉。丈量过程中，钢尺的拉力应始终保持鉴定时的拉力。

(3) 转移尺段时，前、后拉尺员应将钢尺提高，不应在地面上拖拉摩擦，以免磨损尺面分划，钢尺伸展开后，不能让车辆从钢尺上通过，否则极易损坏钢尺。

(4) 测钎应对准钢尺的分划并插直。如插入土中有困难，可在地面上标志一明显记号，并把测钎尖端对准记号。

(5) 单程丈量完毕后，前、后尺手应检查各自手中的测钎数目，避免加错或算错整尺段数。一测回丈量完毕，应立即检查限差是否合乎要求，不合乎要求时，应重测。

(6) 丈量工作结束后，要用软布擦干净尺上的泥和水，然后涂上机油，以防生锈。

第三节　视距测量

视距测量是用望远镜内十字丝分划板上的视距丝及刻有厘米分划的视距标尺，根据光学和三角学原理测定两点间的水平距离和高差的一种方法。特点是操作简便、速度快、不受地形的限制，但测距精度较低，一般相对误差为 1/300～1/200，高差测量的精度也低于水准测量和三角高程测量，它主要用于地形测量的碎部测量中。

一、视距测量原理

在经纬仪、水准仪等仪器的望远镜十字丝分划板上，有两条平行于横丝且与横丝等距的短丝，称为视距丝，也叫上下丝，利用视距丝、视距尺和竖盘可以进行视距测量，如图5-10所示。

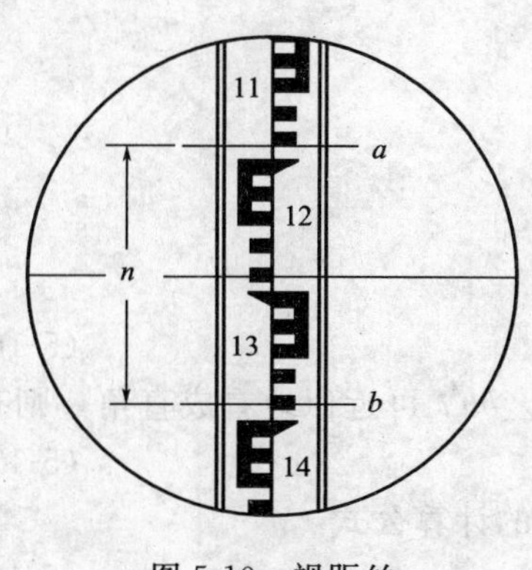

图 5-10　视距丝

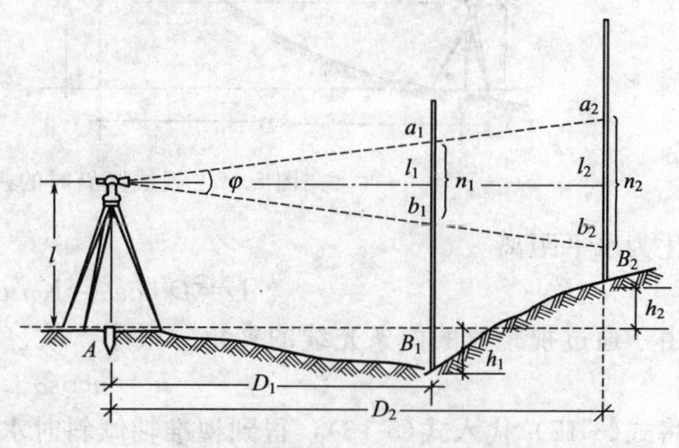

图 5-11　视线水平时的视距测量

1. 视线水平时的视距测量

如图 5-11 所示，要测出地面上 A，B 两点间的水平距离及高差，先在 A 点安置仪器，在 B_i 点立视距尺。将望远镜视线调至水平位置并瞄准尺子，这时视线与视距尺垂直。下丝在标尺上的读数为 a，上丝在标尺上的读数为 b（设为倒像望远镜）。上、下丝读数之差称为视距间隔 n，则 $n=a-b$。

由于视距间隔 n 为一定值，因此，从两根视距丝引出去的视线在竖直面内的夹角 φ 也是一个固定的角值，由图 5-11 可知，视距间隔 n 和立尺点离开测站的水平距离 D 成线性关系，即

$$D=Kn+C \tag{5-11}$$

式中 K 和 C 分别称为视距乘常数和视距加常数，在仪器制造时，使 $K=100$，$C=0$。因此，视线水平时，计算水平距离的公式为

$$D=Kn=100n=100(a-b) \tag{5-12}$$

从图 5-11 中还可看出，量取仪器高 i 之后，便可根据视线水平时的横丝读数或称中丝读数 l，计算两点间的高差

$$h=i-l \tag{5-13}$$

式(5-13) 即为视线水平时高差计算公式。

如果 A 点高程 H_A 为已知，则可求得 B 点的高程 H_B 为

$$H_B=H_A+i-l \tag{5-14}$$

2. 视线倾斜时的视距测量

当地面 A，B 两点的高差较大时，必须使视线倾斜一个竖直角 α，才能在标尺上进行视距读数，这时视线不垂直于视距尺，不能用前述公式计算距离和高差。

如图 5-12 所示，设想将标尺以中丝读数 l 这一点为中心，转动一个 α 角，使标尺仍与视准轴垂直，此时上、下视距丝的读数分别为 b' 和 a'，视距间隔 $n'=a'-b'$，则倾斜距离为

$$D'=Kn'=K(a'-b') \tag{5-15}$$

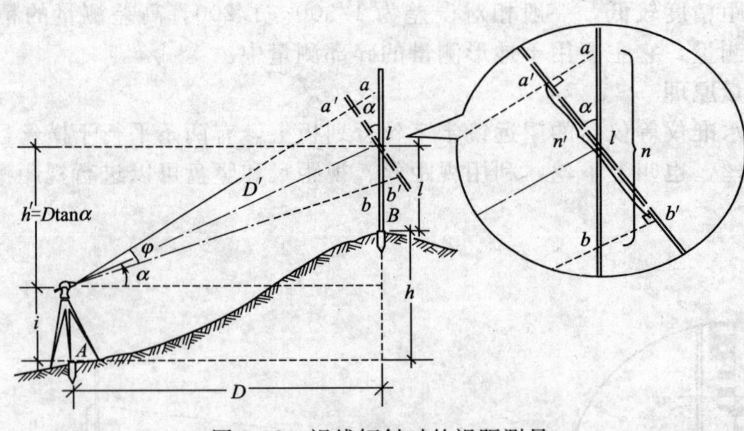

图 5-12 视线倾斜时的视距测量

化为水平距离

$$D=D'\cos\alpha=Kn'\cos\alpha \tag{5-16}$$

由于通过视距丝的两条光线的夹角 φ 很小，故 $\angle aa'l$ 和 $\angle bb'l$ 可近似地看成直角，则有

$$n'=n\cos\alpha \tag{5-17}$$

将式(5-17) 代入式(5-16)，得到视准轴倾斜时水平距离的计算公式

$$D=Kn\cos^2\alpha \tag{5-18}$$

同理，由图 5-12 可知，A，B 两点之间的高差为

$$h=h'+i-l=D\tan\alpha+i-l=\frac{1}{2}Kn\sin2\alpha+i-l \tag{5-19}$$

式中 α——竖直角；

i——仪器高；

l——中丝读数。

二、视距测量的观测和计算

(1) 如图 5-12 所示，安置经纬仪于 A 点，量取仪器高 i，在 B 点竖立视距尺。

(2) 用盘左或盘右，转动照准部瞄准 B 点的视距尺，分别读取上、中、下三丝在标尺上的读数 b、l、a，计算出视距间隔 $n=a-b$。在实际视距测量操作中，为了使计算方便，读取视距时，可使下丝或上丝对准尺上一个整分米处，直接在尺上读出尺间隔 n，或者在瞄准读中丝时，使中丝读数 l 等于仪器高 i。

(3) 转动竖盘指标水准管微动螺旋，使竖盘指标水准管气泡居中，读取竖盘读数，并计算竖直角 α。

(4) 将上述观测数据分别记入视距测量计算表中相应的栏内，见表 5-2。再根据视距间隔 n、竖直角 α、仪器高 i 及中丝读数 l 按式(5-18) 和式(5-19) 计算出水平距离 D 和高差 h。最后根据 A 点高程 H_A 计算出待测点 B 的高程 H_B。

表 5-2 视距测量计算表

测站:F 测站高程:72.461m 仪器高:1.533m 仪器:J6

日期:2008 年 10 月 15 日 视线高:73.994m 观测:徐飞 记录:吕红旗

点号	下丝读数 a	上丝读数 b	中丝读数 l	视距间隔 n	竖盘读数 L	竖直角 α	水平距离 D	高差 h	高程	备注
1	1.718	1.192	1.455	0.526	85°32′	+4°28′	52.28	+4.16	76.699	$\alpha=90°-L$
2	1.944	1.346	1.645	0.598	83°45′	+6°15′	59.09	+6.36	78.709	
3	2.153	1.627	1.890	0.526	92°13′	−2°13′	52.52	−2.39	69.714	
4	2.226	1.684	1.955	0.542	84°36′	+5°24′	53.72	+4.65	76.689	

三、视距测量的误差来源及消减方法

影响视距测量精度的因素主要有以下几方面。

1. 视距乘常数 K 的误差

仪器出厂时视距乘常数 $K=100$，但由于视距丝间隔有误差，视距尺有系统性刻画误差，以及仪器检定的各种因素影响，都会使 K 值不一定恰好等于 100。K 值的误差对视距测量的影响较大，不能用相应的观测方法予以消除，故在使用新仪器前，应检定 K 值。

2. 用视距丝读取尺间隔的误差

视距丝的读数是影响视距精度的重要因素，视距丝的读数误差与尺子最小分划的宽度、距离的远近、成像清晰情况有关。在视距测量中一般根据测量精度要求来限制最远视距。

3. 标尺倾斜误差

视距计算的公式是在视距尺严格垂直的条件下得到的。若视距尺发生倾斜，将给测量带来不可忽视的误差影响，因此，测量时立尺要尽量竖直。在山区作业时，由于地表有坡度而给人以一种错觉，使视距尺不易竖直，因此，应采用带有水准器装置的视距尺。

4. 外界条件的影响

(1) 大气竖直折光的影响 大气密度分布是不均匀的，特别在晴天接近地面部分密度变

化更大，使视线弯曲，给视距测量带来误差。根据试验，只有在视线离地面超过 1m 时，折光影响才比较小。

（2）空气对流使视距尺的成像不稳定 空气对流的现象在晴天，视线通过水面上空和视线离地表太近时较为突出，成像不稳定造成读数误差增大，对视距精度影响很大。

（3）风力使尺子抖动 风力较大时尺子立不稳而发生抖动，分别在两根视距丝上读数又不可能严格在同一个时候进行，所以对视距间隔将产生影响。减少外界条件影响的惟一办法是：根据对视距精度的需要而选择合适的天气作业。

第四节 电磁波测距

1948 年，瑞典 AGA 公司研制成功了世界上第一台电磁波测距仪，它采用白炽灯发射的光波作载波，仪器相当笨重且功耗大。为避开白天太阳光对测距信号的干扰，只能在夜间作业，测距操作和计算都比较复杂。

1967 年 AGA 公司又推出了世界上第一台商品化的激光测距仪 AGA-8。该仪器采用激光器作发光元件，白天测程为 40km，夜间测程达 60km，测距精度为（5mm＋1ppm・D），主机质量为 23kg。虽然电磁波测距仪又大又笨重，但与传统测距工具和方法相比，它具有高精度、高效率、测程长、作业快、工作强度低、几乎不受地形限制等优点。随着半导体技术的发展，从 20 世纪 60 年代末 70 年代初起，采用砷化镓发光二极管作发光元件的红外测距仪逐渐在世界上流行起来。

与激光测距仪比较，红外测距仪有体积小、质量轻、功耗小、测距快、自动化程度高等优点。由于红外光的发散角比激光大，所以红外测距仪的测程一般小于 15km。现在的红外测距仪已经和电子经纬仪及计算机软硬件制造在一起，形成了全站仪，并向着自动化、智能化和利用蓝牙技术实现测量数据的无线传输方向飞速发展。

电磁波测距仪分为微波测距仪和光电测距仪，以微波作为载波的测距仪称微波测距仪，以激光作为载波的称激光测距仪，以砷化镓（GaAs）发光二极管发出的红外光作载波的红外测距仪和其他光源作为载波的测距仪统称为电磁波测距仪。本节主要介绍红外测距仪的基本原理和测距方法。

一、测距原理

目前测距仪品种和型号繁多，但其测距原理基本相同，分为脉冲式和相位式两种。

1. 脉冲式光电测距仪测距原理

如图 5-13 所示，脉冲式光电测距仪是通过直接测定光脉冲在待测距离两点间往返传播的时间 t，来测定测站至目标的距离 D。用测距仪测定两点间的距离 D 的方法如下：在 A 点安置测距仪，在 B 点安置反射棱镜，由测距仪发射的光脉冲经过距离 D 到达反射棱镜，再反射回仪器接收系统，所需时间为 t，则距离 D 即可按下式求得。

$$D=\frac{1}{2}Ct \tag{5-20}$$

式中，C 为光波在大气中的传播速度，根据物理学的基本公式有

$$C=\frac{C_0}{n} \tag{5-21}$$

C_0 为光波在真空中的传播速度，为一常数，$C_0=(299792458\pm1.2)\mathrm{m/s}$；$n$ 为大气的折射率，是温度、湿度、气压和工作波长的函数，即 $n=f(t_1, e_1, p_1, \lambda)$。因而有

$$D=\frac{C_0}{2n}t \tag{5-22}$$

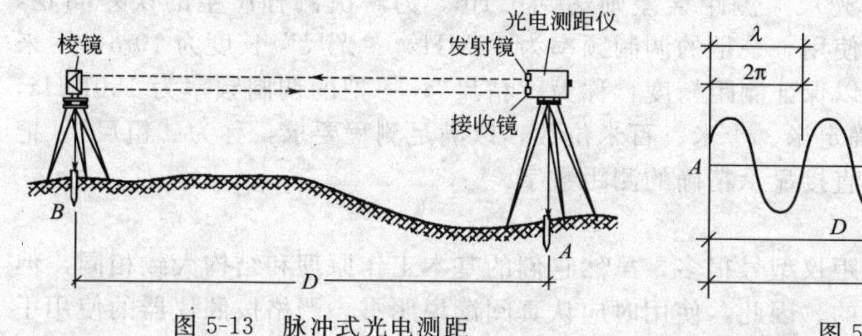

图 5-13 脉冲式光电测距

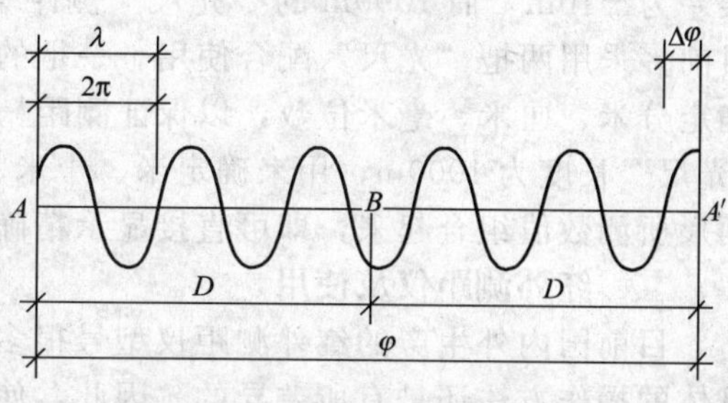

图 5-14 相位式光电测距

由上式可看出，在能精确测定大气折射率 n 的条件下，光电测距仪的精度取决于测定光波的往返传播时间的精确度。由于精确测定光波的往返传播时间较困难，因此脉冲式测距仪的精度难以提高，目前市场上计时脉冲测距仪多为厘米级精度范围，要提高精度，必须采用相位式光电测距仪测距。

2. 相位式光电测距仪测距原理

相位式光电测距仪是通过光源发出连续的调制光，通过往返传播产生相位差，间接计算出传播时间从而计算距离。

红外测距仪以砷化镓（GaAs）发光二极管作为光源。若给砷化镓发光二极管注入一定的恒定电流。它发出的红外光光强恒定不变；若改变注入电流的大小，砷化镓发光二极管发射的光强也随之变化，注入电流大，光强就强，注入电流小，光强就弱。若在发光二极管上注入的是频率为 f 的交变电流，则其光强也按频率 f 发生变化，这种光称为调制光。相位法测距发出的光就是连续的调制光。

调制光波在待测距离上往返传播，其光强变化一个整周期的相位差为 2π，将仪器从 A 点发出的光波在测距方向上展开，如图 5-14 所示，显然，返回 A 点时的相位比发射时延迟了 φ 角，其中包含 N 个整周（$2\pi N$）和不足一个整周的尾数 $\Delta\varphi$，即

$$\varphi=2\pi N+\Delta\varphi \tag{5-23}$$

若调制光波的频率为 f，波长为 $\lambda=\frac{C}{f}$，则有

$$\varphi=2\pi ft=\frac{2\pi Ct}{\lambda} \tag{5-24}$$

将式(5-23) 代入式(5-24)，可得

$$t=\frac{\lambda}{C}\left(N+\frac{\Delta\varphi}{2\pi}\right) \tag{5-25}$$

将式(5-25) 代入式(5-20)，得

$$D=\frac{\lambda}{2}\left(N+\frac{\Delta\varphi}{2\pi}\right) \tag{5-26}$$

与钢尺量距公式相比，若把 $\lambda/2$ 视为整尺长，则 N 为整尺段数，$(\lambda/2)\times(\Delta\varphi/2\pi)$ 为不足一个整尺的余数，所以通常就把 $\lambda/2$ 称为“光尺”长度。

由于测距仪的测相装置只能测定不足一个整周期的相位差 $\Delta\varphi$，不能测出整周数 N 的值，因此只有当光尺长度大于待测距离时，此时 $N=0$，距离方可以确定，否则就存在多值解的问题。换句话说，测程与光尺长度有关。要想使仪器具有较大的测程，就应选用较长的“光尺”，例如用 10m 的“光尺”只能测定小于 10m 的数据；若用 1000m 的“光尺”，则能

测定小于1000m的距离。但是，由于仪器存在测距误差，其误差值与“光尺”长度成正比，约为1/1000的光尺长度，因此“光尺”长度越长，测距误差就越大。10m的“光尺”测距误差为±10m，而1000m的“光尺”测距误差则达到±1m。为解决测程产生的误差问题，目前多采用两把“光尺”配合使用。一把的调制频率为15MHz，“光尺”长度为10m，用来确定分米、厘米、毫米位数，以保证测距精度，称为“精尺”；一把的调制频率为150KHz，“光尺”长度为1000m，用来确定米、十米、百米位数，以满足测程要求，称为“粗尺”。把两尺所测数值组合起来，即可直接显示精确的测距数字。

二、红外测距仪及使用

目前国内外生产的红外测距仪型号很多，虽然它们的基本工作原理和结构大致相同，但具体的操作方法还是有所差异的。因此，使用时应认真阅读说明书，严格按照仪器的使用手册进行操作。

1. ND3000红外相位式测距仪

如图5-15所示是南方测绘公司生产的ND3000红外相位式测距仪，它自带望远镜，望远镜的视准轴、发射光轴和接收光轴同轴，有垂直制动螺旋和微动螺旋，可以安装在光学经纬仪上或电子经纬仪上。

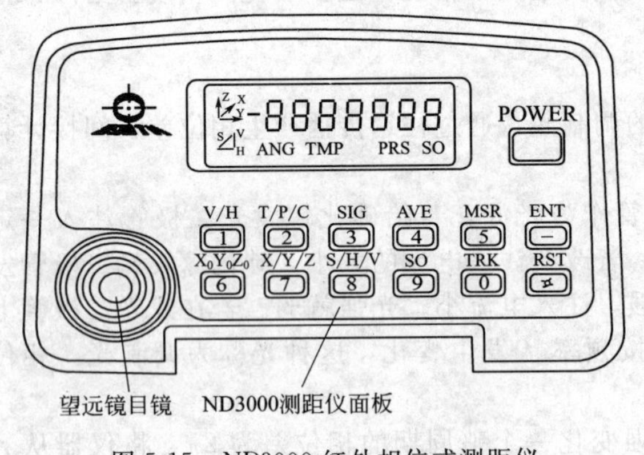

图5-15 ND3000红外相位式测距仪

测距时，测距仪瞄准棱镜测距，经纬仪瞄准棱镜测量竖直角，通过测距仪面板上的键盘，将经纬仪测量出的天顶距输入到测距仪中，可以计算出水平距离和高差。

ND3000测距仪具有单次、连续、平均、跟踪等功能，仪器的测距精度为5mm＋3ppm$D$，跟踪测量0.8s，连续测量3s。

输入温度和气压，仪器可自动进行气象修正，大气折光和地球曲率的影响可以在平距和高差测量中自动补偿。

ND3000红外相位式测距仪键盘操作见表5-3。

2. REDmini2测距仪

（1）仪器构造 日本索佳REDmini2仪器的各操作部件如图5-16所示。测距仪常安置在经纬仪上同时使用。测距仪的支架座下有插孔及制紧螺旋，可使测距仪牢固地安装在经纬仪的支架上。测距仪的支架上有垂直制动螺旋和微动螺旋，可以使测距仪在竖直面内俯、仰转动。测距仪的发射接收目镜内有十字丝分划板，可以瞄准反射棱镜。

反射棱镜通常与照准觇牌一起安置在单独的基座上，如图5-17所示，测程较近时（通常在500m以内）用单棱镜，当测程较远时可换三棱镜组。

（2）仪器安置

① 在测站点上安置经纬仪，其高度应比单纯测角度时低约25cm。

② 将测距仪安装在经纬仪上，要将支架上的插孔对准经纬仪支架上的插栓，并拧紧固定螺旋。

③ 在主机底部的电池夹内装入电池盒，按下电源开关键，显示窗内显示“8888888”约2s，此时为仪器自检，当显示“－30.000”时，表示自检结果正常。

④ 在待测点上安装反射棱镜，用基座上的光学对中器对中，整平基座，使觇牌面和棱镜面对准测距仪所在方向。

表 5-3　ND3000 红外相位式测距仪键盘操作

键	功能说明
V/H 1	数字"1"置数键、竖直角、水平角输入
T/P/C 2	数字"2"置数键、温度、气压、棱镜常数、手动减光"—"
SIG 3	数字"3"置数键、电池电压、光强
AVE 4	数字"4"置数键、平均测距、手动增光"+"
MSR 5	数字"5"置数键、连续测距
ENT —	送负号、置数、清除输入键
POWER —	开机、关机
$X_0Y_0Z_0$ 6	数字"6"置数键、输入测站坐标
X/Y/Z 7	数字"7"置数键、显示未知点坐标(以测站为参考点)
S/H/V 8	数字"8"置数键、斜距 S、平距 H、高差 V 转换
SO 9	数字"9"置数键、定线放样
TRK 0	数字"9"置数键、跟踪测量
RST ¤	照明开关、复位

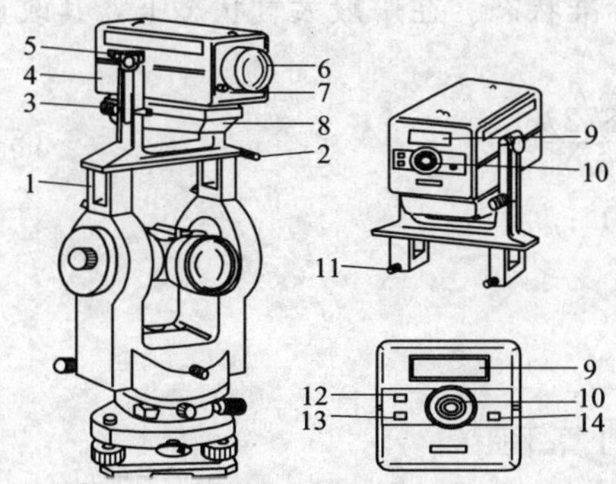

图 5-16　REDmini2 测距仪

1—支架座；2—水平方向调节螺旋；3—垂直微动螺旋；4—测距仪主机；5—垂直制动螺旋；6—发射接收镜物镜；7—数据传输接口；8—电池；9—显示窗；10—发射接收镜目镜；11—支架固定螺旋；12—测距模式键；13—电源开关；14—测量键

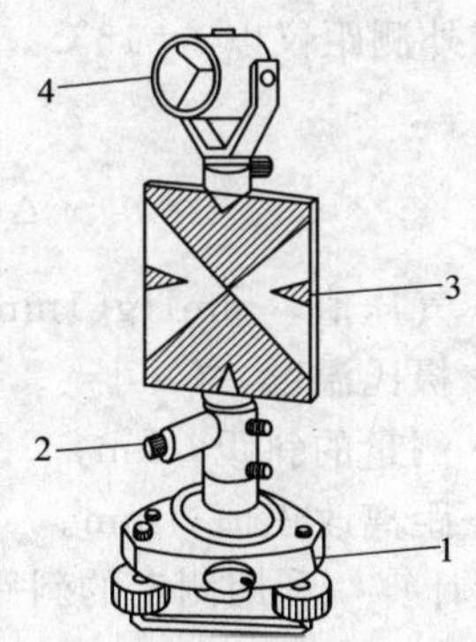

图 5-17　反射棱镜与觇牌

1—基座；2—光学对中目镜；3—照准觇牌；4—反射棱镜

(3) 距离测量

① 用经纬仪望远镜中的十字丝中心瞄准目标点上的觇牌中心，读取竖盘读数，计算出竖直角 α。

② 上下转动测距仪，使其望远镜的十字丝中心对准棱镜中心，左、右方向如果不对准棱镜中心，则调整支架上的水平方向调节螺旋，使其对准。

③ 开机后，若仪器收到足够的回光量，则显示窗下方显示“*”。若“*”不显示，或显示暗淡，或忽隐忽现，则表示未收到回光，或回光不足，应重新瞄准棱镜。

④ 显示窗显示“*”后，按测量键，发生短促音响，表示正在进行测量，显示测量记号“△”；并不断闪烁，测量结束时，又发生短促音响，显示测得斜距。

⑤ 初次测距显示后，继续进行距离测量和斜距数值显示，直至再次按测量键，即停止测量。

⑥ 如果要进行跟踪测距，则在按下电源开关键后，再按测距模式键，则每 0.3s 显示一次斜距值（最小显示单位为 cm），再次按测距模式键，则停止跟踪测量。

⑦ 测距精度要求较高时（例如相对精度为 1/10000 以上），则测距的同时应测定气温和气压，以便进行气象改正。

(4) 距离计算　测距仪器由于受本身和外界因素的影响，所测得的距离只是斜距的初步值，还需进行改正数计算，才能得到正确的水平距离。

① 常数改正　包括加常数改正和乘常数改正两项。加常数 C 是由于发光管的发射面、接收面与仪器中心不一致；反光镜的等效反射面与反光镜中心不一致；内光路产生相位延迟及电子元件的相位延迟使得测距仪测出的距离值与实际距离值不一致。此常数在仪器出厂时预置在仪器中。但是由于仪器在搬运过程中的振动、电子元件的老化等，常数还会变化，因此还会有剩余加常数，这个常数要经过仪器检测求定，在测距中加以改正。

仪器乘常数 R 主要是指仪器实际的测尺频率与设计时的频率有了偏移，使测出的距离存在着随距离而变化的系统误差，其比例因子称为乘常数。此项差值也应通过检测求定，在测距中加以改正。

② 气象改正　当距离大于 2km 或温度变化较大时，要求进行气象改正计算。由于各类仪器采用的波长及标准温度不尽相同，因此气象改正公式中个别系数也略有不同。REDmini2红外测距仪以 $t=15℃$、$p=101.3\text{kPa}$ 为标准状态。在一般大气状态下，其改正公式为

$$\Delta D=\left[\frac{278.96-0.3872p}{(1+0.00366t)}\right]D \tag{5-27}$$

式中 p——气压值，mmHg(1mmHg=133.3224Pa)；

t——摄氏温度，℃；

D——测量的斜距，km；

ΔD——距离改正值，mm。

③ 平距计算　利用测定的斜距和天顶距用下式计算平距

$$D=D_{斜}\sin z \tag{5-28}$$

三、使用测距仪的注意事项

(1) 仪器在运输时必须注意防潮、防振和防高温。测距完毕立即关机。迁站时应先切断电源，切忌带电搬动。电池要经常进行充、放电保养。

(2) 测距仪物镜不可对着太阳或其他强光源（如探照灯等），以免损坏光敏二极管，在阳光下作业必须撑伞。

（3）防止雨淋湿仪器，以免发生短路，烧毁电气元件。

（4）测站应远离变压器、高压线等，以防强电磁场的干扰。

（5）应避免测线两侧及镜站后方有反光物体（如房屋玻璃窗、汽车挡风玻璃等），以免背景干扰产生较大测量误差。

（6）测线应高出地面和离开障碍物 1.3m 以上。

（7）选择有利的观测时间，一天中，上午日出后 0.5～1.5h，下午日落前 3h 至 0.5h 为最佳观测时间，阴天、有微风时，全天都可以观测。

习题与思考题

1. 量距时为什么要进行直线定线？如何进行直线定线？

2. 测量中的水平距离指的是什么？如何计算相对误差？

3. 哪些因素会对钢尺量距产生误差？应注意哪些事项？

4. 光电测距的基本原理是什么？光电测距成果计算时，要进行哪些改正？

5. 使用一根长 30m 的钢尺，其实际长度为 29.985m，现用该钢尺丈量两段距离，使用拉力为 100N，$\alpha=0.0000125/℃$，丈量结果见表 5-4，试进行尺长、温度及倾斜改正，求出各段的实际长度。

表 5-4　丈量结果

尺段	丈量结果/m	温度/℃	高差/m
1	29.997	6	1.71
2	29.902	15	0.56

6. 用一把尺长方程式为 $30\text{m}+0.0032\text{m}+1.25\times10^{-5}\times30\times(t-20)\text{m}$ 的钢尺，量得 AB 两点间的倾斜距离 $D'=143.9987\text{m}$，量距时测得钢尺平均温度为 16℃，两点间高差为 1.2m，试求该段距离的实际水平长度。

7. 用经纬仪进行距离测量的记录表见表 5-5，仪器高 $i=1.532\text{m}$，测站点高程为 7.481m。试计算测站点至各照准点的水平距离及各照准点的高程。

表 5-5　距离测量记录

点号	下丝读数	上丝读数	中丝读数	视距间隔	竖盘读数	竖直角/(° ′)	水平距离	高差	高程	备注
1	1.766	0.902	1.383		84°32′					$\alpha=90°-L$
2	2.165	0.555	1.360		87°25′					
3	2.570	1.428	2.000		93°45′					
4	2.871	1.128	2.000		86°13′					

8. 用红外测距仪测得某一导线边的斜距为 150.143m，竖直角 $\alpha=2°17'24''$，量得仪器高 $i=1.575\text{m}$，$\nu=2.150\text{m}$，丈量时温度为 24℃，大气压为 765mmHg（1mmHg＝133.3224Pa），试计算水平距离 D 及高差 Δh。

第六章　坐标测量

【知识目标】

● 掌握坐标测量基本原理

● 掌握利用全站仪进行坐标测量的外业工作程序与方法

【能力目标】

● 掌握全站仪的基本操作方法

第一节　坐标测量概述

测量工作的基本任务是确定地面点的空间位置。确定地面点的空间位置需用三个量，通常是确定地面点的平面坐标和地面点的高程。

坐标是用于表示地面或空间点在平面坐标系中的平面位置，常用（X,Y）表示。我国所使用的平面坐标系统有：1954 年北京坐标系统、1980 年国家坐标系统、地方城市坐标系统，在局部小范围地区，也可使用独立的坐标系统。目前对于大面积的测量项目，我国均要求使用 1980 年国家坐标系统，其大地原点位于西安市北 60 公里处的泾阳县永乐镇，故又称为 1980 西安坐标系统。在早期没有全站仪和 GPS 接收机的情况下，地面点的平面坐标是不能直接测出的，而是利用常规的测量仪器测量出水平角和水平距离，再根据已知点坐标推算出未知点坐标，常用的方法有三角测量、导线测量和交会测量等。三角测量就是在平面控制网中，已知点和未知点间彼此使用三角形相连，测量所有三角形内的水平角，以此来推算未知点的坐标，按照其测量的精度不同，可分为国家一等、二等、三等、四等和小三角测量；导线测量是在已知点与未知点之间用若干条直线连成折线，通过测量每条边的水平距离和所有转折角的水平角，从而根据已知点坐标和观测数据推算出未知点的平面坐标，按其布设形式，可分为单一导线和导线网，单一导线又有附合导线、闭合导线和支导线三种形式，导线网又有结点导线网和闭合环导线网等形式；交会测量有前方交会、侧方交会、后方交会和测边交会等多种形式。传统的坐标测量方式，外业工作量大，劳动强度高，内业计算也很复杂，效率低、速度慢，精度也较低。现在全站仪和 GPS 接收机已广泛应用于测量工作中，将已知点的数据提前输入到全站仪和 GPS 接收机中，利用其内部的程序处理功能，可以直接测量出地面未知点的坐标，同时具有工作效率高、速度快和测量精度高等优点，另外全站仪和 GPS 接收机还可以与计算机直接相连，彼此进行数据的传输与交换，从而避免了中间过程一些错误的发生。

本章重点讲述全站仪的操作方法以及利用全站仪进行坐标测量的方法，利用 GPS 接收机进行坐标测量的方法将在后续课程中讲解。

第二节　全站仪的操作方法

一、全站仪简介

全站仪是在电子经纬仪和电子测距技术基础上发展起来的一种智能化测量仪器，是由电子测角、电子测距、电子计算机和数据存储单元等组成的三维坐标测量系统，测量结果能自动显示，并能与外围设备交换信息的多功能仪器。由于该仪器能较完善地实现测量和处理过程的一体化，所以人们称之为全站型电子速测仪，简称全站仪。全站仪有整体式和组合式两种。整体式全站仪是测距部分和测角部分设计成一体的仪器。它可同时进行水平角、垂直角测量和距离测量；望远镜的视准轴和光波测距部分的光轴是同轴的，并可通过电子处理器进行记录和传输测量数据。整体式全站仪系列型号很多，国内外生产的高、中、低各等级精度的仪器达几十种。普遍使用的较典型的全站仪有：瑞士徕卡的 TC 系列、日本尼康 DTM 系列、日本拓普康 GTS-720 系列、德国欧普同的 E 系列，蔡司 Elta C\VElta S\Elta R 系列、美国 Trimble3600 系列、瑞士捷创力的 GDM500 系列、日本宾得的 PCS-315 系列、日本索佳的 SET2010 系列、苏州一光 OTS600 系列和南方测绘公司的 NTS-350 系列。因整体式全站仪有使用方便、功能强大、自动化程度高、兼容性强等诸多优点，已作为常用测量仪器普遍使用。

组合式全站仪是将电子经纬仪和光电测距仪及电子手簿组合成一体，并通过电子经纬仪两个数据输入、输出接口与测距仪相连接组成的仪器。它也可以将测距部分和测角部分分开使用。

全站仪是一种多功能仪器，除能自动测距、测角和测高差三个基本要素外，还能直接测定坐标以及放样等。具有高速度、高精度和多功能的特点。因此，它既能完成一般的控制测量，又能进行建筑施工放样和地形图的测绘。

二、全站仪的结构与测量原理

全站仪的种类很多，由于生产的厂家不同、型号不同，其操作方法都有所区别，但是，各类全站仪的基本结构还是大致相同的，酷似光学经纬仪，也有照准部、基座和度盘三大部件。照准部上有望远镜，水平、竖直制、微动螺旋，管水准器，圆水准器，光学对中器等。另外，仪器正反两侧大都有液晶显示器和操作键盘。如图 6-1 为拓普康 GTS 系列全站仪各部件名称。

全站仪的基本结构如图 6-2 所示。其基本装备包括光电测角系统、光电测距系统、双轴液体补偿装置和微处理器（测量计算机系统）。有些自动化程度高的全站仪还有自动瞄准和自动跟踪系统。全站仪通过测量计算机有序地实现每一专用设备的功能。

1. 光电测量系统

全站仪有两大光电测量系统，即光电测角系统和光电测距系统，它是全站仪的技术核心。电子测角系统的机械转动部分及光学照准部分与一般光学经纬仪基本相同，其主要的不同点在于电子测角采用电子度盘而非光学度盘。光电测距机构与普通电磁波测距仪相同，与望远镜集成在一起。光电测角系统与光电测距系统使用共同的光学望远镜，使得角度和距离测量只需照准一次。光电测量系统通过 I/O 接口与测量计算机联系起来，由测量计算机控制光电测角、测距，并实时处理数据。

在现代全站仪的光电测距系统中，有的还具有无棱镜激光测距技术（如拓普康 GTS 系列），它是在测距时将激光（可见或不可见）射向目标，经目标表面漫反射，测距仪接收到漫反射光而实现距离测量。目前，无棱镜测距范围，由于漫反射信号衰减一般在 200m 以内。

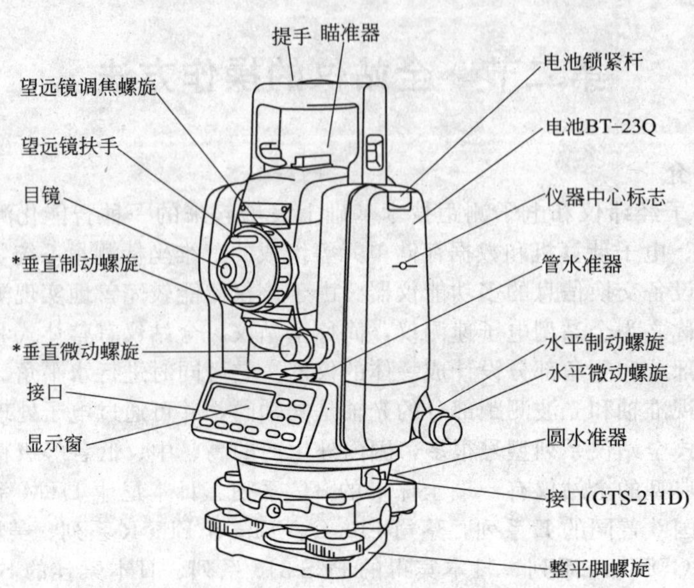

图 6-1 拓普康 GTS 系列全站仪外形及部件名称

2. 双轴液体补偿系统

由于竖轴不严格在铅垂线方向上，对角度的影响无法通过一测回取平均消除，一些较高精度的全站仪都装有双轴液体补偿器，以补偿竖轴倾斜对观测角度的影响。双轴液体补偿器补偿范围一般在3′以内。

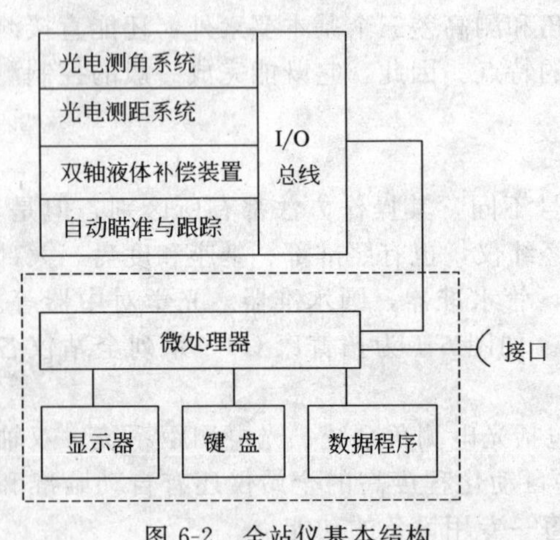

图 6-2 全站仪基本结构

除双轴光电液体补偿之外，有的全站仪还有视准差、横轴误差、指标差等修正，以提高单盘位观测精度。

3. 自动瞄准与跟踪

全站仪正向着测量机器人的方向发展，自动瞄准与跟踪是重要的技术标志。全站仪自动瞄准的原理是用 CCD 摄像机获取棱镜反射器影像与内存的反射器标准图像比较，获取目标影像中心与内存图像中心的差异量，同时启动全站仪内部的伺服电机转动全站仪照准部、望远镜，减少差异量，实现正确瞄准目标。比较与调整是反复的自动过程，同时伴随有自动对光等动作。

全站仪自动跟踪是以 CCD 摄像技术和自动寻找瞄准技术为基础，自动进行图像判断，指挥自身照准部和望远镜的转动、寻找、瞄准、测量的全自动的跟踪测量过程。

4. 测量计算机系统

全站仪是测量光电化技术与计算机技术的有机结合，图 6-2 下半部（虚线框内）实际是全站仪配有的测量专用计算机。微处理器是全站仪的核心部件，它如同计算机 CPU，由它来控制和处理电子测角、测距的信号，控制各项固定参数，如温度、气压等信息的输入、输出，还由它进行安置、观测误差的改正、有关数据的实时处理及自动记录数据或控制电子手簿等。微处理器通过键盘和显示器指挥全站仪有条不紊地进行光电测量工作。

三、电子测角原理

电子经纬仪的测角系统一般分为三大类：编码度盘测角系统，增量式光栅度盘测角系统和动态光栅度盘测角系统。

1. 编码度盘测角原理

在玻璃圆盘上刻划几个同心圆带，每一个环带表示一位二进制编码，称为码道。如果再将全圆划成若干扇区，则每个扇形区有几个梯形，如果每个梯形分别以“亮”和“黑”表示“0”和“1”的信号，则该扇形可用几个二进制数表示其角值。例如，用 4 位二进制表示角值，则全圆只能刻成 $2^4=16$ 个扇形，则度盘刻划值为 360°/16＝22.5°，如图 6-3 所示。

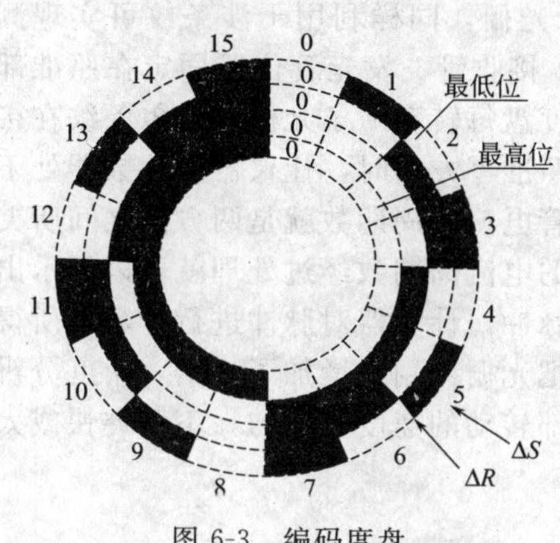

图 6-3 编码度盘

由于度盘刻制工艺上存在公差或光电接收管安装不严格，有时会使测量出现大的粗差。如四个码道的度盘，有 16 个扇区，第 0 状态可能为 0000，而第 15 状态可能为 1111，它们是相邻的。由于刻制工艺问题，透光与不透光的交界线可能不会完全对齐。当光电接收管位于状态 0 和状态 15 的交界处时，可能会把 0000 读成 1000，而该值对应的状态是 8，使本来相邻的两个状态读数数据结果相差180°，这是不允许的。有时即使相邻的分界线很齐，但若光电接收管安装稍有偏差（不可能严格位于一条直线上），也会出现类似的现象。正是基于这一点，在电子经纬仪的编码度盘上引入葛来码。

用纯二进制码盘测角可能出现大的粗差的主要原因是相邻两个区域的码道状态同时有几个发生变化。为了克服这一缺点，H. T. Gray 于 1953 年发明了葛莱码，它使整个码盘的相邻码道只有一个码道发生变化，所以也称为循环码。这样，即使当读数位置处于两个状态的分界线上或者光电接收管安装得不严格时，所得的读数只能是两个相邻状态中的一个，使得可能产生的误差不超过十进制的一个单位。

2. 增量式光栅度盘测角原理

远在几个世纪以前，法国丝绸工人发现，用两块薄丝布叠在一起，能产生绚丽的水波样的花纹，当薄绸相对移动时，花纹也随之变化。当时把这种有趣的花纹叫做“莫尔”，即“水波纹”，这便是初期的光栅。100 多年以前人们已将光栅的衍射现象用于光谱分析和光波波长测量，20 世纪 50 年代，光栅已用于计算和测量领域。

光栅度盘是利用莫尔干涉条纹效应来实现测角的。一组黑（不透光）白（透光）相间的平行条纹称为直线光栅。将两密度相同的直线光栅相叠，并使它们的刻划相互倾斜一个很小的角度，这时会出现明暗相同的条纹，这就是莫尔干涉条纹，如图 6-4 所示。它有三个特点。

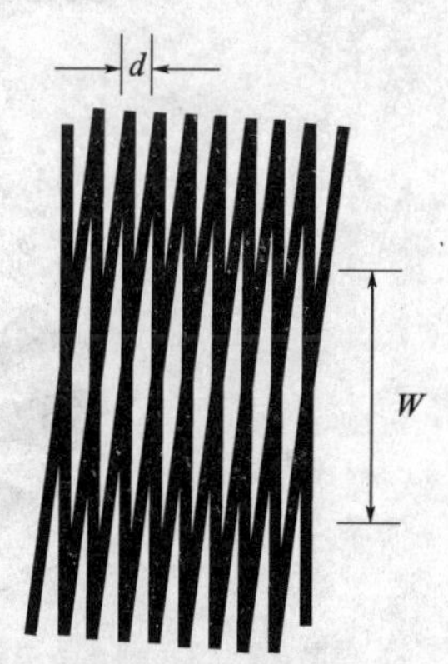

图 6-4 莫尔条纹

① 两光栅之间的倾角 θ 越小则条纹越粗：即相邻明条纹（或暗条纹）之间的间隔越大。

② 在垂直于光栅构成平面的方向上，条纹亮度呈正弦周期变化。

③ 当光栅水平移动时，莫尔条纹上、下移动。当两光栅倾角甚小时，光栅在水平方向相对移动一条刻线 d（栅距），莫尔条纹在

垂直方向上移动一周，其移动量 W（纹距）为

$$W=d\cdot\cot\theta=d/\theta \tag{6-1}$$

由上式可见，只要光栅夹角小，则很小的光栅移动量就会产生很大的条纹移动量。当 $\theta=20'$，约可放大 172 倍。由于 W 的宽度较大，容易用接收元件累计出条纹的移动量，从而推导出光栅的移动量，即角度值。虽然刻在圆盘上的径向光栅其条纹是互不平行的，若将经纬仪度盘作成主光栅，另用相同栅距的光栅作为指示光栅，同样利用干涉条纹可实现测角。增量式光栅度盘测角原理如图 6-5 所示。指示光栅、接收管、发光管位置固定在照准部上。当度盘随照准部转动时，莫尔条纹落在接收管上。度盘每转动一条光栅，莫尔条纹在接收管上移动一周，流过接收管的电流变化一周。当仪器照准零方向时，让仪器的计数器处于零位，而当度盘随照准部转动照准某目标时，流过接收管电流的周期数就是两方向之间所夹的光栅数。由于光栅之间的夹角是已知的，计数器所计的电流周期数经过处理就可以显示出角度值。如果在电流波形的每一周期内再均匀内插 n 个脉冲，计算器对脉冲进行计数，所得的脉冲数就等于两个方向所夹光栅数的 n 倍，就相当于把光栅刻划线增加了 n 倍，角度分辨率也就提高了 n 倍。使用增量式光栅度盘测角时，照准部转动的速度要均匀，不可突快或太快，以保证计数的正确性。

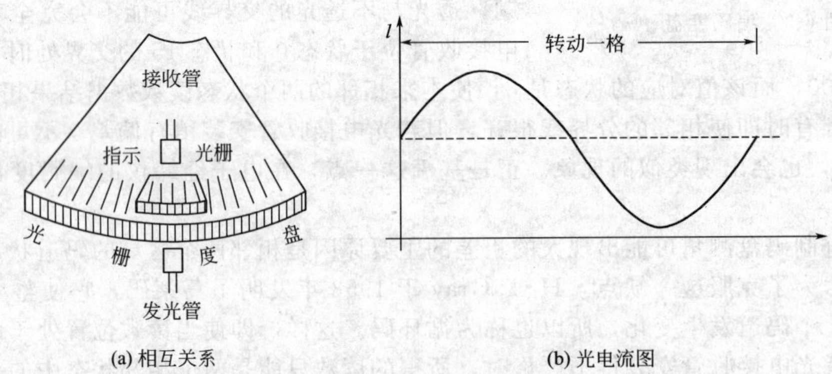

图 6-5 增量式光栅度盘测角原理

3. 动态光栅度盘测角原理

动态度盘刻有 1024 条栅线，内含栅线和缝隙，相应为不透光和透光区，其栅距分划值为 1265.625 秒，设为 φ_0。盘上有两个计数光栅，如图 6-6 所示，R 为固定光栅，安置在度盘外缘；S 为可动光栅，随照准部旋转，安置在度盘内缘；φ 为照准某方向后 R 与 S 之间的角度。读 φ 角时，度盘开始旋转，计取通过两个光栅间的栅条数，即可求得角度值。

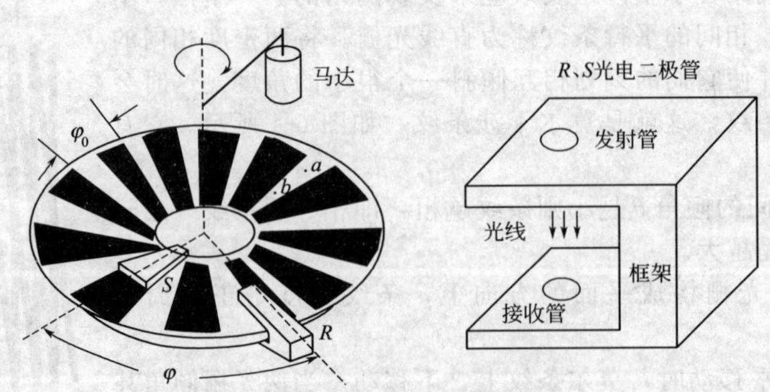

图 6-6 动态光栅度盘测角原理

由图 6-6 知，$\varphi=n\varphi_0+\Delta\varphi$，即 φ 角等于 n 个周期 φ_0 和不足整周期的 $\Delta\varphi$ 分划值之和，它们分别由粗测和精测求得。

（1）粗测　在度盘的同一径向的内外缘上设有 a、b 两个标记，相距 90°处同一径向的内外缘上另设有 c、d 两个标记。度盘旋转时，从 a 标记通过 R 光栅起先计数器开始计取 φ_0 的个数，当 b 标记通过 S 光栅时，计数器停止计数，此时所计数的值即为 φ_0 的个数 n。同理，c、d 两个标记可获取另一组值，两组值可作校核。

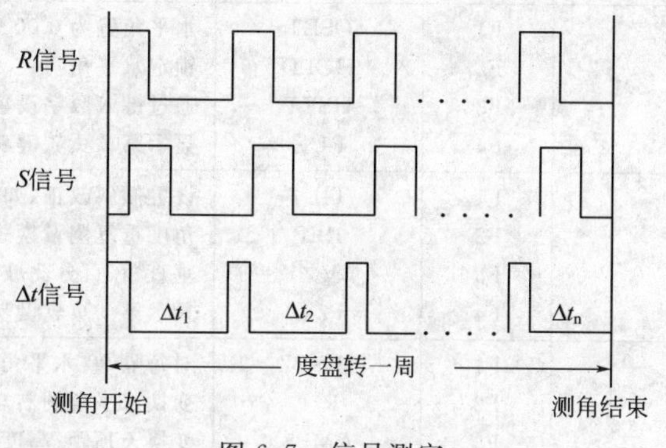

图 6-7　信号测定

（2）精测　如图 6-7 是通过光栅 R 和 S 产生的两组信号。由于 $\Delta\varphi$ 的存在，它们之间存在一个时间延迟 Δt，对应于 $\Delta\varphi$ 的变化范围 $0\sim\varphi_0$，Δt 的变化范围为 $0\sim T_0$，由于马达转速一定，故有

$$\Delta\varphi=(\Delta t/T_0)\varphi_0 \qquad (6\text{-}2)$$

其中 Δt 可用脉冲填充法精确测定。每隔一条栅线检测出一个 $\Delta\varphi$，度盘转动一周，则可取 512 个独立的 $\Delta\varphi$，求其平均值，即取得高精度的 $\Delta\varphi$ 值。

动态测角除具有前述两种测角方式的优点外，最大的特点在于消除了度盘刻划误差等，因此在高精度（0.5″级）的仪器上常采用这种方式。但动态测角需要马达带动度盘，因此在结构上比较复杂，耗电量也大一些。徕卡的 T2000 全站仪就是采用这种结构。

四、全站仪的操作方法

全站仪的功能很多，它是通过显示屏和操作键盘来实现的。不同型号的全站仪操作键盘不同，大致可区分为两大类：一类是操作按键比较多（15 个左右），每个键都有 2～3 个功能，通过按某个键执行某个功能；另一类是操作按键比较少，只有几个作业模式按键和几个软键（功能键），通过选择菜单达到执行某项功能。下面以拓普康 GTS 系列全站仪为例，介绍全站仪的使用。

1. 按键名称、功能与作业模式

GTS-210 系列全站仪有双面操作键盘和显示屏，操作很方便。操作键盘只有 10 个按键，其名称与功能见表 6-1。

表 6-1　GTS-210 系列全站仪的按键名称及功能

按键	名　称	功　能
	坐标测量键	坐标测量模式
	距离测量键	距离测量模式
ANG	角度测量键	角度测量模式
MENU	菜单键	在菜单模式和正常测量模式之间切换，在菜单模式下设置应用测量与调节方式
ESC	退出键	返回测量模式或上一层模式 从正常测量模式直接进入数据采集模式或放样模式
POWER	电源键	电源开关
F1-F4	软键（功能键）	对应于显示的软键信息

软键的有关信息通常显示在最后一行，各软键的功能见相应的显示信息。各软键在角度测量、距离测量和坐标测量中的功能如表 6-2、表 6-3、表 6-4 所示。

表 6-2 角度测量模式

页码	软键	显示符号	功 能
1	F1	OSET	水平角置为 0°00′00″
	F2	HOLD	锁定水平角
	F3	HSET	通过键入数字设置水平角
	F4	P1↓	显示第 2 页软键功能
2	F1	TILT	设置倾斜改正，如果选择 ON，显示窗显示倾斜改正数
	F2	REP	角度重复测量模式，※这个功能仅 GTS - 211D 才有
	F3	V%	垂直角、百分比坡度模式
	F4	P2↓	显示第 3 页软键功能
3	F1	H—BZ	对每隔 90°水平角设置蜂鸣声
	F2	R/L	变换水平角的右/左旋转计数方向
	F3	CMPS	变换天顶距/高度角
	F4	P3↓	显示第 1 页软键功能

表 6-3 距离测量模式

页码	软键	显示符号	功 能
1	F1	MEAS	启动测量
	F2	MODE	设置测量模式精测/粗测/跟踪
	F3	S/A	设置音响模式
	F4	P1↓	显示第 2 页软键功能
2	F1	OFSET	偏心测量模式
	F2	S. O	放样测量模式
	F3	m/f/i	米，英尺，或者英尺、英寸单位的变换
	F4	P2↓	显示第 1 页软键功能

表 6-4 坐标测量模式

页码	软键	显示符号	功 能
1	F1	MEAS	开始测量
	F2	MODE	设置测量模式精测/粗测/跟踪
	F3	S/A	设置音响模式
	F4	P1↓	显示第 2 页软键功能
2	F1	R. HT	通过输入设置棱镜高度
	F2	INS. HT	通过输入设置仪器高度
	F3	OCC	通过输入设置测站点坐标
	F4	P2↓	显示第 3 页软键功能
3	F1	OFSET	偏心测量模式
	F2	S. O	放样测量模式
	F3	m/f/i	米，英尺，或者英尺、英寸单位的变换
	F4	P2↓	显示第 1 页软键功能

GTS-211D 显示窗采用点阵式液晶显示（LCD），可显示 4 行，每行 20 个字符。通常前三行显示测量数据，最后一行显示随测量模式变化的按键功能。前三行显示符号的意义如表 6-5 所示。

表 6-5　GTS-211D 显示窗内常用符号的意义

显　示	内　容	显　示	内　容
V	垂直角	N	北向坐标
HR	水平角(右)	E	东向坐标
HL	水平角(左)	Z	高程
HD	水平距离	*	EDM(电子测距)正在进行
VD	高　差	m	以米为单位
SD	斜　距	ft	以英尺为单位
		fi	以英尺与英寸为单位

2. 测量准备

将 GTS-210 全站仪对中、整平后，按下 POWER 键，即打开电源，显示器初始化约两秒后，显示零指示设置指令（0SET）、当前的棱镜常数（PSM）、大气改正值（PPM）以及电池剩余容量，如图 6-8 所示。

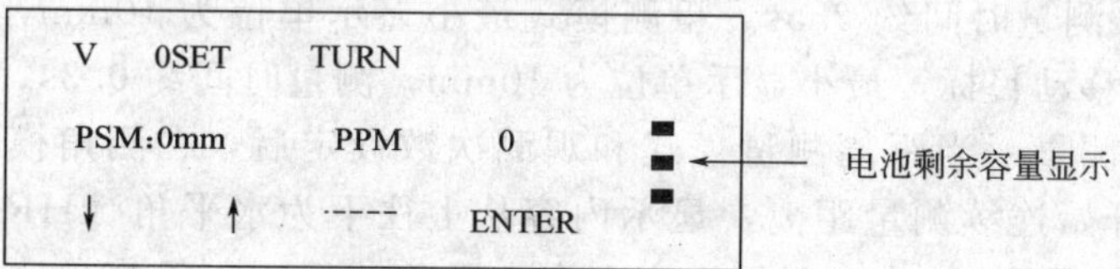

图 6-8　GTS-210 初始显示

图 6-8 中 PPM 表示大气改正值，“▬”表示电池电量，有三个“▬”表示电池电量充足，有一个“▬”表示电池电量不足，但还可以测量。当▬出现闪烁时或显示“Battery empty”(电量空) 时，必须换上充好电的电池，方能进行测量。

纵转望远镜，使望远镜的视准轴通过水平线，立即显示垂直度盘读数和水平度盘读数。若仪器没有整平（超出自动补偿范围），又设置于自动倾斜模式，此时不显示度盘读数。

使用 GTS-211D 全站仪输入字母数字是借助软键（F1，F2，F3，F4）和光标移动键（▼、▲、◀、▶）来实现的。按 INPUT （F1）键输入开始，按 ENT （F4）键输入结束。

在角度测量、距离测量、坐标测量模式下设置的作业状态（或参数）关机后不能保留。通常在使用全站仪之前，在专门的参数设置状态下设定：按 F2 键的同时，打开电源，仪器进入参数设置状态，可进行单位设置（UNIT SET）、模式设置（MODE SET）和其他设置（OTHERS SET）。

3. 角度测量

开机设置读数指标后，就进入角度测量模式，或者按 ANG 键进入角度测量模式。

(1) 水平角右角和垂直角测量　如图 6-9 所示，欲测 *OA*、*OB* 两方向的水平角，在 *O* 点整置仪器后，照准目标 *A*，按 F1 （0SET）键和 YES 键，可设置目标 A 的水平读数为 0°00′00″；旋转仪器照准目标 *B*，直接显示目标 *B* 的水平角 *H* 和垂直角 *V*。

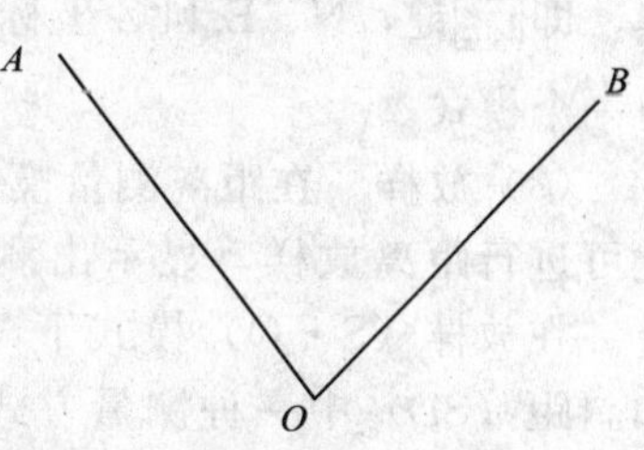

图 6-9　角度测量

(2) 水平角右角、左角的切换　水平角右角，即仪器右旋角，从上往下看水平度盘，水平读数顺时针增大；水平角左角，即仪器左旋角，水平读数逆时针增大。在测角模式下，按[F4]（↓）键两次转到第3页功能，每按[F2]（R/L）一次，右角、左角交替切换。通常使用右角模式观测。

（3）水平读数设置 水平读数设置有两种方法。

方法1：通过锁定水平读数进行设置。先转动照准部，使水平读数接近要设置的读数，接着用水平微动螺旋旋转至所需的水平读数，然后按[F2]（HOLD）键，使水平读数不变，再转动照准部照准目标，按[YES]键完成水平读数设置。

方法2：通过键盘输入进行设置，先照准目标，再按[F3]（HSET）键，按提示输入所要的水平读数。

在测角模式下，可进行角度复测、水平角90°间隔蜂鸣声的设置，垂直角与百分度（坡度）切换、天顶距与高度角切换等。

4. 距离测量

距离测量可设为单次测量和N次测量。一般设为单次测量，以节约用电。距离测量可分为三种测量模式，即精测模式、粗测模式、跟踪模式。一般情况下用精测模式观测，最小显示单位为1mm，测量时间约2.5s。粗测模式最小显示单位为10mm，测量时间约0.7s。跟踪模式用于观测移动目标，最小显示单位为10mm，测量时间约0.3s。

（1）直接距离测量 当距离测量模式和观测次数设定后，在测角模式下，照准棱镜中心，按[◢]键，即开始连续测量距离，显示内容从上往下为水平角（HR）、平距（HD）和高差（VD）。若再按[◢]键一次，显示内容变为水平角（HR）、垂直角（V）和斜距（SD）。当不再需要连续测量时，可按[F1]（MEAS）键，按设定的次数测量距离，最后显示距离平均值。

注：当光电测距正在工作时，HD右边出现“＊”标志。

（2）偏心测量 当棱镜直接架设有困难时，如要测定电线杆中心位置，偏心测量模式是十分有用的。如图6-10所示，只要在与仪器平距相同的点P安置棱镜，在设置仪器高度、棱镜高后，用偏心测量（第2页[F1]）即可测得到被测物中心A_0的距离和被测物中心的坐标。

在距离测量模式下，选择偏心测量（OFSET）模式，接着照准棱镜P点，按[F1]（MEAS）键，测定仪器到棱镜的水平距离；再按[F4]（SET）键，确定棱镜的位置，接着用水平制动螺旋照准目标A_0点；然后，每按一次距离测量键，即[◢]键，平距（HD）、高差（VD）和斜距（SD）依次显示。若在偏心测量之前，设置（输入）了仪器高、棱镜高、测站点坐标，每按一次坐标测量键，即[⟋]键，N、E和Z坐标依次显示。最后按[ESC]键返回前一个模式。

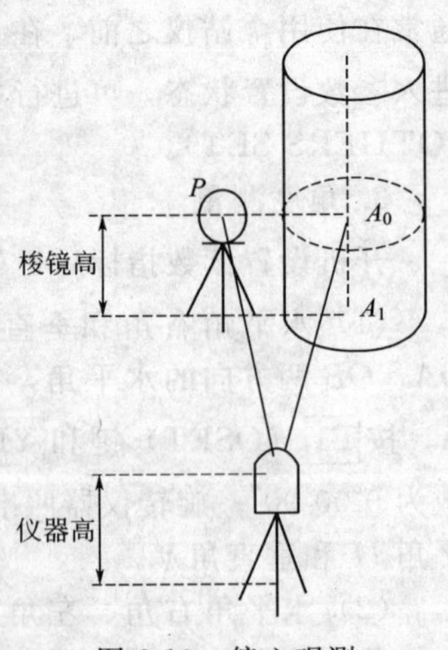

图6-10 偏心观测

（3）放样 在距离测量模式下，按第2页［F2］（S・O）键可进行距离放样，显示出测量的距离与设计的放样距离之差。在放样（S・O）模式下，选择平距（HD）、高差（VD）和斜距（SD）中一种测量方式输入放样设计的距离，然后照准棱镜，按[◢]键，即开始测量，显示测量距离与放样设计距离之差。移动棱镜，直到与设计距离的差值为 0m。

5. 存储管理

在主菜单（MENU）下按[F3]键，进入存储管理模式，共有三项八条菜单，具体内容如下。

(1) 文件状态（FILE STATUS）：显示已存储的测量数据（MEAS.）文件和坐标数据（COORD.）文件总数和数据个数。

(2) 查阅（SEARCH）：查阅记录数据，即可查阅测量数据（MEAS. DATA）、坐标数据（COORD. DATA）和编码库（PLODE LIB）。共有三种查阅方式：查阅第一个数据（FIRST DATA），查阅最后一个数据（LAST DATA），按点号或登记号查阅（PT＃ DATA）。在查阅模式下，点名（PT＃，BS＃）、标识符 ID、编码 PCODE 和高度数据（INS. HT，R. HT）可以更正，但观测数据不能更改。

(3) 文件管理（FILE MAINTAN）：删除文件（DEL）/编辑文件名（REN）/查阅文件中数据（SRCH）。

(4) 输入坐标（COORD. INPUT）：将控制点或放样点坐标数据输入并存入坐标数据文件。

(5) 删除坐标（DELETE COORD）：删除坐标数据文件中的坐标数据。

(6) 输入编码（PCODE INPUT）：将编码数据输入并存入编码库，共有 1～50 个编号。

(7) 数据传送（DATA TRANSFER）：可以直接将内存的测量数据或坐标数据或编码库数据传送到计算机。也可以从计算机将坐标数据或编码库数据直接装入仪器内存。还可进行通讯参数数据设置。

(8) 初始化（INITIALIZE）：用于内存初始化，可对所有测量数据和坐标数据文件（FILE DATA）初始化，对编码库数据（PCODE DATA）初始化及对文件数据和编码数据（ALL DATA）初始化，但对测站点坐标，仪器高和棱镜高不会被初始化。

五、全站仪操作注意事项

全站仪集光电于一身，为保证全站仪的正常工作，延长其使用寿命，在操作使用全站仪时应注意以下几点。

(1) 仪器应由专人使用、保管。迁站、装箱时只能握住仪器的支架，而不能握住镜筒，以免对仪器造成损伤，影响观测精度。

(2) 日光下测量应避免将物镜直接瞄准太阳。若在太阳下作业应安装滤光器。

(3) 避免在高温和低温下存放仪器，亦应避免温度骤变（使用时气温变化除外）。在高温天气作业时，必须撑伞，否则仪器内部温度容易升到 60～70℃，从而缩短仪器的使用寿命。

(4) 仪器不使用时，应将其装入箱内，置于干燥处，注意防振、防尘和防潮。

(5) 若仪器工作处的温度与存放处的温度差异太大，应先将仪器留在箱内，直至它适应环境温度后再使用仪器。

(6) 仪器长期不使用时，应将仪器上的电池卸下分开存放。电池应每月充电一次。

(7) 仪器运输应将仪器装于箱内进行，运输时应小心避免挤压、碰撞和剧烈振动，长途运输最好在箱子周围使用软垫。

(8) 仪器安装至三脚架或拆卸时，要一只手先握住仪器，以防仪器跌落。

(9) 外露光学件需要清洁时，应用脱脂棉或镜头纸轻轻擦净，切不可用其他物品擦拭。

(10) 仪器使用完毕后，用绒布或毛刷清除仪器表面灰尘。仪器被雨水淋湿后，切勿通电开机，应用干净软布擦干并在通风处放一段时间。

(11) 作业前应全面仔细检查仪器，确信仪器各项指标、功能、电源、设置和改正参数均符合要求时再进行作业。

（12）即使发现仪器功能异常，非专业维修人员不可擅自拆开仪器，以免发生不必要的损坏。

（13）其他使用要点与光学经纬仪相同。

第三节 坐标测量方法

坐标测量实际上也是测量角度和距离，再通过机内软件由已知点坐标计算未知点坐标，因此坐标测量需先输入测站点坐标和后视点坐标或已知方位角。

GTS全站仪可在坐标测量模式下直接测定碎部点（立棱镜点）坐标。在坐标测量之前必须输入测站点坐标，进行后视定向。若测量三维坐标，还必须输入仪器高和棱镜高。具体操作如下。

一、测站点坐标的设置

要想测得未知点的坐标，必须正确设置测站点（即安置仪器的点）的坐标，在坐标测量模式下，

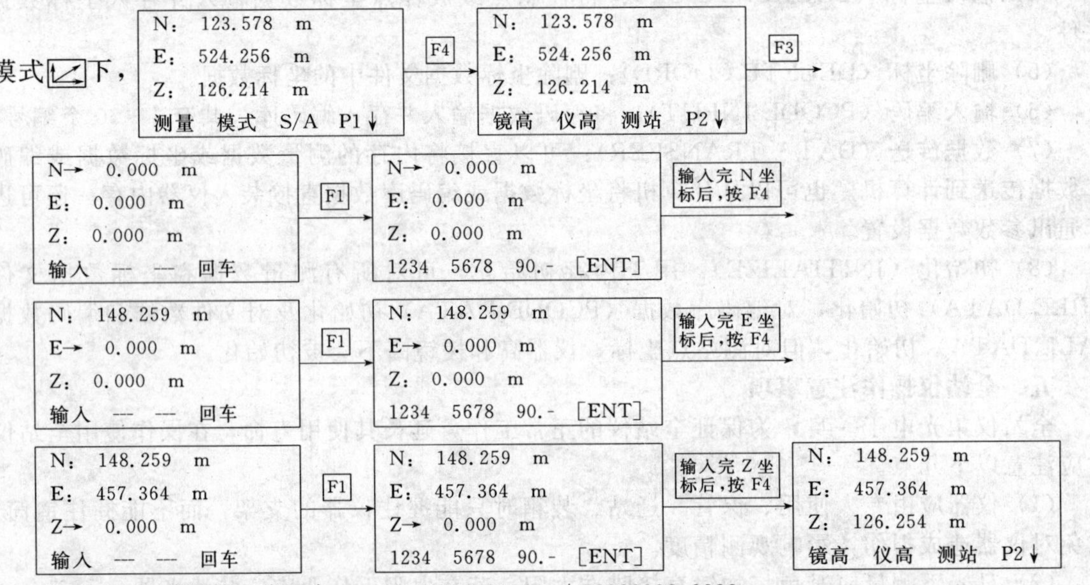

注意：坐标值的输入范围为：－99999999.9999～＋99999999.9999

二、仪器高和目标高的设置

要想测得未知点的正确高程（Z）值，还需要正确设置仪器高和目标高（镜高）。设置的方法与步骤如下。

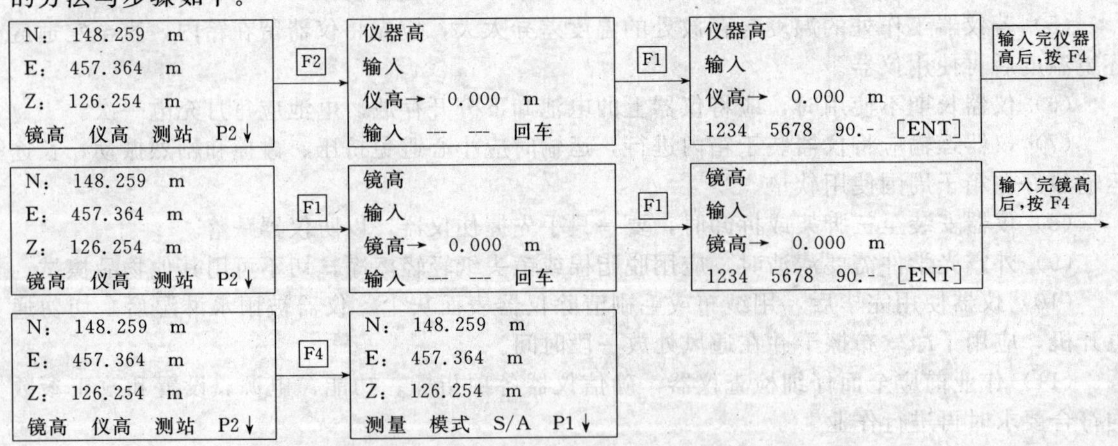

注意：仪器高和棱镜高的输入范围为：－999.9999～＋999.9999

三、后视点定向

在输入完测站点坐标、仪器高和棱镜高之后，还需要回到测角模式状态下，选择一已知点作为后视点，用测站点坐标和后视点坐标反算出测站点到后视点的坐标方位角，用望远镜瞄准后视点以后，将水平度盘的读数配置成已知的坐标方位角。然后再回到坐标测量模式状态下进行坐标测量工作，在测量未知点坐标前，先测量后视点或另一已知点坐标，并将其测量坐标与已知坐标进行对照，如其互差在允许范围以内，则认为以上设置正确，就可以进行未知点坐标测量了，否则，需要重新检查前面设置工作正确性。

四、坐标测量

在前面的设置工作结束并确认无误后，就可进行坐标测量工作了。在测量过程中，应注意以下事项。

(1) 每迁站一次，都应重新设置测站点坐标和仪器高。

(2) 在测量过程中，如果需要改变棱镜高，则在仪器里面也要做相应的改变，才能测量出正确的高程值。

(3) 在测量未知点坐标之前，一定要选择一个已知点作为检查点，在没有更多已知点作为检查点时，也可选择后视点作为检查点，以保证后续测量工作的正确性。

(4) 在地形图测量工作中，需要测量大量的碎部点坐标，可以利用全站仪数据采集功能进行坐标测量。

习题与思考题

1. 全站仪名称的含义是什么？仪器主要由哪些部分组成？
2. 电子测角系统一般分为哪几类？各有何特点？
3. 全站仪主要有哪些测量功能？
4. 使用全站仪需注意哪些事项？
5. 进行坐标测量之前需要进行哪些设置？
6. 坐标测量工作中需注意些什么？

第三篇
现代测量学的基本理论

【导读】 本篇主要学习现代测量学的误差理论知识，通过本篇内容的学习，要求学生了解测量误差的基本概念与分类，了解测量观测值的误差来源，掌握各种误差特性与精度的评定方法，学会利用误差传播定律对水准测量、角度测量和坐标测量进行精度分析，掌握等精度与不等精度观测的平差计算。

第七章 测量误差的基本知识

【知识目标】

- 掌握测量误差的基本概念和分类
- 掌握偶然误差特性及评定观测值的精度指标
- 掌握误差传播定律及其应用方法
- 掌握等精度观测值的平差计算
- 掌握不等精度观测值的平差计算

【能力目标】

- 初步了解并掌握测量误差的基本知识
- 学会应用误差传播定律分析和解决一些基本的测量问题

第一节 测量误差概念

在各项测量工作中，长期的测量实践证明，对于某一客观存在的量，如地面某两点之间的距离或高差、某三点之间构成的水平角等，尽管采用了合格的测量仪器和合理的观测方法，测量人员的工作态度也认真负责，但是多次重复测量的结果总是有差异的，这说明观测值中存在着测量误差，或者说，测量误差是不可避免的。测量中真值与观测值之差称为误差，严格意义上讲应称为真误差。在实际工作中真值不易测定，一般把某一个量的测量值与其最或是值之差也称为误差。产生测量误差的原因，主要有以下三个方面。

一、观测者的原因

由于观测者感觉器官的辨别能力存在局限性，所以，对于仪器的对中、整平、瞄准、读数等操作都会产生误差。例如，在厘米分划的水准尺上，由观测者估读毫米数，则 1mm 以下的估读误差是完全有可能产生的。另外，观测者技术熟练程度也会给观测成果带来不同程度的影响。

二、仪器的原因

测量工作是需要用测量仪器进行的，而每一种测量仪器具有一定的精密度，使测量结果受到一定的影响。例如，测角仪器的度盘分划误差可能达到 3″，由此使所测的角度产生误差。另外，仪器结构的不完善，例如测量仪器轴线位置不准确，也会引起测量误差。

三、外界环境的影响

测量工作进行时所处的外界环境中的空气温度、气压、湿度、风力、日光照射、大气折光、烟雾等客观情况时刻在变化，使测量结果产生误差。例如，温度变化使钢尺产生伸缩，风吹和日光照射使仪器的安置不稳定，大气折光使望远镜的瞄准产生偏差等。

人、仪器和环境是测量工作得以进行的必要条件，通常把这三个方面综合起来称为观测条件。这些观测条件都有其本身的局限性和对测量精度的影响，因此，测量成果中的误差是不可避免的。误差的大小决定观测的精度。凡是观测条件相同的同类观测称为“等精度观测”，观测条件不同的同类观测则称为“不等精度观测”，这对于观测值的成果处理应有所区别。

第二节　测量误差的种类

测量误差按其产生的原因和对观测结果影响性质的不同，可以分为系统误差、偶然误差和粗差三类。

一、系统误差

在相同的观测条件下，对某一量进行一系列的观测，如果出现的误差在符号和数值上都相同，或按一定的规律变化，这种误差称为“系统误差”。例如，用名义长度为 30m，而实际正确长度为 30.004m 的钢卷尺量距，每量一尺段就有使距离量短了 0.004m 的误差，其量距误差的符号不变，且与所量距离的长度成正比。因此，系统误差具有积累性。

系统误差对观测值的影响具有一定的数学或物理上的规律性。如果这种规律性能够被找到，则系统误差对观测的影响可加以改正，或者用一定的测量方法加以抵消或削弱。

二、偶然误差

在相同的观测条件下，对某一量进行一系列的观测，如果误差出现的符号和数值大小都不相同，从表面上看没有任何规律性，这种误差称为“偶然误差”。偶然误差是由人力所不能控制的因素或无法估计的因素（如人眼的分辨能力、仪器的极限精度和气象因素等）共同引起的测量误差，其数值的正负、大小纯属偶然。例如，在厘米分划的水准尺上读数，估读毫米数时，有时估读偏大，有时估读偏小。因此，多次重复观测，取其平均数，可以抵消一些偶然误差。

偶然误差是不可避免的，在相同的观测条件下观测某一量，所出现的大量偶然误差具有统计的规律，或称之为具有概率论的规律。

三、粗差

由于观测者的粗心或各种干扰造成的大于限差的误差称为粗差，如瞄错目标、读错大数等。

四、误差处理原则

粗差是大于限差的误差，是由于观测者的粗心大意或受到干扰所造成的错误。错误应该可以避免；包含有错误的观测值应该舍弃，并重新进行观测。

为了防止错误的发生和提高观测成果的精度，在测量工作中，一般需要进行多于必要的观测，称为“多余观测”。例如，一段距离用往、返丈量，如果将往测作为必要观测，则返测就属于多余观测。又如，由三个地面点构成一个平面三角形，在三个点上进行水平角观测，其中两个角度属于必要观测，则第三个角度的观测就属于多余观测。有了多余观测，就可以发现观测值中的错误，以便将其剔除和重测。由于观测值中的偶然误差不可避免，有了多余观测，观测值之间必然产生矛盾（往返差、不符值、闭合差）。根据差值的大小，可以评定测量的精度。差值如果大到一定程度，就认为观测值误差超限，应予重测（返工）；差值如果不超限，则按偶然误差的规律加以处理（称为闭合差的调整），以求得最可靠的数值。

至于观测值中的系统误差，应该尽可能按其产生的原因和规律加以改正、抵消或削弱。例如，用钢卷尺量距时，按其检定结果对量得长度进行尺长改正。

第三节 偶然误差特性及评定观测值的精度指标

一、偶然误差特性

测量误差理论主要讨论根据一系列具有偶然误差的观测值如何求得最可靠的结果和评定观测成果的精度。为此，需要对偶然误差的性质作进一步的讨论。

设某一量的真值为 X，在相同的观测条件下对此量进行 n 次观测，得到的观测值为 l_1，l_2，…，l_n，在每次观测中产生的偶然误差（又称“真误差”）为 Δ_1，Δ_2，…，Δ_n，则定义

$$\Delta_i = X - l_i \quad (i=1,2,\cdots,n) \tag{7-1}$$

从单个偶然误差来看，其符号的正负和数值的大小没有任何规律性。但是，如果观测的次数很多，观察其大量的偶然误差，就能发现其整体的规律性。进行统计的数量越大，规律性也就越明显。下面结合某观测实例，用统计方法进行说明与分析。

同一测区，在相同的观测条件下共观测了 358 个三角形的全部内角，由于每个三角形内角之和的真值（180°）为已知，因此，可以按式(7-1) 计算每个三角形内角之和的偶然误差 Δ（三角形闭合差），将它们分为负误差和正误差，按误差绝对值由小到大排列次序。以误差区间 $\mathrm{d}\Delta=3''$进行误差个数 k 的统计，并计算其相对个数 $k/n(n=358)$，k/n 称为误差出现的频率。偶然误差的统计见表 7-1。

为了直观地表示偶然误差正负和大小的分布情况，可以按表 7-1 的数据作图（见图 7-1）。图中以横坐标表示误差的正负和大小，以纵坐标表示误差出现于各区间的频率（k/n）除以区间的间隔值（$\mathrm{d}\Delta$），每一区间按纵坐标画成矩形小条，则每一小条的面积代表误差出现于该区间的频率，而各小条的面积总和等于 1。该图在统计学上称为“频率直方图”。

从表 7-1 的统计中，可以归纳出偶然误差的特性如下：

（1）在一定的观测条件下，偶然误差的绝对值不会超过一定的限值；

（2）绝对值较小的误差出现的频率大，绝对值较大的误差出现的频率小；

（3）绝对值相等的正、负误差出现的频率大致相等；

表 7-1 偶然误差的统计

误差区间 (3″)	负误差		正误差		误差绝对值	
	个数 (k)	相对个数(k/n)	个数 (k)	相对个数(k/n)	个数 (k)	相对个数(k/n)
0～3	45	0.126	46	0.128	91	0.254
3～6	40	0.112	41	0.115	81	0.226
6～9	33	0.092	33	0.092	66	0.184
9～12	23	0.064	21	0.059	44	0.123
12～15	17	0.047	16	0.045	33	0.092
15～18	13	0.036	13	0.036	26	0.073
18～21	6	0.017	5	0.014	11	0.031
21～24	4	0.011	2	0.006	6	0.017
24 以上	0	0	0	0	0	0
Σ	181	0.505	177	0.495	358	1.000

(4) 当观测次数无限增大时，偶然误差的理论平均值趋近于零，即偶然误差具有抵偿性，用公式表示为

$$\lim_{n\to\infty}\frac{\Delta_1+\Delta_2+\cdots+\Delta_n}{n}=\lim_{n\to\infty}\frac{[\Delta]}{n}=0 \tag{7-2}$$

式中，[ ] 表示取括号中数值的代数和。

以上根据 358 个三角形角度观测值的闭合差画出的误差出现频率直方图（图 7-1），表现为中间高、两边低并向横轴逐渐逼近的对称图形，并不是一种特例，而是统计偶然误差时出现的普遍规律，并且可以用数学公式来表示。

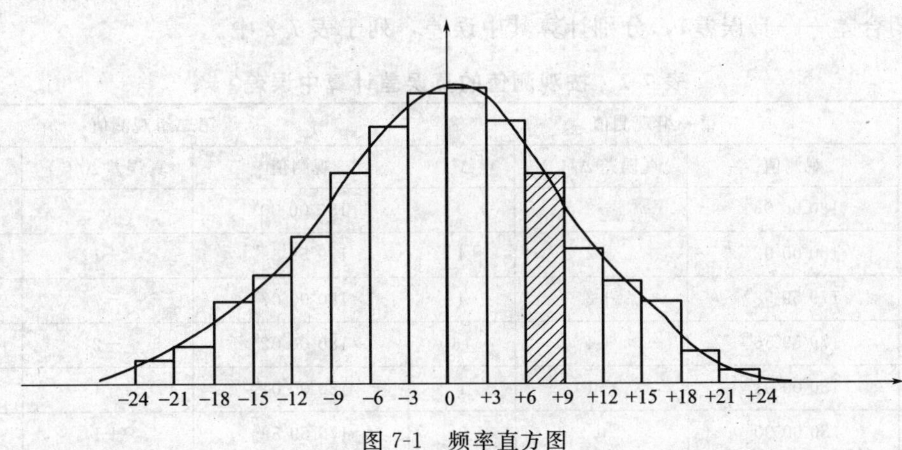

图 7-1 频率直方图

若误差的个数无限增大（$n\to\infty$），同时又无限缩小误差的区间 $d\Delta$，则图 7-1 中各小长条的顶边的折线就逐渐成为一条光滑的曲线。该曲线在概率论中称为“正态分布曲线”或称误差分布曲线，它完整地表示了偶然误差出现的概率 P。即当 $n\to\infty$ 时，上述误差区间内误差出现的频率趋于稳定，成为误差出现的概率。

正态分布曲线的数学方程式为

$$f(\Delta)=\frac{1}{\sqrt{2\pi}\sigma}e^{-\frac{\Delta^2}{2\sigma^2}} \tag{7-3}$$

式中，圆周率 $\pi=3.1416$，自然对数的底 $e=2.7183$，σ 为标准差，标准差的平方 σ^2 为方差。方差为偶然误差平方的理论平均值：

$$\sigma^2=\lim_{n\to\infty}\frac{\Delta_1^2+\Delta_2^2+\cdots+\Delta_n^2}{n}=\lim_{n\to\infty}\frac{[\Delta^2]}{n} \tag{7-4}$$

因此，标准差为

$$\sigma=\lim_{n\to\infty}\sqrt{\frac{[\Delta^2]}{n}}=\lim_{n\to\infty}\sqrt{\frac{[\Delta\Delta]}{n}} \tag{7-5}$$

由式(7-5) 可知，标准差的大小取决于在一定条件下偶然误差出现的绝对值的大小。由于在计算标准差时取各个偶然误差的平方和，因此，当出现有较大绝对值的偶然误差时，在标准差的数值大小中会有明显的反映。

式(7-3) 称为“正态分布的密度函数”，以偶然误差 Δ 为自变量，以标准差 σ 为密度函数的唯一参考值，σ 是曲线拐点的横坐标值。

二、评定精度的指标

在相同的观测条件下，对某一个量所进行的一组观测对应着一种误差分布，因此这一组中的每一个观测值都具有同样的精度。可以方便地用某个数值来反映误差分布的密集或离散程度，这个数值就是下面将要介绍的几种评定精度的指标。

1. 中误差

标准差的平方 σ^2 为方差，为了统一衡量在一定观测条件下观测结果的精度，取标准差 σ 作为依据是比较合适的。但是，在实际测量工作中，不可能对某一个量作无穷多次观测。因此，在测量中定义，按有限观测次数的偶然误差求得的标准差为“中误差”，用 m 表示，即

$$m=\pm\sqrt{\frac{\Delta_1^2+\Delta_2^2+\cdots+\Delta_n^2}{n}}=\pm\sqrt{\frac{[\Delta\Delta]}{n}} \tag{7-6}$$

【例 7-1】 对 10 个三角形的内角进行了两组观测，根据两组观测值中的偶然误差（三角形的角度闭合差——真误差），分别计算其中误差，列于表 7-2 中。

表 7-2 按观测值的真误差计算中误差

次序	第一组观测值			第二组观测值		
	观测值	真误差 Δ/(″)	Δ^2	观测值	真误差 Δ/(″)	Δ^2
1	180°00′03″	−3	9	180°00′00″	0	0
2	180°00′02″	−2	4	179°59′59″	+1	1
3	179°59′58″	+2	4	180°00′07″	−7	49
4	179°59′56″	+4	16	180°00′02″	−2	4
5	180°00′01″	−1	1	180°00′01″	−1	1
6	180°00′00″	0	0	179°59′59″	+1	1
7	180°00′04″	−4	16	179°59′52″	+8	64
8	179°59′57″	+3	9	180°00′00″	0	0
9	179°59′58″	+2	4	179°59′57″	+3	9
10	180°00′03″	−3	9	180°00′01″	−1	1
Σ			72			130
中误差	$m_1=\pm\sqrt{\frac{[\Delta\Delta]}{n}}=\pm2.7''$			$m_2=\pm\sqrt{\frac{[\Delta\Delta]}{n}}=\pm3.6''$		

由此可见，第二组观测值的中误差 m_2 大于第一组观测值的中误差 m_1。虽然这两组观测值的误差绝对值之和是相等的，可是在第二组观测值中出现了较大的误差（$-7''$、$+8''$），因此，计算出来的中误差就较大，或者相对来说其精度较低。

在一组观测值中，如果标准差已经确定，就可以画出所对应的偶然误差的正态分布轴线。按式(7-3)，当 $\Delta=0$ 时，$f(\Delta)$ 有最大值。如果以中误差代替标准差，则其最大值为 $\frac{1}{\sqrt{2\pi}\sigma}$。

当 m 较小时，曲线在纵轴方向的顶峰较高，在纵轴两侧迅速逼近横轴，表示小误差出现的频率较大，误差分布比较集中；当 m 较大时，曲线的顶峰较低，曲线形状平缓，表示误差分布比较离散。以上两种情况的正态分布曲线如图 7-2 所示。

2. 相对误差

在某些测量工作中，对观测值的精度仅用中误差来衡量还不能正确反映出观测值的质量。例如，用钢卷尺丈量 200m 和 40m 两段距离，量距的中误差都是 ±2cm，但不能认为两者的精度是相同的，因为量距的误差与其长度有关，为此，用观测值的中误差与观测值之比的形式来描述观测的质量，也就称为“相对中误差”。上述例子中，前者的相对中误差为 0.02/200=1/10000，而后者则为 0.02/40=1/2000，显然前者的量距精度高于后者。相对误差通常以分子为 1 的分数形式来表示，即

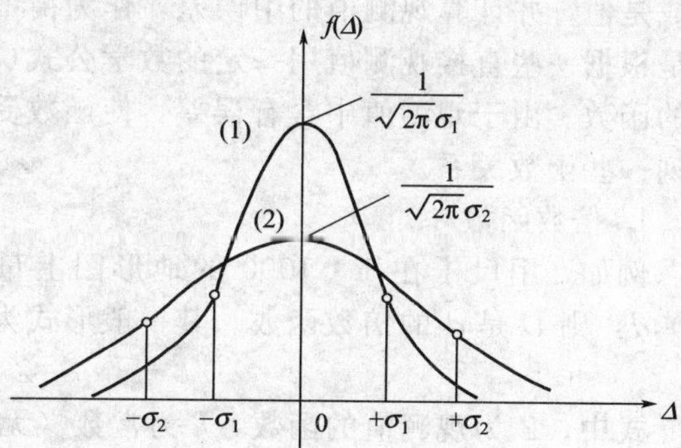

图 7-2 不同中误差的正态分布曲线

$$K=\frac{|m|}{L} \quad 或者 \quad K=\frac{1}{L/|m|} \tag{7-7}$$

相对误差是个分数，而真误差、中误差、容许误差是带有测量单位的数值。

3. 极限误差

由频率直方图（图 7-1）可知：图中各矩形小条的面积代表误差在该区间出现的频率，当统计误差的个数无限增加、误差区间无限减小时，频率逐渐趋于稳定而成为概率，直方图的顶边即形成正态分布曲线。因此，根据正态分布曲线，可以表示出误差出现在微小区间 $\mathrm{d}\Delta$ 中的概率：

$$P(\Delta)=f(\Delta)\cdot \mathrm{d}\Delta=\frac{1}{\sqrt{2\pi}m}\mathrm{e}^{-\frac{\Delta^2}{2m^2}}\mathrm{d}\Delta \tag{7-8}$$

根据式(7-8) 的积分，可以得到偶然误差在任意大小区间中出现的概率。设以 k 倍中误差作为区间，则在此区间中误差出现的概率为

$$P(|\Delta|<km)=\int_{-km}^{+km}\frac{1}{\sqrt{2\pi}m}\mathrm{e}^{-\frac{\Delta^2}{2m^2}}\mathrm{d}\Delta \tag{7-9}$$

分别以 $k=1$，$k=2$，$k=3$ 代入式(7-9)，可得到偶然误差的绝对值不大于中误差、2 倍中误差和 3 倍中误差的概率：

$$P(|\Delta|\leqslant m)=0.683=68.3\%$$
$$P(|\Delta|\leqslant 2m)=0.954=95.4\%$$
$$P(|\Delta|\leqslant 3m)=0.997=99.7\%$$

由此可见，偶然误差的绝对值大于 2 倍中误差的约占误差总数的 5%，而大于 3 倍中误

差的仅占误差总数的0.3%。一般进行的测量次数有限，2倍中误差应该很少遇到，因此，以2倍中误差作为容许的误差极限，称为“容许误差”，简称“限差”，即

$$\Delta_{允}=2m$$

现行测量规范中通常取2倍中误差作为限差。

第四节 误差传播定律及其应用

一、观测值的函数

在测量工作中，有些量（例如一个角度、一段距离）可以直接进行多次观测，以求得其最或是值，并计算观测值的中误差，作为衡量精度的标准。但也有一些量并非直接观测值，而是根据一些直接观测值用一定的数学公式(函数关系）计算而得，因此，称这些量为观测值的函数。由于观测值中含有误差，使函数受其影响也含有误差，称之为误差传播。一般有下列一些函数关系。

1. 倍数函数

例如，用尺子在1∶1000的地形图上量得两点间的距离d，其相应的实地距离$D=1000d$，则D是d的倍数函数。其一般形式为

$$Z=kx$$

式中，Z为观测值的函数，k为常数（无误差），x为观测值，已知其中误差为m_x，则Z的中误差m_Z为

$$m_Z=km_x \tag{7-10}$$

即：观测值与常数乘积的中误差，等于观测值中误差乘常数。

【例7-2】 在1∶500比例尺地形图上，量得A、B两点间的距离$d=163.6\text{mm}$，其中误差$m_d=\pm0.2\text{mm}$。求A、B两点实地距离D及其中误差m_D。

解： $D=kd=500\times163.6(\text{mm})=81.8(\text{m})$ （k为比例尺分母）

$$m_D=km_d=\pm500\times0.2(\text{mm})=\pm0.1(\text{m})$$

$$\therefore \quad D=81.8\pm0.1(\text{m})$$

2. 和差函数

例如，两点间的水平距离D分为n段来丈量，各测段量得的长度分别为d_1，d_2，…，d_n，则$D=d_1+d_2+\cdots+d_n$，即距离D是各分段观测值d_1，d_2，…，d_n之和，这种函数称为和差函数。其一般形式为

$$Z=x_1\pm x_2\pm\cdots\pm x_n$$

式中，Z是x_1、x_2、…、x_n的和或差的函数，x_1、x_2、…、x_n为独立观测值（即x_1、x_2、…、x_n之间不存在函数关系)，它们的中误差分别为m_1、m_2、…、m_n，则Z的中误差m_Z为

$$m_Z^2=m_1^2+m_2^2+\cdots+m_n^2 \tag{7-11}$$

即：n个观测值代数和（差）的中误差平方，等于n个观测值中误差的平方之和。

当各观测值x_i为同精度观测时，设它们的中误差为m，即：$m_1=m_2=\cdots=m_n=m$，则式(7-11) 变为

$$m_Z=m\sqrt{n} \tag{7-12}$$

也就是说，**在同精度观测时，观测值代数和（差）的中误差，与观测值个数n的平方根成正比。**

【例 7-3】 某水准路线各测段高差的观测值中误差分别为 $h_1=15.316\text{m}\pm 5\text{mm}$，$h_2=8.171\text{m}\pm 4\text{mm}$，$h_3=-6.625\text{m}\pm 3\text{mm}$，试求总的高差及其中误差。

解：
$$h=h_1+h_2+h_3=15.316+8.171-6.625=16.862(\text{m})$$
$$m_h^2=m_1^2+m_2^2+m_3^2=5^2+4^2+3^2=50$$
$$m_h=\pm 7.1(\text{mm})$$

∴ $h=16.882\text{m}\pm 7.1\text{mm}$

【例 7-4】 设用长度为 L 的钢尺量距，共丈量了 n 个尺段，已知每尺段量距的中误差为 m，求全长 S 的中误差 m_S。

解： ∵$S=L+L+\cdots+L$（式中共有 n 个 L），而 L 的中误差为 m，则按式(7-12) 可得
$$m_S=m\sqrt{n} \tag{7-13}$$

∴ **量距的中误差与丈量段数 n 的平方根成正比。**

当使用量距的钢尺长度相等，每尺段的量距中误差都是 m，则每公里长度的量距中误差 m_{km}也是相等的。当对长度为 S 公里的距离丈量时，全长 S 的中误差为
$$m_S=\sqrt{S}m_{\text{km}} \tag{7-14}$$

式中 S 的单位是公里，此式表明：**在距离丈量中，距离 S 的量距中误差与长度 S 的平方根成正比。**

【例 7-5】 为了求得 A、B 两水准点的高差，从 A 点开始进行水准测量，经 n 站后测完至 B 点，已知每测站的高差中误差均为 $m_{站}$，求 A、B 两点间高差的中误差 m_{hAB}。

解： ∵ A、B 两点间的高差等于各测站的观测高差之和，即
$$h_{AB}=h_1+h_2+\cdots+h_n$$

由式(7-12) 可得
$$m_{hAB}=\sqrt{n}m_{站} \tag{7-15}$$

即：**水准测量高差的中误差，与测站数 n 的平方根成正比。**

从式(7-15) 可以看出：在不同的水准路线上，即使两点间的路线长度相等，但由于受地面起伏的影响，设的测站数不同时，则两点间高差中误差是不同的。但是，当水准路线通过平坦地区时，各测站的视线长度大致相等，每公里的测站数也接近相等，因而每公里的水准测量高差中误差可以认为相同，设为 m_{km}。当 A、B 两点间的水准路线为 S 公里时，A、B 两点间高差中误差为
$$m_{hAB}^2=m_{\text{km}}^2+m_{\text{km}}^2+\cdots+m_{\text{km}}^2=Sm_{\text{km}}^2$$

或
$$m_{hAB}=\sqrt{S}m_{\text{km}} \tag{7-16}$$

即：**水准测量高差的中误差，与距离 S 的平方根成正比。**

式(7-15) 适用于地面起伏比较大的地区进行水准测量，计算高差中误差；式(7-16) 适用于地面平坦的地区进行水准测量，计算高差中误差。

【例 7-6】 在三角形 ABC 中，$\angle A$ 和 $\angle B$ 的观测中误差 m_A 和 m_B 分别为$\pm 3''$和$\pm 4''$，试推算$\angle C$ 的中误差 m_C。

解： $\angle C=180°-(\angle A+\angle B)$

因为 180°是已知数没有误差，则得
$$m_C^2=m_A^2+m_B^2$$

∴
$$m_C=\pm 5''$$

3. 线性函数

例如，计算算术平均值的公式为

$$x=\frac{1}{n}(l_1+l_2+\cdots+l_n)=\frac{1}{n}l_1+\frac{1}{n}l_2+\cdots+\frac{1}{n}l_n \tag{7-17}$$

式中，在直接观测值 l_i 之前乘以系数（不一定如上式一样是相同的系数），并取其代数和，因此，可以把算术平均值看成是各个观测值的线性函数。和差函数和倍数函数也属于线性函数。线性函数的一般形式为

$$Z=k_1x_1+k_2x_2+\cdots+k_nx_n$$

式中，Z 是 x_1、x_2、…、x_n 的函数，x_1、x_2、…、x_n 为独立观测值，k_1、k_2、…、k_n 为常数，x_1、x_2、…、x_n 的中误差分别为 m_1、m_2、…、m_n，则 Z 的中误差 m_Z 为

$$m_Z^2=(k_1m_1)^2+(k_2m_2)^2+\cdots+(k_nm_n)^2 \tag{7-18}$$

若式(7-17) 中各独立观测值 l_i 的中误差均为 m，算术平均值 x 的中误差 m_x 由式(7-18) 可得

$$m_x^2=\frac{1}{n^2}m^2+\frac{1}{n^2}m^2+\cdots+\frac{1}{n^2}m^2$$

故

$$m_x=\frac{m}{\sqrt{n}} \tag{7-19}$$

由式(7-19) 可知，**算术平均值的中误差为观测值中误差的$\frac{1}{\sqrt{n}}$倍。**

【例 7-7】 设有线性函数：$z=\frac{1}{10}x_1+\frac{3}{10}x_2-\frac{7}{10}x_3$，其中 x_1、x_2、x_3 中误差分别为$m_1=\pm5$mm、$m_2=\pm6$mm、$m_3=\pm4$mm，求 z 的中误差。

解：根据式(7-18) 得

$$\begin{aligned}z&=\pm\sqrt{\left(\frac{1}{10}\times5\right)^2+\left(\frac{3}{10}\times6\right)^2+\left(-\frac{7}{10}\times4\right)^2}\\&=\pm3.4(\text{mm})\end{aligned}$$

4. 一般函数

例如，已知直角三角形斜边 c 和一锐角 α，则可求出其对边 a 和邻边 b，公式为：$a=c\cdot\sin\alpha$，$b=c\cdot\cos\alpha$。凡是在变量之间用数学运算符乘、除、乘方、开方、三角函数等组成的函数称为非线性函数。线性函数和非线性函数总称为一般函数。其一般形式为

$$Z=f(x_1,x_2,\cdots,x_n)$$

式中，$x_i(i=1,2,\cdots,n)$ 为独立观测值。已知其中误差为 $m_i(i=1,2,\cdots,n)$，则 z 的中误差为

$$m_z^2=\left(\frac{\partial f}{\partial x_1}\right)^2m_1^2+\left(\frac{\partial f}{\partial x_2}\right)^2m_2^2+\cdots+\left(\frac{\partial f}{\partial x_n}\right)^2m_n^2 \tag{7-20}$$

式(7-20) 是误差传播定律的一般形式，式(7-10)、式(7-11)、式(7-18) 都可看作是它的特例。应用误差传播定律时，先列出观测值与函数值之间数学关系式，再根据函数的形式把函数的中误差用一定的数学式表达出来。

二、误差传播定律应用实例

【例 7-8】 设有某函数：$z=S\cdot\sin\alpha$。观测值 $S=150.11\text{m}\pm0.05\text{m}$，$\alpha=119°45'00''\pm20.6''$，求 z 的中误差 m_Z。

解：因为 $z=S\cdot\sin\alpha$，所以 z 是 S 和 α 的一般函数，使用公式(7-20) 得

$$m_z^2=\left(\frac{\partial z}{\partial S}\right)^2m_S^2+\left(\frac{\partial z}{\partial \alpha}\right)^2\left(\frac{m_\alpha}{\rho}\right)^2$$

式中，$\frac{\partial z}{\partial S}=\sin\alpha$；$\frac{\partial z}{\partial \alpha}=S\cdot\cos\alpha$；$\rho=206265''$（它将角度值由秒化为弧度）

因此：$m_z^2=\sin^2\alpha\cdot m_S^2+(S\cos\alpha)^2\left(\frac{m_\alpha}{\rho}\right)^2$

$=\sin^2(119°45'00'')(\pm5)^2+[15011\times\cos(119°45'00'')]^2\left(\frac{\pm20.6}{206265}\right)^2$

$=19.4$

即：$m_Z=\pm4.4\text{cm}$

【例 7-9】 计算坐标增量的精度。根据两点间的坐标方位角 α 和水平距离 D 计算两点间的坐标增量 Δx 和 Δy，其公式为：$\Delta X=D\cdot\cos\alpha$，$\Delta Y=D\cdot\sin\alpha$，设已知观测值 α 和 D 的中误差为 m_α 和 m_D，计算坐标增量中误差 $m_{\Delta x}$ 和 $m_{\Delta y}$。

解：由函数关系式 $\Delta X=D\cdot\cos\alpha$，$\Delta Y=D\cdot\sin\alpha$

按误差传播定律公式(7-20) 得

$$\left.\begin{aligned}m_{\Delta x}&=\sqrt{\cos^2\alpha\cdot m_D^2+(D\sin\alpha)^2\frac{m_\alpha^2}{\rho^2}}\\m_{\Delta y}&=\sqrt{\sin^2\alpha\cdot m_D^2+(D\cos\alpha)^2\frac{m_\alpha^2}{\rho^2}}\end{aligned}\right\}$$

A、B 两点的相对点位中误差可由下式计算：

$$M_{AB}=\sqrt{m_{\Delta x}^2+m_{\Delta y}^2}=\sqrt{m_D^2+\left(D\frac{m_\alpha}{\rho}\right)^2}$$

上式左端根号内第一项为两点间的纵向误差，第二项为横向误差，即两点间的距离误差形成纵向误差，方位角误差形成横向误差。

【例 7-10】 已知三角形的三个内角 α、β 和 γ，在相同的观测条件下，采用等精度观测，已知观测误差 $m_\alpha=m_\beta=m_\gamma=\pm6''$，三角形的闭合差 $\omega=\alpha+\beta+\gamma-180°$，各角度改正数 $\nu_\alpha=\nu_\beta=\nu_\gamma=-\frac{1}{3}\omega$，经改正后的角度值 $\hat{\alpha}=\alpha-\frac{1}{3}\omega$，$\hat{\beta}=\beta-\frac{1}{3}\omega$，$\hat{\gamma}=\gamma-\frac{1}{3}\gamma$，求三角形闭合差的中误差 m_ω 和改正后的角度中误差 $m_{\hat{\alpha}}$、$m_{\hat{\beta}}$ 和 $m_{\hat{\gamma}}$。

解：(1) 由 $\omega=\alpha+\beta+\gamma-180°$ 可知：三角形闭合差与观测角属于和差关系的函数，根据公式(7-11) 可得：

$$\begin{aligned}m_\omega^2&=m_\alpha^2+m_\beta^2+m_\gamma^2\\&=(\pm6'')^2+(\pm6'')^2+(\pm6'')^2=108\end{aligned}$$

即：$m_\omega=\pm10.4''$

(2) 由 $\hat{\alpha}=\alpha-\frac{1}{3}\omega$ 知：由于 α 和 ω 不是相互独立的，它们之间存在函数关系，不能直接利用误差传播定律，而必须将函数式右边化为各个独立的观测值，才能使用误差传播定律。因此

$$\hat{\alpha}=\alpha-\frac{1}{3}\omega=\alpha-\frac{1}{3}(\alpha+\beta+\gamma-180°)=\frac{2}{3}\alpha-\frac{1}{3}\beta-\frac{1}{3}\gamma+60°$$

根据公式(7-18) 得

$$m_{\hat{\alpha}}=\pm\sqrt{\left(\frac{2}{3}\times6\right)^2+\left(-\frac{1}{3}\times6\right)^2+\left(-\frac{1}{3}\times6\right)^2}=\pm4.9''$$

同理可求得：$m_{\hat{\beta}}=\pm4.9''$，$m_{\hat{\gamma}}=\pm4.9''$。

第五节 等精度观测值的直接平差

一、算术平均值

在相同的观测条件下，对某个未知量进行 n 次观测，其观测值分别为 l_1，l_2，…，l_n，将这些观测值取算术平均值 x，作为该量的最可靠的值，称为“最或是值”。即

$$x=\frac{l_1+l_2+\cdots+l_n}{n}=\frac{[l]}{n} \tag{7-21}$$

多次获得观测值而取其算术平均值的合理性和可靠性，可以用偶然误差的特性来证明：设某未知量的真值为 X，各次观测值为 l_1，l_2，…，l_n，其相应的真误差为 Δ_1，Δ_2，…，Δ_n，则有

$$\left.\begin{aligned}\Delta_1&=X-l_1\\\Delta_2&=X-l_2\\&\cdots\\\Delta_n&=X-l_n\end{aligned}\right\}$$

将上列等式相加，并除以 n，得到：

$$\frac{[\Delta]}{n}=X-\frac{[l]}{n}$$

根据偶然误差的第（4）个特性，当观测次数无限增多时，$\frac{[\Delta]}{n}$就会趋近于零，即

$$\lim_{n\to\infty}\frac{[\Delta]}{n}=0$$

也就是说，当观测次数无限增大时，观测值的算术平均值趋近于该量的真值。但是，在实际工作中，不可能对某一个量进行无限次的观测，因此，就把有限次观测值的算术平均值作为该量的最或是值。

二、观测值的改正值

算术平均值与观测值之差称为观测值的改正值（ν）：

$$\left.\begin{aligned}\nu_1&=x-l_1\\\nu_2&=x-l_2\\&\cdots\\\nu_n&=x-l_n\end{aligned}\right\}$$

将上列等式相加，得

$$[\nu]=nx-[l]$$

再根据式(7-21)，得到：

$$[\nu]=n\frac{[l]}{n}-[l]=0$$

一组观测值取算术平均值后，其改正值之和恒等于零。这一特性可作为计算中的校核。

三、按观测值的改正值计算中误差

观测值的精度最理想的是以标准差 σ 来衡量，其数学表达式见公式(7-5)。但是，由于在实际工作中不可能对某一个量进行无穷多次观测，因此，只能根据有限次观测用估算中误差 m 来衡量其精度，见公式(7-6)。应用此式计算中误差，还需要具有观测对象的真值 X 为已知，真误差 Δ_i 可以求得的条件。例如，用经纬仪观测平面三角形的三个内角，每个三角

形的内角之和的真值（180°）为已知。

在一般情况下，观测值的真值 X 是不知道的，真误差 Δ_i 也就无法求得，此时，就不可能用公式(7-6）求中误差。在同样的观测条件下对某一个量进行多次观测，可以取其算术平均值 $\bar{x}$ 作为最或是值，也可以算得各个观测值的改正值 ν_i；并且 $\bar{x}$ 在观测次数无限增多时将趋近于真值 X。对于有限的观测次数，以 x 代替 X，即相应于改正值 ν_i 代替真误差 Δ_i。参照公式(7-6)，得到按观测值的改正值计算观测值的中误差的公式（该式也称为白塞尔公式）：

$$m=\pm\sqrt{\frac{[\nu\nu]}{n-1}} \tag{7-22}$$

将公式(7-22）与公式(7-6）对照，可见除了以 $[\nu\nu]$ 代替 $[\Delta\Delta]$ 之外，还以（$n-1$）代替 n。简单的解释为：在真值已知的情况下，所有 n 次观测值均为多余观测；在真值未知的情况下，则有一次观测值是必要的，其余（$n-1$）次观测值是多余的。因此 n 和（$n-1$）是分别代表真值已知和未知两种不同情况下的多余观测数。

式(7-22）可以根据偶然误差的特性来证明，由前面的公式可以知道：

$$\begin{aligned}&\Delta_1=X-l_1,\ \nu_1=x-l_1\\&\Delta_2=X-l_2,\ \nu_2=x-l_2\\&\cdots\qquad\qquad\ \ \cdots\\&\Delta_n=X-l_n,\ \nu_n=x-l_n\end{aligned}$$

将上列左右两式分别相减，得：

$$\begin{cases}\Delta_1=\nu_1+(X-x)\\\Delta_2=\nu_2+(X-x)\\\qquad\cdots\\\Delta_n=\nu_n+(X-x)\end{cases}$$

上式左右各取其总和，并顾及 $[\nu]=0$，得：

$$[\Delta]=n(X-x)$$

$$X-\bar{x}=\frac{[\Delta]}{n}$$

或取其平方和，顾及 $[\nu]=0$，得：

$$[\Delta\Delta]=[\nu\nu]+n(X-x)^2$$

上式中：

$$(X-x)^2=\frac{[\Delta]^2}{n^2}=\frac{\Delta_1^2+\Delta_2^2+\cdots+\Delta_n^2}{n^2}+\frac{2(\Delta_1\Delta_2+\Delta_1\Delta_3+\cdots+\Delta_{n-1}\Delta_n)}{n^2}$$

上式中，右端第二项中 $\Delta_i\Delta_j\,(j\neq i)$ 为任意两个偶然误差的乘积，它仍然具有偶然误差的特性。根据偶然误差的第（4）个特性，有

$$\lim_{n\to\infty}\frac{(\Delta_1\Delta_2+\Delta_1\Delta_3+\cdots+\Delta_{n-1}\Delta_n)}{n^2}=0$$

当 n 为有限值时，上式的值为一微小量，除以 n 后，更可以忽略不计，因此

$$(X-x)^2=\frac{[\Delta\Delta]}{n^2}$$

$$[\Delta\Delta]=[\nu\nu]+\frac{[\Delta\Delta]}{n}$$

$$\frac{[\Delta\Delta]}{n}=\frac{[\nu\nu]}{n-1}$$

根据上式，就可以将公式(7-6)演化为公式(7-22)。公式(7-22)是对某一未知量多次观测而评定其精度的公式。

【例 7-11】 对某一水平距离，在同样的观测条件下进行了 6 次观测，求该段距离的最或是值、观测值的中误差及最或是值中误差。

解： 为使计算清晰，计算的全部数据列于表 7-3 中。

表 7-3 按观测值的改正值计算中误差

次序	观测值 l/m	Δl/mm	ν/mm	$\nu\nu$	精度评定
1	120.030	+30	−22	484	$m=\pm\sqrt{\frac{[\nu\nu]}{n-1}}=\pm23\text{mm}$ $m_x=\frac{m}{\sqrt{n}}=\pm9\text{mm}$
2	120.015	+15	−7	49	
3	119.983	−17	+25	625	
4	120.024	+24	−16	256	
5	120.020	+20	−12	144	
6	119.976	−24	+32	1024	
	($x_0=120.000$m)	$[\Delta l]=48$mm	$[\nu]=0$	$[\nu\nu]=2582$	

计算步骤如下：

(1) 计算最或是值 x（或算术平均值），其计算公式为：$x=x_0+\frac{[\Delta l]}{n}$

由于各观测值之间差异不大，为了计算方便，可以选定一个与观测值接近的值作为最或是值的近似值，这里取 $x_0=120.000$m，然后将每个观测值减去 x_0，得：

$$\Delta l_i = l_i - x_0 \qquad (i=1,2,\cdots,n)$$

$$x=x_0+\frac{[\Delta l]}{n}=120.000+\frac{0.048}{6}=120.008(\text{m})$$

(2) 计算改正值 ν

计算改正值的公式为：$\nu_i=x-l_i(i=1,2,\cdots,n)$，其计算结果见表 7-3。

检验：如果计算 x 和 ν 时没有错误，则有：$[\nu]=0$

(3) 计算 $\nu\nu$ 和 $[\nu\nu]$

在评定精度时，需要先求出：$[\nu\nu]=\nu_1^2+\nu_2^2+\cdots+\nu_n^2$

(4) 精度评定

观测值中误差：$m=\pm\sqrt{\frac{[\nu\nu]}{n-1}}=\pm\sqrt{\frac{2582}{6-1}}=\pm23(\text{mm})$

最或是值中误差：$m_x=\pm\sqrt{\frac{[\nu\nu]}{n(n-1)}}=\pm\frac{m}{\sqrt{n}}=\frac{\pm23}{\sqrt{6}}=\pm9(\text{mm})$

(5) 最后成果：$x=120.008\text{m}\pm9\text{mm}$

【例 7-12】 设以相同精度观测三角网中各三角形的内角，每个三角形的内角观测值为 α_i、β_i、γ_i，每个三角形的闭合差 $\omega_i=\alpha_i+\beta_i+\gamma_i-180°$ $(i=1,2,\cdots,n)$，请按三角形闭合差求出测角中误差。

解： 按真误差的定义可看出：闭合差就是三角形内角和（$\alpha+\beta+\gamma$）的真误差，按公式(7-6)可得三角形内角和的中误差为

$$m_{(\alpha+\beta+\gamma)}=\pm\sqrt{\frac{[\omega\omega]}{n}}$$

式中，$[\omega\omega]=\omega_1^2+\omega_2^2+\cdots+\omega_n^2$；$n$ 为三角形的个数。

由于三角形内角和是三个观测角之和，即

$$(\alpha+\beta+\gamma)=\alpha+\beta+\gamma$$

设测角中误差为 m，则有：$m^2_{(\alpha+\beta+\gamma)}=3m^2$　故 $m=\frac{m_{(\alpha+\beta+\gamma)}}{\sqrt{3}}$

将 $m_{(\alpha+\beta+\gamma)}=\pm\sqrt{\frac{[\omega\omega]}{n}}$代入上式得

$$m=\pm\sqrt{\frac{[\omega\omega]}{3n}}$$

这就是由三角形闭合差计算测角中误差的公式，也称为**（菲列罗公式）**。

第六节　不等精度观测值的平差计算

一、不等精度观测及观测值的权

对于某一个未知的量，如何从 n 次等精度观测中确定未知量的最或是值（取算术平均值）以及评定其精度的问题，前面已作了叙述。但是，在测量实践中，除了等精度观测以外，还有不等精度观测。例如，有一个待定水准点，需要从两个或多个已知点经过不同长度的水准路线测定其高程，则从不同路线测得的高程是不等精度的，不能简单地取其算术平均值，并据此评定其精度。这时，就需要引入“权”的概念来处理这类问题。

“权”的原来意义为秤锤，此处用做“权衡轻重”之意。对某一观测值或观测值的函数来说，其精度越高，中误差越小，相应的权就越大。测量误差理论中，以 P 表示权，并定义权与中误差的平方成反比：

$$P_i=\frac{C}{m_i^2} \tag{7-23}$$

式中，C 为任意正数。权等于 1 的中误差称为“单位权中误差”，一般用 m_0（或 σ_0）表示。因此，权的另一种表达式为

$$P_i=\frac{m_0^2}{m_i^2} \tag{7-24}$$

中误差的另一种表达式为

$$m_i=m_0\sqrt{\frac{1}{P_i}} \tag{7-25}$$

一般取一次观测或单位长度的测量误差作为单位权中误差 m_0。

【例 7-13】 已知 L_1 的中误差 $m_1=\pm3\text{mm}$，L_2 的中误差 $m_2=\pm4\text{mm}$，L_3 的中误差 $m_3=\pm5\text{mm}$，求各观测值的权。

解： 设单位权中误差 $m_0=m_1=\pm3\text{mm}$，则

$$P_1=\frac{m_0^2}{m_1^2}=\frac{(\pm3)^2}{(\pm3)^2}=1$$

$$P_2=\frac{m_0^2}{m_2^2}=\frac{(\pm3)^2}{(\pm4)^2}=\frac{9}{16}$$

$$P_3=\frac{m_0^2}{m_3^2}=\frac{(\pm3)^2}{(\pm5)^2}=\frac{9}{25}$$

也可以设单位权中误差 $m_0=\pm1\text{mm}$，则

$$P_1'=\frac{m_0^2}{m_1^2}=\frac{(\pm1)^2}{(\pm3)^2}=\frac{1}{9}$$

$$P_2'=\frac{m_0^2}{m_2^2}=\frac{(\pm1)^2}{(\pm4)^2}=\frac{1}{16}$$

$$P_3'=\frac{m_0^2}{m_3^2}=\frac{(\pm1)^2}{(\pm5)^2}=\frac{1}{25}$$

上述两组权由于所取的单位权中误差不同，其权值也不同，但是它们的比值关系不变，即 $P_1:P_2:P_3=P_1':P_2':P_3'=1:0.56:0.36$，同样反映了观测值之间的精度关系。

【例 7-14】 按同精度丈量三条边，得：$S_1=3\text{km}$，$S_2=4\text{km}$，$S_3=6\text{km}$，试确定这三条边的权。

解：因为是同精度丈量，所以每公里的丈量精度是相同的，设每公里丈量中误差是 m_{km}，由公式(7-14) 得三条边的丈量精度为

$$m_1=\sqrt{S_1}\,m_{\text{km}},\ m_2=\sqrt{S_2}\,m_{\text{km}},\ m_3=\sqrt{S_3}\,m_{\text{km}}$$

由定权公式(7-24) 得

$$P_i=\frac{m_0^2}{(\sqrt{S_i}m_{\text{km}})^2}=\frac{\left(\frac{m_0}{m_{\text{km}}}\right)^2}{S_i}$$

在选定 m_0 值时，通常令 $\left(\frac{m_0}{m_{\text{km}}}\right)^2=c$，即令 $m_0^2=cm_{\text{km}}^2$，则上式为

$$P_i=\frac{c}{S_i}\qquad(i=1,2\cdots,n)\tag{7-26}$$

在本例中，如设 $c=3$，则

$$P_1=\frac{c}{S_1}=1\qquad P_2=\frac{c}{S_2}=\frac{3}{4}\qquad P_3=\frac{c}{S_3}=\frac{1}{2}$$

即：**在同精度丈量时，边长的权与边长成反比。**

【例 7-15】 如图 7-3 所示是一个结点水准网。网中水准点 A、B、C、D 的高程为已知，由四条同一等级的水准路线来测定 E 点的高程。设四个观测值分别为 h_1、h_2、h_3、h_4，相应的水准路线长为 $S_1=6\text{km}$，$S_2=5\text{km}$，$S_3=5\text{km}$，$S_4=8\text{km}$，试确定这四条水准路线的权。

解：因为这四条水准路线是按同一等级测量的，所以它们每公里水准测量的中误差都是 m_{km}，按公式(7-16) 可得四个观测高差的中误差为

$$m_{hi}=\sqrt{S_i}m_{\text{km}}$$

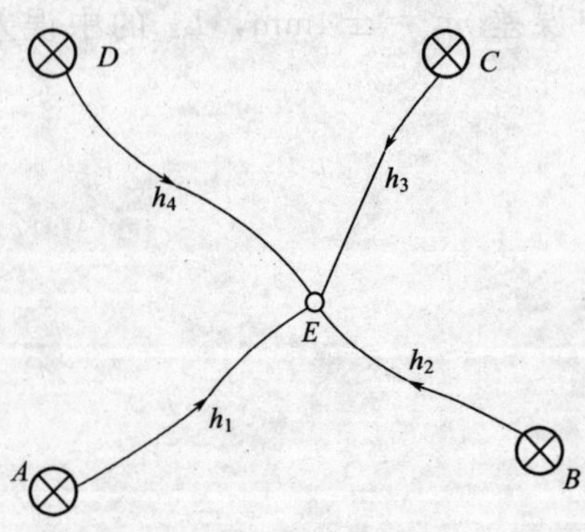

图 7-3 结点水准网

按定权公式(7-24) 得

$$P_i=\frac{m_0^2}{(\sqrt{S_i}m_{\text{km}})^2}=\frac{\left(\frac{m_0}{m_{\text{km}}}\right)^2}{S_i}$$

令 $\left(\frac{m_0}{m_{\text{km}}}\right)^2=c$，即令 $m_0^2=cm_{\text{km}}^2$，则上式为

$$P_i=\frac{c}{S_i}\qquad(i=1,2\cdots,n)\tag{7-27}$$

本例中，如设 $c=10$，即选择水准路线长为 10km 的观测高差为单位权中误差，则

$$P_1=\frac{c}{S_1}=1\frac{2}{3}\qquad P_2=\frac{c}{S_2}=2\qquad P_3=\frac{c}{S_3}=2\qquad P_4=\frac{c}{S_4}=1\frac{1}{4}$$

即：当每公里水准测量的精度相同时，水准路线观测高差的权与路线长度成反比。

在水准测量中，也可以按水准路线的测站数来定权，按公式(7-13) 可得，水准测量的高差中误差：

$$m_{hi}=\sqrt{n_i}m_{站}\tag{7-28}$$

按上述定权的方法，得各观测值的权为：$P_i=\frac{c}{n_i}$　　$(i=1,\ 2\cdots,\ n)$

即：当各测站的观测高差精度相同时，水准路线观测高差的权与测站数成反比。

【例 7-16】 设对某角作三组同精度观测，第一组测 10 测回，其算术平均值为 β_1；第二组测 6 测回，其算术平均值为 β_2；第三组测 8 测回，其算术平均值为 β_3，求 β_1、β_2、β_3 的权。

解：按求算术平均值中误差的公式得：$m_i^2=\frac{m^2}{n_i}$

式中，m 为一测回中误差；n 为测回数。

按定权公式(7-24) 得：
$$P_i=\frac{m_0^2}{m_i^2}=\frac{m_0^2}{\frac{m^2}{n_i}}=\frac{n_i}{\frac{m^2}{m_0^2}}$$

令$\frac{m^2}{m_0^2}=c'$，即 $m_0=\frac{m}{\sqrt{c'}}$，也就是说，以 c' 个观测值的算术平均值作为单位权观测值。则上式为

$$P_i=\frac{n_i}{c'}\qquad(i=1,2\cdots,n)\tag{7-29}$$

本例中：令 $c'=2$ 时，即两测回平均值作为单位权观测值，则有

$$P_1=\frac{n_i}{c'}=5\qquad P_2=\frac{n_i}{c'}=3\qquad P_3=\frac{n_i}{c'}=4$$

即：由不同个数的同精度观测值求得的平均值，其权与观测个数成正比。

二、加权平均值

对某一个未知的量，L_1，L_2，…，L_n 为一组不等精度的观测值，其中误差m_1，m_2，…，m_n，按式(7-23) 计算其权为 P_1，P_2，…，P_n。按下式计算其加权平均值，作为该量的最或是值：

$$x=\frac{P_1L_1+P_2L_2+\cdots+P_nL_n}{P_1+P_2+\cdots+P_n}=\frac{[PL]}{P}\tag{7-30}$$

由于同一个量的各个观测值都很相近，因此，计算加权平均值的实用公式为

$$L_i=L_0+\Delta L_i\tag{7-31}$$

$$x=L_0+\frac{[P\Delta L]}{[P]}\tag{7-32}$$

根据同一个量的 n 次不等精度观测值，计算其加权平均值，用下式计算观测值的改正值：

$$\left.\begin{aligned}\nu_1&=x-L_1\\\nu_2&=x-L_2\\&\cdots\\\nu_n&=x-L_n\end{aligned}\right\}\tag{7-33}$$

这些不等精度观测值的改正值也应符合最小二乘法原则。其数学表达式为

$$[P\nu\nu]=[P(x-L)^2]=\min \tag{7-34}$$

以 x 为自变量，对上式求一阶导数，并令其等于零：

$$\frac{\mathrm{d}[P\nu\nu]}{\mathrm{d}x}=2[P(x-L)]=0$$

即

$$[P]x-[PL]=0$$

$$x=\frac{[PL]}{P} \tag{7-35}$$

此式即式(7-30)。此外，不等精度观测值的改正值还满足下列条件：

$$[P\nu]=[P(x-L)]=[P]x-[PL]=0 \tag{7-36}$$

三、加权平均值的中误差

不等精度观测值的加权平均值的计算公式(7-30) 可以写成线性函数的形式：

$$x=\frac{P_1}{[P]}L_1+\frac{P_2}{[P]}L_2+\cdots+\frac{P_n}{[P]}L_n$$

根据线性函数的误差传播定律公式，得

$$m_x=\sqrt{\left(\frac{P_1}{[P]}\right)^2m_1^2+\left(\frac{P_2}{[P]}\right)^2m_2^2+\cdots+\left(\frac{P_n}{[P]}\right)^2m_n^2}$$

按式(7-24)，将 $m_i^2=\frac{m_0^2}{P_i}$（m_0 为单位权中误差）代入上式，得

$$m_x=m_0\sqrt{\frac{P_1}{[P]^2}+\frac{P_n}{[P]^2}+\cdots+\frac{P_n}{[P]^2}}$$

$$m_x=\frac{m_0}{\sqrt{[P]}} \tag{7-37}$$

按式(7-25) 得加权平均值的权即为观测值的权之和，即

$$P_x=[P] \tag{7-38}$$

四、单位权中误差的计算

根据一组对同一量的不等精度观测值，可以计算该组观测值的单位权中误差。由式(7-25) 得：

$$m_0^2=P_im_1^2 \tag{7-39}$$

对于同一个量有 n 个不等精度观测值，则

$$\begin{cases}m_0^2=P_1m_1^2\\ m_0^2=P_2m_2^2\\ \cdots\\ m_0^2=P_nm_n^2\end{cases}$$

取其总和，得

$$m_0^2=\frac{[Pm^2]}{n}=\frac{[Pmm]}{n}$$

在观测量真值已知的情况下，用真误差 Δ_i 代替中误差 m_i，得到真误差求单位权中误差的公式：

$$m_0=\sqrt{\frac{[P\Delta\Delta]}{n}} \tag{7-40}$$

在观测量的真值未知的情况下，用观测值的加权平均值 x 代替真值 X，用观测值的改

正值 ν_i 代替真误差 Δ_i，并仿照式(7-22) 的推导，得到按不等精度观测值的改正值计算单位权中误差的公式：

$$m_0=\sqrt{\frac{[P\nu\nu]}{n-1}} \tag{7-41}$$

【例 7-17】 对某水平角用同一精度进行了 3 组观测，各组分别观测了 2、4、6 测回，计算不等精度的角度观测值的加权平均值、单位权中误差及加权平均值的中误差。

解： 为计算方便，各计算数据填于表 7-4 中。计算步骤如下。

（1）计算最或是值 x 及检验

表 7-4　加权平均值及其中误差的计算

编号	测回数	L_i	$\Delta L_i/('')$	权 P_i	$P_i\Delta L_i$	$\nu_i/('')$	$P_i\nu_i$	$P\nu\nu$
1	2	$40°20'14''$	4	2	8	+4	+8	32
2	4	$40°20'17''$	7	4	28	+1	+4	4
3	6	$40°20'20''$	10	6	60	−2	−12	24
Σ		$x_0=40°20'10''$		12	96		0	60

令 $x_0=40°20'10''$，按 $\Delta L_i=L_i-x_0$，求得 ΔL_i 填入表中。

按公式(7-29) $P_i=\frac{n_i}{c'}$进行定权填入表中，这里取 $c'=1$，以一测回观测值的权为单位权。

计算 $P_i\Delta L_i$ 填入表中。

计算 $x=x_0+\frac{[P\Delta L]}{[P]}=40°20'10''+\frac{96''}{12}=40°20'18''$

计算改正值 $\nu_i=x-L_i$ 和 $P_i\nu_i$ 填入表中。

检验：当 $[P\nu]=0$ 时，说明前面计算正确，当 $[P\nu]\neq0$ 时，可能是很小的凑整误差，也可能是前面计算有错，需进一步检查确认。

（2）评定精度

在单位权中误差前先计算出 $[P\nu\nu]$ 填入表中，再按公式(7-41) $m_0=\sqrt{\frac{[P\nu\nu]}{n-1}}$计算单位权中误差。

$$m_0=\sqrt{\frac{60}{3-1}}=\pm5.5''$$

最后按公式(7-37) $m_x=\frac{m_0}{\sqrt{[P]}}$计算最或是值的中误差。

$$m_x=\frac{\pm5.5}{\sqrt{12}}=\pm1.6''$$

【例 7-18】 设在已知水准点 A、B 之间（见图 7-4），为了测量 C、D、E 点的高程，布设了一条符合水准路线，测得高差分别是 h_{AC}、h_{CD}、h_{DE}、h_{EB}，各段水准路线长分别为 S_{AC}、S_{CD}、S_{DE}、S_{EB}，试求出 C、D、E 点的最或是高程值。

解： 先求出 C 点高程。

从 A 点求 C 点的高程值得：$H_C^{(1)}=H_A+h_{AC}$

从 B 点求 C 点的高程值得：$H_C^{(2)}=H_B-h_{EB}-h_{DE}-h_{CD}$

由于路线的长度不同，它们的精度是不同的，它们的权分别是：

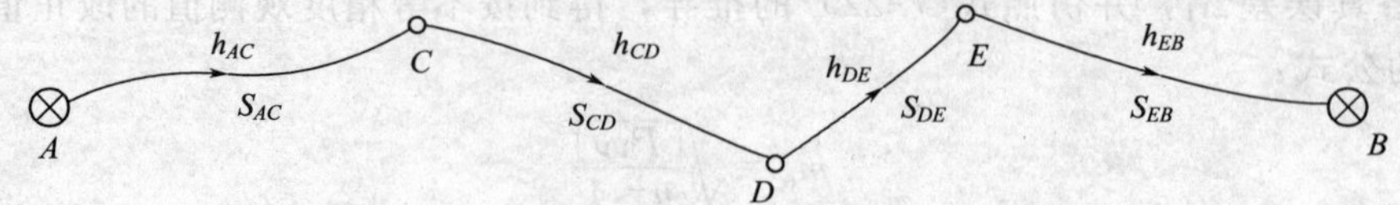

图 7-4 附合水准路线图

$$P_C^{(1)}=\frac{c}{S_{AC}}$$

$$P_C^{(2)}=\frac{c}{S_{EB}+S_{DE}+S_{CD}}$$

所以 C 点高程最或是值是

$$H_C=\frac{P_C^{(1)}H_C^{(1)}+P_C^{(2)}H_C^{(2)}}{P_C^{(1)}+P_C^{(2)}}$$

用同样的方法可求得 D、E 两点的最或是高程值。为了得出其规律性，再进一步向下运算。

该水准路线的闭合差为

$$f_h=H_A+h_{AC}+h_{CD}+h_{DE}+h_{EB}-H_B \quad 或 \quad f_h=H_C^{(1)}-H_C^{(2)}$$

将上式整理代换得：

$$H_C=\frac{P_C^{(1)}H_C^{(1)}+P_C^{(2)}(H_C^{(1)}-f_h)}{P_C^{(1)}+P_C^{(2)}}=H_C^{(1)}-\frac{P_C^{(2)}}{P_C^{(1)}+P_C^{(2)}}f_h$$

$$=H_C^{(1)}-\frac{\dfrac{c}{S_{EB}+S_{DE}+S_{CD}}}{\dfrac{c}{S_{AC}}+\dfrac{c}{S_{EB}+S_{DE}+S_{CD}}}f_h=H_C^{(1)}-\frac{S_{AC}}{S_{AB}}f_h$$

同理可得：$H_D=H_D^{(1)}-\frac{S_{AD}}{S_{AB}}f_h \qquad H_E=H_E^{(1)}-\frac{S_{AE}}{S_{AB}}f_h$

从上式可以看出，单一水准路线上任何点的最或是高程可以这样计算：从水准路线的某一端（例如 A 点），算出该点的观测高程（如 $H_C^{(1)}$），再加这条水准路线闭合差反号乘以该点离开起算点的距离与路线总长之比值。或者说，将单一水准路线的闭合差反号，按距离成比例地分配到各段观测高差上，得到改正后的高差，然后从水准路线某一已知点开始，按改正后的高差计算水准路线上各点的高程值。

第七节 平差应用举例

一、由同精度双观测值的差数求观测值中误差

在测量工作中，常常对一系列被观测量进行两次或往返观测，这种观测称为双观测。对同一未知量进行两次观测，称为一个观测对。

设对未知量 X_1、X_2、…、X_n 各进行两次观测，得观测值：L_1'、L_2'、…、L_n'和 L_1''、L_2''、…、L_n''。从理论上讲，对任何一个被观测量 X_i 来说，其两次观测值差值 $d_i=L'_i-L''_i$ $(i=1,2,\cdots,n)$ 的真值应该为“0”。各差值的真误差就是其本身，即：$\Delta_{di}=d_i$，由于所有的观测值都是同精度的，所以 d_i 也都是同精度的。根据公式(7-6) 得差数的中误差为

$$m_d=\pm\sqrt{\frac{[dd]}{n}}$$

式中 n 是观测对的个数，不是观测值的个数。

设观测值的中误差为 m，则有 $m_d=\sqrt{2}m$，代入上式得

$$m=\frac{m_d}{\sqrt{2}}=\pm\sqrt{\frac{[dd]}{2n}} \tag{7-42}$$

在计算时，总是取两次同精度观测值的平均值作为相应量的最或是值。即

$$L_i=\frac{L_i'+L_i''}{2}$$

根据误差传播定律，最或是值的中误差为

$$m_{Li}=\frac{m}{\sqrt{2}}=\pm\frac{1}{2}\sqrt{\frac{[dd]}{n}} \tag{7-43}$$

【例 7-19】 对八条边作等精度双次观测，观测结果见表 7-5，取每条边两次观测的算术平均值作为该边的最或是值，求观测值中误差和每边的最或是值中误差。

表 7-5 观测对的计算方法

编号	L'/m	L''/m	d/mm	dd
1	101.437	101.440	−3	9
2	100.258	100.264	−6	36
3	102.369	102.361	+8	64
4	99.147	99.139	+8	64
5	98.247	98.254	−7	49
6	103.254	103.265	−11	121
7	99.990	100.003	−13	169
8	102.267	102.274	−7	49
Σ				561

解： 因为八条边的长度相差较小，又是在相同观测条件下丈量的，所以这些观测值都可认为是等精度的。

按公式(7-42) 可求得观测值的中误差：

$$m=\frac{m_d}{\sqrt{2}}=\pm\sqrt{\frac{[dd]}{2n}}=\pm\sqrt{\frac{561}{2\times8}}=\pm5.9(\text{mm})$$

按公式(7-43) 可求得各边最或是值的中误差：

$$m_L=\frac{m}{\sqrt{2}}=\pm\frac{1}{2}\sqrt{\frac{[dd]}{n}}=\pm\frac{1}{2}\sqrt{\frac{561}{8}}=\pm4.2(\text{mm})$$

二、由不同精度双观测值的差数求中误差

在测量工作中，经常会遇到不同精度的双观测问题，如对长度不同边作双次观测，对长度不同的水准路线作往返水准测量等。这时，对一个观测对来说，其两次观测或往返观测的精度是相同的，对不同的观测对，它们的精度是不同的。

设对未知量 X_1、X_2、…、X_n 各进行双次观测，得观测值 L_1'、L_2'、…、L_n'和 L_1''、L_2''、…、L_n''。观测值 L_1'、L_1''的权为 P_1；L_2'、L_2''的权为 P_2；…；L_n'、L_n''的权为 P_n。而每观测对的差值：

$$d_i=L_i'-L_i'' \quad (i=1,2,\cdots,n)$$

d_i 真值从理论上讲应该为“0”。各差值的真误差就是其本身，即

$$\Delta d_i = d_i - 0 = d_i \quad (i=1,2,\cdots,n)$$

按公式(7-41) 可知，要先求出不同精度观测时的单位权中误差 m_0，需要知道真误差及相应的权，真误差 Δd_i 已求出，根据 $d_i = L_i' - L_i''$，按权倒数传播定律可得：

$$\frac{1}{P_{di}} = \frac{1}{P_i} + \frac{1}{P_i} = \frac{2}{P_i} \quad P_{di} = \frac{P_i}{2}$$

将以上两式代入公式(7-40) 得单位权中误差：

$$m_0 = \pm\sqrt{\frac{[P_d dd]}{n}} = \pm\sqrt{\frac{[Pdd]}{2n}} \tag{7-44}$$

式中，P_i 是 L_i' 或 L_i'' 的权；d_i 是第 i 对观测值之差；n 为观测对的个数。

观测值 L_i' 或 L_i'' 的中误差为

$$m_i = m_0\sqrt{\frac{1}{P_i}} = \pm\sqrt{\frac{[Pdd]}{2nP_i}} \tag{7-45}$$

每个观测对平均值 $L_i = \frac{L_i' + L_i''}{2}$ 的中误差为

$$m_{Li} = \frac{m_i}{\sqrt{2}} = \pm\frac{1}{2}\sqrt{\frac{[Pdd]}{nP_i}} \tag{7-46}$$

【例 7-20】 设有 8 段高差，各往返观测一次，观测结果和水准路线长度见表 7-6。试求：(1) 每公里高差的中误差；(2) 第二段观测高差的中误差；(3) 第二段最或是高差的中误差；(4) 全长一次（往测或返测）观测高差的中误差；(5) 全长最或是高差的中误差。

表 7-6 水准测量的精度评定

测段号	L'/m	L''/m	d/mm	dd	路线长 S/km	$Pdd=\frac{dd}{S}$
1	+2.598	−2.606	−8	64	3.5	18.3
2	−1.577	+1.588	+11	121	4.0	30.3
3	−3.657	+3.645	−12	144	3.6	40.0
4	+4.325	−4.335	−10	100	3.2	31.3
5	+1.256	−1.250	+6	36	4.6	7.8
6	+2.541	−2.530	+11	121	3.4	35.6
7	−4.254	+4.268	+14	196	2.8	70.0
8	−2.987	+2.979	−8	64	5.2	12.3
Σ					30.3	245.6

解：(1) 设 $c=1$，即以一公里观测高差的中误差作为单位权中误差，则有：$P_i = \frac{1}{S_i}$

按公式(7-44) 得单位权中误差为

$$m_0 = \pm\sqrt{\frac{[Pdd]}{2n}} = \pm\sqrt{\frac{\left[\frac{dd}{S}\right]}{2n}} = \pm\sqrt{\frac{245.6}{2\times 8}} = \pm 3.9(\text{mm})$$

即：一公里观测高差的中误差为±3.9mm。

(2) 第二段观测高差的中误差按公式(7-45) 得

$$m_2 = m_0\sqrt{\frac{1}{P_2}} = m_0\sqrt{S_2} = \pm 3.9\sqrt{4} = \pm 7.8(\text{mm})$$

(3) 第二段最或是高差的中误差为

$$m_{L2}=\frac{m_2}{\sqrt{2}}=\frac{\pm 7.8}{\sqrt{2}}=\pm 5.5(\text{mm})$$

(4) 全长一次（往测或返测）观测高差的中误差：

$$m_{[L]}=m_0\sqrt{[S]}=\pm 3.9\sqrt{30.3}=\pm 21.5(\text{mm})$$

(5) 全长最或是高差的中误差：

$$m_{[\hat{L}]}=\frac{m_{[L]}}{\sqrt{2}}=\frac{\pm 21.5}{\sqrt{2}}=\pm 15.2(\text{mm})$$

三、等权代替法平差

1. 引例

设有一个结点水准网如图 7-5 所示，为了求得 E 点的高程，则先定各观测值的权 $P_i=\frac{c}{S_i}$，而后用加权平均值求 E 点的最或是高程值，即

$$H_E=\frac{P_1L_1+P_2L_2+P_3L_3}{P_1+P_2+P_3}$$

这里令：$P_{(1,2)}=P_1+P_2$　　$H_E^{(1,2)}=\frac{P_1L_1+P_2L_2}{P_1+P_2}$

则有：

$$H_E=\frac{P_{(1,2)}H_E^{(1,2)}+P_3L_3}{P_{(1,2)}+P_3}$$

这样，图 7-5 的原水准路线就可理解成如图 7-6 所示的单一水准路线。即用一条虚拟路线 $S_{(1,2)}$ 代替水准路线 S_1 和 S_2，由虚拟路线求得 E 点高程 $H_E^{(1,2)}$，虚拟路线的权为 $P_{(1,2)}$，虚拟路线的长度为 $S_{(1,2)}=\frac{c}{P_{(1,2)}}=\frac{c}{P_1+P_2}$，通过虚拟路线 $S_{(1,2)}$ 和 S_3 再求得 E 点的最或是高程值 H_E。

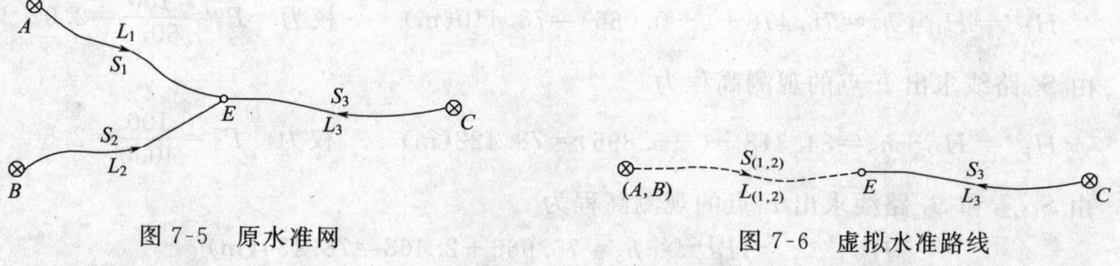

图 7-5　原水准网　　　　图 7-6　虚拟水准路线

这种平差方法称为等权代替法，两条或多条水准路线用一条虚拟的路线代替，虚拟路线的观测值就是那些路线的加权平均值，它的权等于那些路线的权之和，它的路线长度与其权成反比，即

$$P_{(1,2,\cdots,j)}=P_1+P_2+\cdots+P_j \qquad S_{(1,2,\cdots,j)}=\frac{c}{P_{(1,2,\cdots,j)}}$$

注意：这里 $S_{(1,2,\cdots,j)}\neq S_1+S_2+\cdots+S_j$，而必须由上式求出。

2. 实例

如图 7-7 所示为双结点水准网，已知水准点 A、B、C、D 的高程值分别为 $H_A=70.000\text{m}$，$H_B=68.594\text{m}$，$H_C=78.476\text{m}$，$H_D=84.318\text{m}$；各段观测高差分别为：$h_1=+5.974\text{m}$，$h_2=7.360\text{m}$，$h_3=+2.468\text{m}$，$h_4=-0.066\text{m}$，$h_5=-5.896\text{m}$；各段路线的长度分别为：$S_1=40.0\text{km}$，$S_2=66.7\text{km}$，$S_3=55.0\text{km}$，$S_4=50.0\text{km}$，$S_5=40.0\text{km}$。试求出 E、F 两点的最或然高程值并评定其精度。

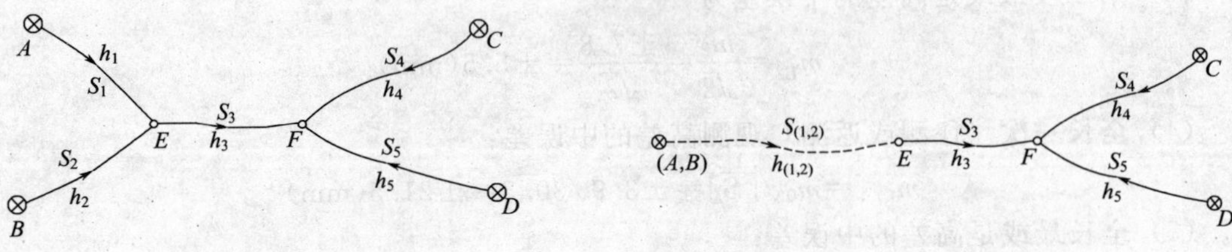

图 7-7 结点水准网　　图 7-8 虚拟水准路线

解：(1) 由 S_1 和 S_2 两条路线求 E 点的局部加权平均值，设 $c=100\text{km}$。

先由 S_1 路线求出 E 点的观测高程为

$$H_E^{(1)}=H_A+h_1=70.000+5.974=75.974(\text{m})\qquad 权为\quad P_1=\frac{100}{40.0}=2.5$$

再由 S_2 路线求出 E 点的观测高程为

$$H_E^{(2)}=H_B+h_2=68.594+7.360=75.954(\text{m})\qquad 权为\quad P_2=\frac{100}{66.7}=1.5$$

求 E 点的局部加权平均值得：

$$H_E^{(1,2)}=\frac{P_1H_E^1+P_2H_E^2}{P_1+P_2}=\frac{2.5\times75.974+1.5\times75.954}{2.5+1.5}=75.966(\text{m})$$

它的权为　$P_{(1,2)}=P_1+P_2=2.5+1.5=4.0$

它的距离为　$S_{(1,2)}=\dfrac{c}{P_{(1,2)}}=\dfrac{100}{4.0}=25.0(\text{km})$

通过上面的计算，将 S_1 和 S_2 两条水准路线合并为一条虚拟的水准路线 $S_{(1,2)}$，图 7-7 双结点水准路线变成了图 7-8 的单结点水准路线。

(2) 求单结点水准路线 F 点高程的最或是值

由 S_4 路线求出 F 点的观测高程为

$$H_F^{(4)}=H_C+h_4=78.476+(-0.066)=78.410(\text{m})\qquad 权为\quad P_4=\frac{100}{50.0}=2.0$$

由 S_5 路线求出 F 点的观测高程为

$$H_F^{(5)}=H_D+h_5=84.318+(-5.896)=78.422(\text{m})\qquad 权为\quad P_5=\frac{100}{40.0}=2.5$$

由 $S_{(1,2)}$ 和 S_3 路线求出 F 点的观测高程为

$$H_F^{(1,2+3)}=H_E^{(1,2)}+h_3=75.966+2.468=78.434(\text{m})$$

权为　$P_{(1,2+3)}=\dfrac{100}{25.0+55.0}=1.25$

利用加权平均值的公式求 F 点的最或是高程值为

$$H_F=\frac{[PL]}{[P]}=\frac{P_4H_F^{(4)}+P_5H_F^{(5)}+P_{(1,2+3)}H_F^{(1,2+3)}}{P_4+P_5+P_{(1,2+3)}}$$

$$=\frac{78.410\times2.0+78.422\times2.5+78.434\times1.25}{2.0+2.5+1.25}=78.420(\text{m})$$

(3) 求各观测高差的改正值和 E 点高程最或是值

通过以上计算，把 F 点作为固定点，把路线 $(A,B)\rightarrow F$ 看作单一水准路线，用 F 点的最或是高程值 H_F 减去由此路线所算得的高程值 $H_F^{(1,2+3)}$ 就是改正值 $\nu_{(1,2+3)}$，即

$$\nu_{(1,2+3)}=H_F-H_F^{(1,2+3)}=78.420-78.434=-0.014=-f_{h_{(1,2+3)}}$$

按照与距离成正比分配各段闭合差的计算方法，得各段线路的改正值为

$$\nu_{(1,2)}=\nu_{(1,2+3)}\frac{S_{(1,2)}}{S_{(1,2+3)}}=-0.014\times\frac{25.0}{80.0}=-0.004(\mathrm{m})$$

$$\nu_3=\nu_{(1,2+3)}\frac{S_3}{S_{(1,2+3)}}=-0.014\times\frac{55.0}{80.0}=-0.010(\mathrm{m})$$

由此可计算出 E 点高程最或是值为

$$H_E=H_E^{(1,2)}+\nu_{(1,2)}=75.966+(-0.004)=75.962(\mathrm{m})$$

(4) 评定精度

在评定 E 和 F 两点高程精度之前，需要先求出单位权中误差，在计算单位权中误差时又要先算出各段的改正值，即：改正值=最或是值－观测值

$$\nu_1=H_E-H_E^{(1)}=75.962-75.974=-0.012(\mathrm{m})$$
$$\nu_2=H_E-H_E^{(2)}=75.962-75.954=+0.008(\mathrm{m})$$
$$\nu_4=H_F-H_F^{(4)}=78.420-78.410=+0.010(\mathrm{m})$$
$$\nu_5=H_F-H_F^{(5)}=78.420-78.422=-0.002(\mathrm{m})$$

$$[P\nu\nu]=P_1\nu_1^2+P_2\nu_2^2+P_3\nu_3^2+P_4\nu_4^2+P_5\nu_5^2$$
$$=2.5\times(-12)^2+1.5\times8^2+\frac{100}{55.0}\times(-10)^2+2\times10^2+2.5\times(-2)^2$$
$$=848$$

计算单位权中误差时，采用公式 $m_0=\pm\sqrt{\frac{[P\nu\nu]}{n-t}}$

式中，n 为观测值的个数，t 为结点的个数，本例中 $n=5$，$t=2$。等权路线的改正值 $\nu_{(1,2)}$ 和 $\nu_{(1,2+3)}$ 不参加计算。

将数据代入上式得单位权中误差为

$$m_0=\pm\sqrt{\frac{[P\nu\nu]}{n-t}}=\pm\sqrt{\frac{848}{5-2}}=\pm16.8(\mathrm{mm})$$

中心结点 F 高程最或是值的权为

$$P_F=P_{(1,2+3)}+P_4+P_5=1.25+2.0+2.5=5.75$$

F 点高程最或是值的中误差为

$$m_{H_F}=\frac{m_0}{\sqrt{P_F}}=\frac{\pm16.8}{\sqrt{5.75}}=\pm7.0(\mathrm{mm})$$

要求 E 点高程最或是值的中误差，需要把 E 点当作中心结点，重新计算其权。则

$$P_{(4,5)}=P_4+P_5=2.0+2.5=4.5$$

$$S_{(4,5)}=\frac{c}{P_{(4,5)}}=\frac{100}{4.5}=22.2(\mathrm{km})$$

$$S_{(3+4,5)}=S_3+S_{(4,5)}=55.0+22.2=77.2(\mathrm{km})$$

$$P_{(3+4,5)}=\frac{c}{S_{(3+4,5)}}=\frac{100}{77.2}=1.3$$

中心结点 E 高程最或是值的权为

$$P_E=P_1+P_2+P_{(3+4,5)}=2.5+1.5+1.3=5.3$$

E 点高程最或是值的中误差为

$$m_{H_E}=\frac{m_0}{\sqrt{P_E}}=\frac{\pm16.8}{\sqrt{5.3}}=\pm7.3(\mathrm{mm})$$

使用等权代替法进行水准测量计算的步骤如下。

(1) 根据水准路线图选择中心结点，并考虑如何合并水准路线；

(2) 从离中心结点最远的结点开始，将两长或多条路线合并为一条路线，并求出其中几条路线的加权平均值，虚拟路线的权和路线长度；

(3) 将虚拟路线与其他路线连接，求出新路线的距离长度与权；

(4) 当合并完路线，余下最后一个结点时，就按加权平均值的方法计算其最或是高程；

(5) 计算各路线的改正值，非中心结点的最或是值，可通过观测值加相应的改正值求得；

(6) 评定精度，通过各段的改正数和相应的权先求得单位权中误差，再根据单位权中误差和相应高程点总权值求出其观测中误差。

习题与思考题

1. 影响测量误差的因素有哪些？

2. 测量误差按其性质可分为哪两类？各有何特性？

3. 评定测量精度的指标有哪些？分别是如何计算的？

4. 在1∶1000比例尺地形图上，量得某堤坝的坝轴线长为125.6mm，其中误差m为±0.1mm。求该堤坝轴线的实际长度及其中误差m_D。

5. 设用钢尺量得三段距离分别为：$S_1=124.358\text{m}\pm 6\text{mm}$，$S_2=187.564\text{m}\pm 7\text{mm}$，$S_3=91.204\text{m}\pm 4\text{mm}$，求全长$S$及其中误差$m_S$。

6. 设有某函数：$\Delta y=S\cdot\cos\alpha$，式中观测值$S=94.511\text{m}\pm 10\text{mm}$，$\alpha=84°25'20''\pm 16''$，求$\Delta y$的中误差$m_{\Delta y}$。

7. 设使用J6经纬仪对某水平角进行测回法观测，已知其一测回方向值中误差为±6″，求其半测回方向值中误差、半测回角度值和一测回角度值中误差分别是多少？

8. 在长为25km的水准路线上，进行往返观测，已知往返测高差中数的每公里中误差为：$m_{\text{km}}=\pm 10\text{mm}$，试求该段往返高差较差的中误差是多少？

9. 对某段距离，同精度进行了6次观测，观测值分别为：541.367、541.375、541.370、541.380、541.366、541.377，求该段距离的最或是值、观测值的中误差及最或是值中误差。

10. 如图7-9所示是一个结点水准网。网中水准点A、B、C、D的高程分别为：$H_A=126.452$，$H_B=128.357$，$H_C=129.874$，$H_D=125.966$。由四条同一等级的水准路线来测定E点的高程。四个观测值分别为$h_1=2.256$、$h_2=0.348$、$h_3=-1.150$、$h_4=2.755$，相应的水准路线长为$S_1=5.6\text{km}$，$S_2=4.5\text{km}$，$S_3=6.5\text{km}$，$S_4=8.2\text{km}$，试求E点高程最或是值、单位权中误差和E点高程最或是值的中误差。

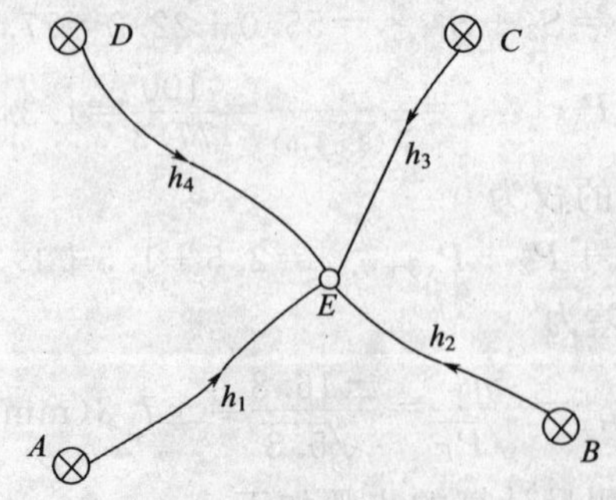

图7-9

第四篇 数字地形图的测绘及应用

【导读】 本篇主要学习数字地形图测绘原理与测绘方法，了解数字地形图应用。通过本篇内容的学习，要求学生了解地形图的投影方法，地形图的分幅与编号方法及地形图所包括的各种图幅元素；掌握地形图的图根控制测量方法，尤其是导线测量的外业观测方法与内业计算方法，了解各种交会测量的基本原理；掌握利用全站仪和 RTK GPS 接收机进行野外数据采集的工作程序，掌握利用 CASS 成图软件进行内业绘图的工作流程与技巧；了解数字地形图在地籍管理与工程测量方面的应用方法。

第八章 高斯投影和地形图的分幅与编号

【知识目标】

- 了解高斯投影的概念
- 掌握地形图的分幅方法与编号方法
- 了解地形图所包括的图幅元素

第一节 高斯投影概述

地形图的测绘工作就是将地球表面上的地物和地貌按一定的规则测绘到图纸上，从而形成各种比例尺的地形图。地形图图纸是平面的，地球表面是近似的椭球面或球面，当测区范围较大时，由于球面与平面存在较大的差异，用水平面代替球面会产生各种投影变形。如果以椭球面或球面作为投影面，在其上进行测量工作和计算工作都是相当复杂的，如何将椭球（或圆球）上的图形或点的位置投影到平面上，就是下面要研究的问题。

根据日常的生活经验可知，像圆柱、圆锥这样的曲面，将其沿某条素线剪开，可以平铺到平面上，其柱面或锥面上的图形保持角度和长度不变投影到平面上；像椭球、圆球这样的曲面，将其剪开无法平铺于平面上，其表面上的图形也无法保持原样地画在平面上，在投影后可能存在角度、距离、面积三种变形。我国采用保证角度不变、距离和面积可变的投影方法，因为角度不变就意味着在小范围内的图形是相似的，地形图上的任何图形都与实地图形保持相似，这样，在地形图的测绘和应用上都是很方便的。这种使角度保持不变的投影方法称为正形投影。正形投影具有角度不变性和伸长的固定性，前者是指球面上无穷小的图形，在投影面上与其保持相似；后者是指在同一点上不同方向的微分线段，投影后各方向的长度比为一常数，与直线的方向无关。正形投影的方法有很多，高斯投影就是其中的一种。

为了方便说明高斯投影概念，如图 8-1(a) 所示，设想将一个圆柱套在旋转椭球外面，并与旋转椭球面上某一条子午线 NOS 相切，同时使圆柱的轴位于赤道面内，且通过椭球中心，相切的子午线称为高斯投影面上的中央子午线。将旋转椭球面上的 M 点，投影到圆柱面上得 m 点，将圆柱面沿其母线剪开，展成平面［图 8-1(b)］，这个平面为高斯投影平面。

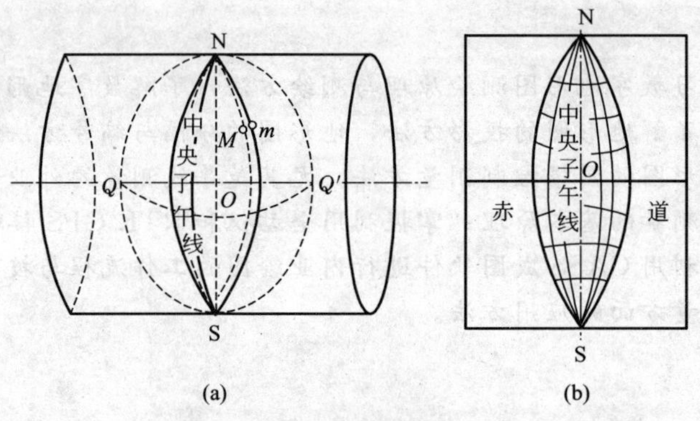

图 8-1 高斯投影

在高斯投影平面上，中央子午线投影的长度不变，其余子午线长度大于投影前的长度，离中央子午线愈远长度变形愈大。为了使长度变形不大于测量的精度范围，高斯投影的方法从首子午线起每隔经差 6°为一带，自西向东将整个地球分成 60 个带，各带的带号 n 为 1、2、…、60，如图 8-2 所示。第一个 6°带中央子午线的经度为 3°，任意一带中央子午线经度 L_0 可按下式计算

$$L_0 = 6°n - 3° \tag{8-1}$$

式中，n 为投影带号。

在大比例尺测图中，要求投影变形更小，则可用 3°带（图 8-2），或 1.5°带投影。

3°带中央子午线在奇数带时与 6°带中央子午线重合，各 3°带中央子午线经度为

$$L_0' = 3°k \tag{8-2}$$

图 8-2 高斯投影的分带

式中，k 为 3°带的带号。

【例 8-1】 某一地面点的经度为东经 123°45′40″，试问该点在高斯投影 6°带和 3°带分别位于第几号带？其中央子午线经度各是多少？

解： 该点在 6°带的带号为

$$\frac{123°45'40''}{6°}\uparrow=21(\text{进为整数})$$

其中央子午线的经度为

$$L_0=6°n-3°=6°\times21-3°=123°$$

该点在 3°带的带号为

$$\frac{123°45'40''-1°30'00''}{3°}\uparrow=41(\text{进为整数})$$

其中央子午线的经度为

$$L_0'=3°k=3°\times41=123°$$

在高斯平面直角坐标系中，以每一带的中央子午线的投影为直角坐标系的纵轴 x，向北为正，向南为负；以赤道的投影为直角坐标系的横轴 y，向东为正，向西为负；两轴交点 O 为坐标原点。由于我国领土位于北半球，因此 x 坐标值均为正值，y 坐标可能有正有负，如图 8-3（a）所示，A、B 两点的横坐标值为：$y_A=+148\ 680.54$m，$y_B=-134240.69$m。为了避免出现负值，将横坐标值加 500km，可理解为每一带的坐标原点向西移了 500km。

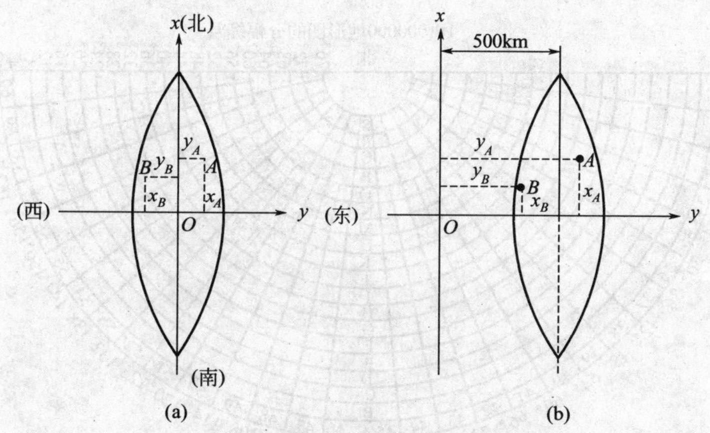

图 8-3 高斯平面直角坐标系

如图 8-3（b）所示，则 A、B 两点的横坐标值为：$y_A=500000+148680.54=648680.54$m，$y_B=500000-134240.69=365759.31$m。为了能根据横坐标值确定某一点位于哪一个 6°（或 3°）投影带内，再在横坐标前加注带号，例如 A 点位于第 21 带，则其横坐标值为 $y_A=21648680.54$m。

【例 8-2】 我国某地一地面点的高斯平面直角坐标值为 $x=3234567.78$m，$y=38342110.88$m。试问该坐标值属于几度投影带的坐标值？该点位于该投影带的第几带？该带中央子午线经度是多少？该点位于该带中央子午线的东侧还是西侧？该点距离中央子午线和赤道各为多少米？

解： 我国位于 6°带的 13 号带至 23 号带，3°带的 24 号带至 45 号带，如图 8-2 所示的中间部分。由 y 坐标值知该点处在第 38 带，故该坐标值属于 3°带。第 38 带的中央子午线经度为

$$L_0'=3°k=3°\times38=114°$$

将 y 坐标值前的带号去掉，再减去 500km，得

$$342110.88-500000=-157889.12(\text{m})$$

故知该点在第 38 带的中央子午线的西侧，距中央子午线 157889.12m。根据该点的 x 坐标值，该点在赤道以北距赤道 3234567.78m 处。

第二节 地形图的分幅与编号

为了便于测绘、拼接、使用和保管地形图，需要将各种比例尺的地形图进行统一的分幅和编号。地形图的分幅方法分为两类，一类是按经纬线分幅的梯形分幅法（又称为国际分幅），另一类是按坐标格网划分的矩形分幅法。

一、梯形分幅与编号

1. 1∶100 万比例尺地形图的分幅与编号

按国际规定，1∶100 万的世界地图实行统一的分幅和编号。即自赤道向北或向南分别按纬差 4°分成横行，直到纬度 88°止，各列依次用 A、B、…、V 表示，以 88°为界的圆，则用 Z 标明。自经度 180°起，自西向东按经差 6°分成纵列，各行依次用 1、2、3、…、60 表示。每一幅图的编号由其所在的“横行-纵列”的代号组成。

例如某地的经度为东经 116°30′24″，纬度为 38°32′45″，则所在 1∶100 万比例尺图的图号为 J-50（见图 8-4）。

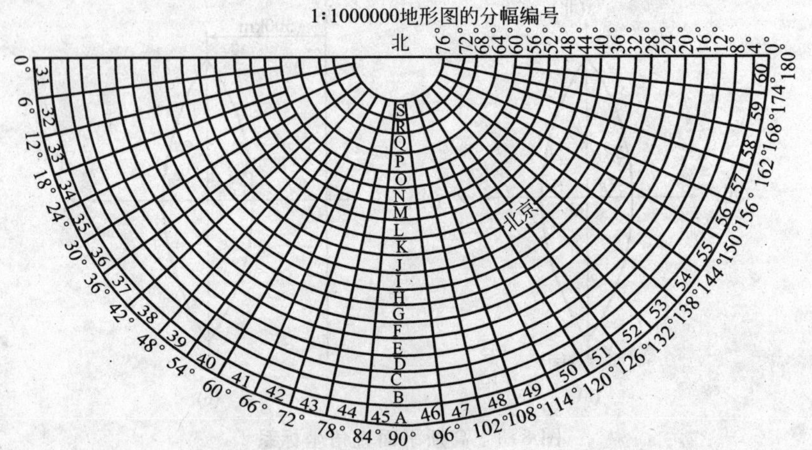

图 8-4 1∶100 万地形图的分幅与编号

2. 1∶50 万、1∶25 万比例尺地形图的分幅和编号

1∶50 万、1∶25 万地形图的分幅与编号，都是以 1∶100 万地形图的分幅和编号为基础的。

将一幅 1∶100 万地形图图幅按纬差 2°、经差 3°划分为 4 个 1∶50 万地形图图幅，并分别以字母 A、B、C、D 表示。如图 8-5 所示，画有斜线的 1∶50 万地形图图幅编号为J-50-D。

将一幅 1∶100 万地形图图幅按纬差 1°、经差 1°30′划分为 16 个 1∶25 万地形图图幅，并分别以带有方括号的阿拉伯数字［1］、［2］、［3］、…、［16］表示，加在 1∶100 万地形图编号后面，便组成 1∶25 万地形图的图幅编号。如图 8-6 所示，画有斜线的 1∶25 万地形图的图幅编号为 J-50-［15］。

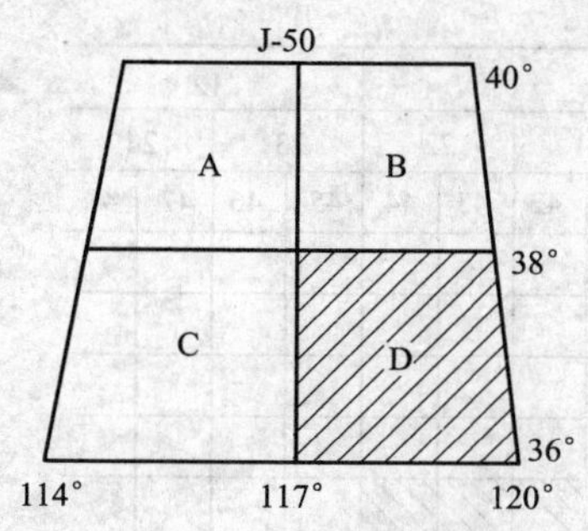

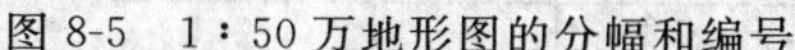

图 8-5　1∶50 万地形图的分幅和编号

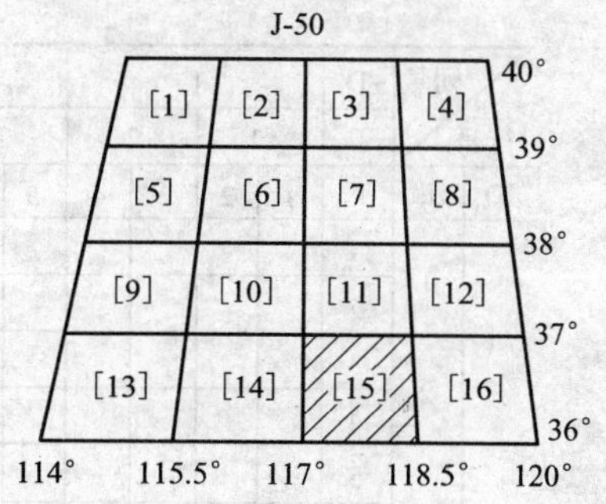

图 8-6　1∶25 万地形图的分幅和编号

3. 1∶10 万、1∶5 万、1∶2.5 万比例尺地形图的分幅和编号

1∶10 万、1∶5 万、1∶2.5 万比例尺地形图的分幅和编号都是以 1∶100 万比例尺地形图为基础按固定经差和纬差划分，根据划分的行和列，从上到下、从左到右按顺序分别用阿拉伯数字表示。

以 1∶100 万比例尺地形图幅为基础划分的具体规则见表 8-1。

表 8-1　1∶10 万、1∶5 万、1∶2.5 万地形图的分幅规则

比例尺	图幅大小		行列划分数量		比例尺代号
	纬度差	经度差	行数	列数	
1∶10 万	20′	30′	12	12	D
1∶5 万	10′	15′	24	24	E
1∶2.5 万	5′	7′30″	48	48	F

在 1∶100 万比例尺图幅的基础上划分 1∶10 万、1∶5 万、1∶2.5 万比例尺地形图的具体情况见图 8-7。1∶10 万、1∶5 万、1∶2.5 万地形图的图幅编号由 10 位字符码组成，即：

1∶100 万比例尺地形图编号　比例尺代号　行号　列号

第一位为 1∶100 万图幅行号字符；第二、三位为 1∶100 万图幅列号数字；第四位为比例尺代号；第五、六、七位为行号数字；第八、九、十位为列号数字。

在图 8-7 中，带单斜线的图幅为 1∶10 万的地形图，其图号为 J50D002011；带双斜线的图幅为 1∶5 万的地形图，其图号为 J50E023003；带阴影的图幅为 1∶2.5 万的地形图，其图号为 J50F046046。

4. 1∶1 万、1∶5000 地形图的分幅与编号

1∶1 万地形图的分幅是在 1∶10 万图幅的基础上进行的，而 1∶5000 地形图的分幅是在 1∶1 万图幅的基础上进行的。

1∶10 万地形图的编号又可以按下列方式进行：将一幅 1∶100 万地形图图幅按纬差 20′、经差 30′，划分成 144 个 1∶10 万的图幅。分别以数字 1、2、3、…、144 表示，并加在 1∶100 万图幅编号后面，便组成 1∶10 万地形图的图幅编号，如图 8-8 所示，带斜线的 1∶10 万图幅的编号为 J-50-5。

再将一幅 1∶10 万地形图图幅按纬差 2′30″，经差 3′45″划分成 64 个 1∶1 万的图幅，分别以（1）、（2）、…、（64）表示，并加在 1∶10 万图幅后面，便组成 1∶1 万地形图的图幅编号。如图 8-9 所示，带斜线的 1∶1 万幅图的编号为 J-50-117-(61)。

将一幅 1∶1 万地形图，划分成 4 幅 1∶5000 的图幅，分别以小写字母 a、b、c、d 表示，并加在 1∶1 万图幅之后，可得 1∶5000 地形图的图幅编号。如图 8-10 所示，画有斜线的 1∶5000 图幅的编号为 J-50-117-(61)-c。

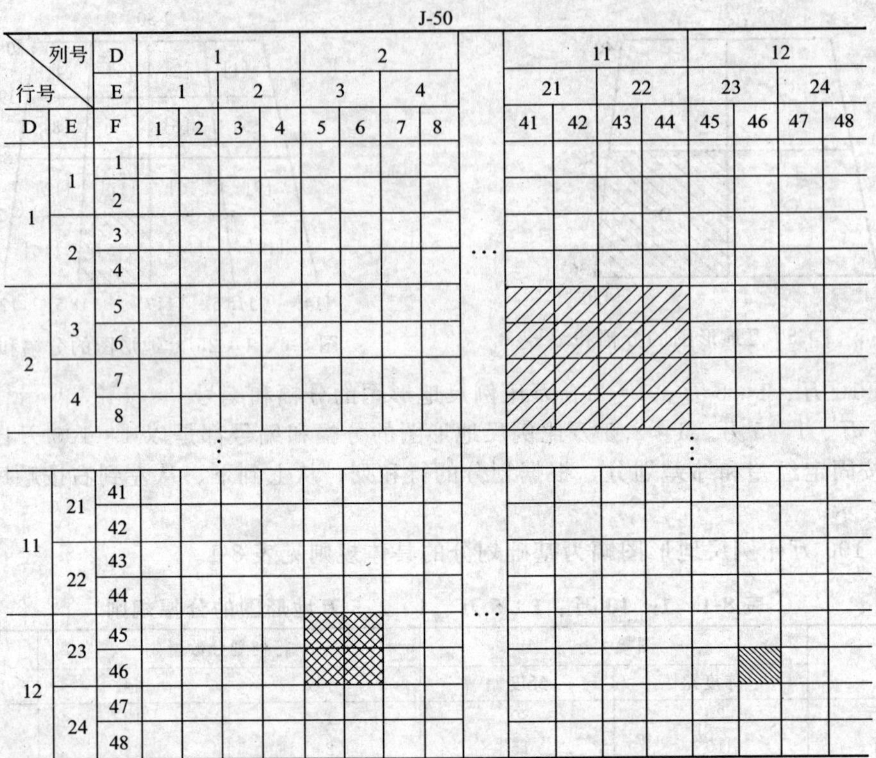

图 8-7 1∶10 万、1∶5 万、1∶2.5 万地形图的分幅与编号

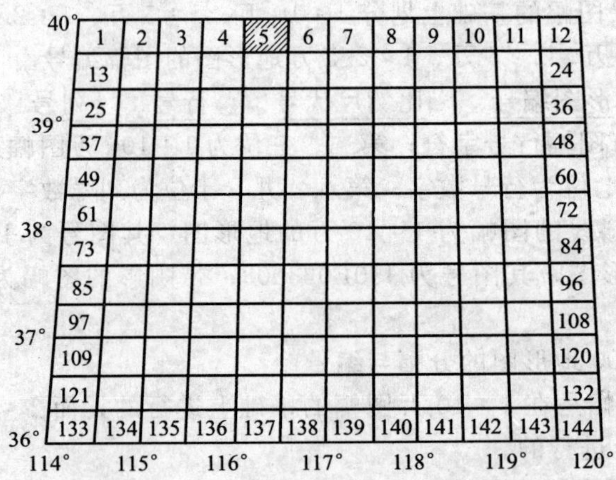

图 8-8 1∶10 万地形图的分幅与编号

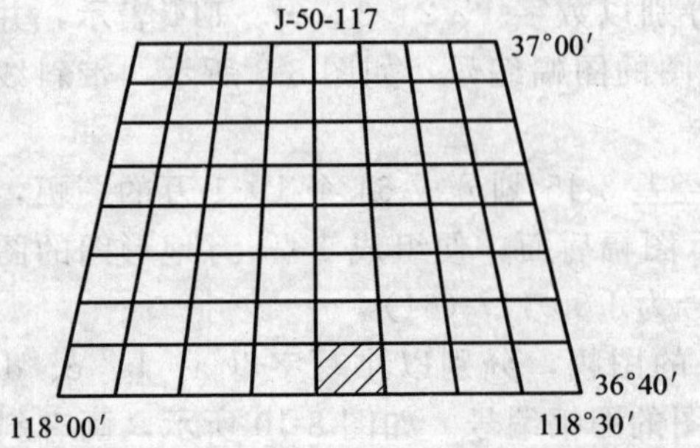

图 8-9 1∶1 万地形图的分幅与编号

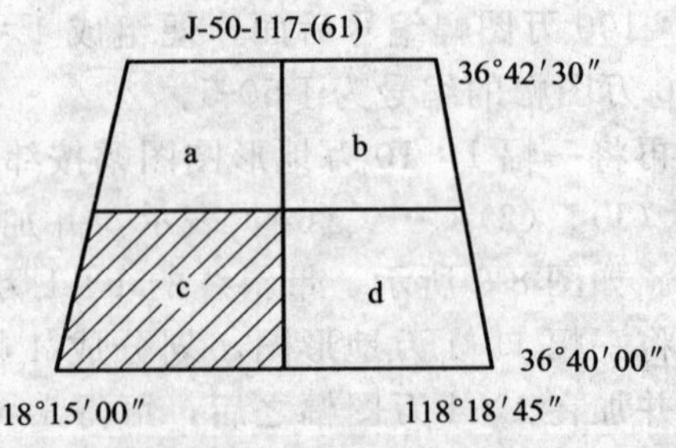

图 8-10 1∶5000 地形图的分幅与编号

为了方便学习和查用，上述各种比例尺地形图分幅与编号的规则可以归纳成表 8-2。

表 8-2　1∶100 万～1∶5000 地形图的分幅与编号规则简表

比例尺	图幅大小		划分数		代号	图幅编号
	纬度差	经度差	绝对	相对		
1∶100 万	4°	6°	1	1	横行：A、B、C、…、V 纵列：1、2、3、…、60	J-51
1∶50 万	2°	3°	4	4	A、B、C、D	J-51-D
1∶25 万	1°	1°30′	16	4	[1]、[2]、[3]、…、[16]	J-51-[10]
1∶10 万	20′	30′	144	9	1、2、3、…、144 D+行号+列号	J-51-8 J51D004006
1∶5 万	10′	15′	576	4	E+行号+列号	J51E010007
1∶2.5 万	5′	7′30″	2304	4	F+行号+列号	J51F022037
1∶1 万	2′30″	3′45″	9216	4	(1)、(2)、…、(64)	J-51-8-(61)
1∶5000	1′15″	1′52.5″	36864	4	a、b、c、d	J 51 8 (61) c

根据以上分幅编号的规律，可以由已知某点所在地坐标，来求出该点所在的某个比例尺的图幅编号，也可以由给定的图号求出该图幅图廓线的经、纬度。

【例 8-3】 已知地面某点的大地坐标为：东经 $L=124°34'19''$，北纬 $B=43°56'48''$，求该点所在的各种比例尺地形图的图幅编号。

解：(1) 求该点所在的 1∶100 万图幅编号

计算方法：

$$\frac{43°56'48''}{4°}\uparrow=11\rightarrow K$$

$$\frac{124°34'19''}{6°}\uparrow+30=51$$

所以，该点所在的 1∶100 万图幅编号为：K-51

(2) 求该点所在的 1∶50 万图幅编号

画出图 8-11，可以很容易地确定该点所在 1∶50 万图幅图号为：K-51-B

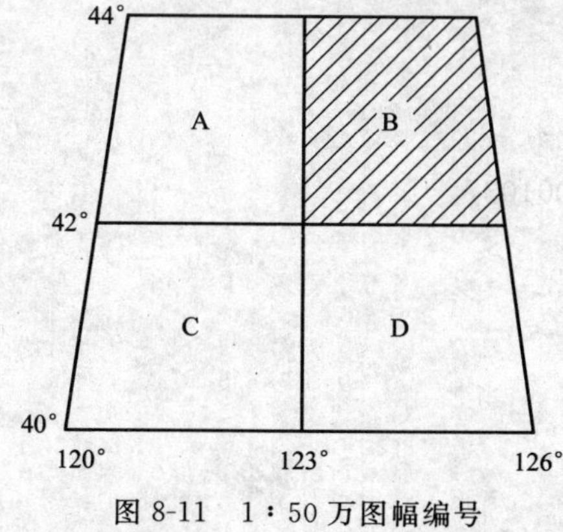

图 8-11　1∶50 万图幅编号

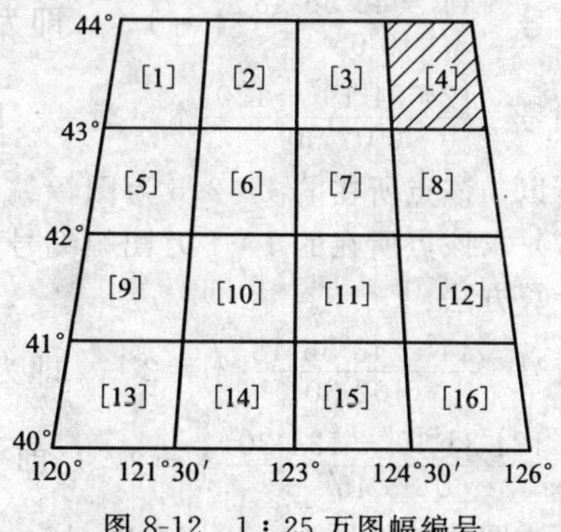

图 8-12　1∶25 万图幅编号

(3) 求该点所在的 1∶25 万图幅编号

画出图 8-12，可以确定该点所在 1∶25 万图幅图号为：K-51-[4]。

(4) 求该点所在的 1∶10 万图幅编号

计算方法：

行号 $\dfrac{44^\circ-43^\circ56'48''}{0^\circ20'}\uparrow=1$ 即为第 1 行

列号 $\dfrac{124^\circ34'19''-120^\circ}{0^\circ30'}\uparrow=10$ 即为第 10 列

从图 8-13 也可看出，该点所在的 1∶10 万图幅编号为：K-51-10 或 K51D001010。

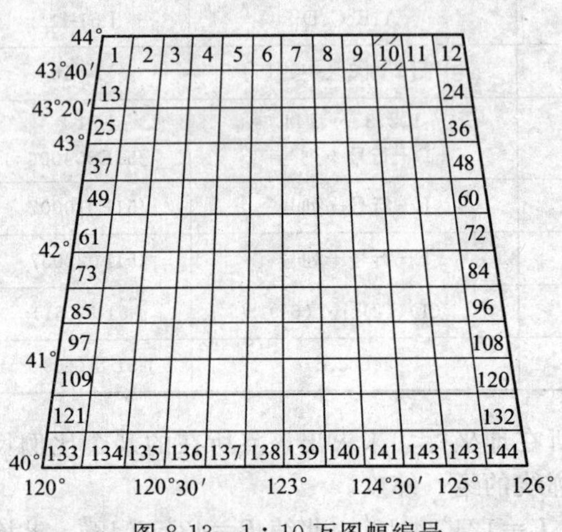

图 8-13 1∶10 万图幅编号

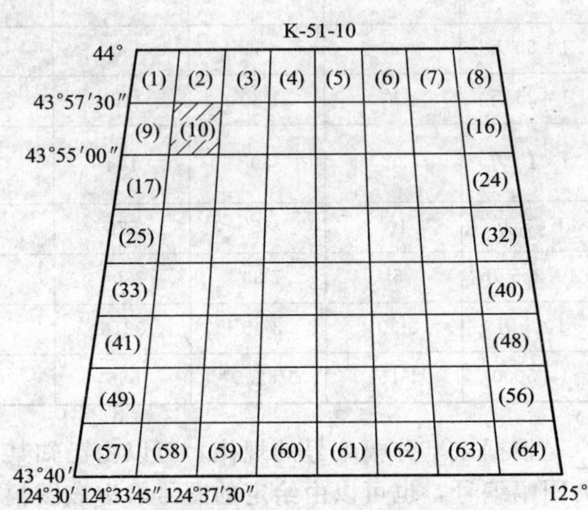

图 8-14 1∶1 万图幅编号

（5）求该点所在的 1∶5 万图幅编号

计算方法：

行号 $\dfrac{44^\circ-43^\circ56'48''}{0^\circ10'}\uparrow=1$ 即为第 1 行

列号 $\dfrac{124^\circ34'19''-120^\circ}{0^\circ15'}\uparrow=19$ 即为第 19 列

所以，该点所在的 1∶5 万图幅编号为：K51E001019。

（6）求该点所在的 1∶2.5 万图幅编号

计算方法：

行号 $\dfrac{44^\circ-43^\circ56'48''}{0^\circ05'}\uparrow=1$ 即为第 1 行

列号 $\dfrac{124^\circ34'19''-120^\circ}{0^\circ07'30''}\uparrow=37$ 即为第 37 列

所以，该点所在的 1∶2.5 万图幅编号为：K51F001037。

（7）求该点所在的 1∶1 万图幅编号

计算方法：

行号 $\dfrac{44^\circ-43^\circ56'48''}{0^\circ02'30''}\uparrow=2$ 即为第 2 行

列号 $\dfrac{124^\circ34'19''-124^\circ30'}{0^\circ03'45''}\uparrow=2$ 即为第 2 列

所在图幅的编号为：$1\times8+2=10$

用画图的方法，也可以得到该点所在的 1∶1 万图幅编号为 K-51-10-(10)，如图 8-14 所示。

（8）求该点所在的 1∶5000 图幅编号

同理可得：该点所在的 1∶5000 图幅编号为：K-51-10-(10)-a，如图 8-15 所示。

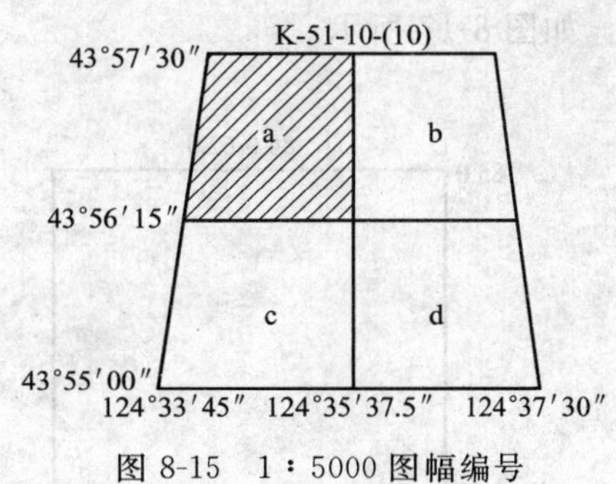

图 8-15　1∶5000 图幅编号

【例 8-4】 已知某图幅编号为：I-50-90-(15)，求该图幅的图廓线经纬度。

解： 由图号可知，该图幅的比例尺为 1∶1 万。

(1) 由图号 I-50 推求 1∶100 万图幅的图廓线的经纬度。

$$B=(9-1)\times4°\sim9\times4°=32°\sim36°$$

$$L=(20-1)\times6°\sim20\times6°=114°\sim120°$$

即纬度为北纬：32°～36°，经度为东经：114°～120°。

(2) 由图号 I-50-90 推算 1∶10 万图幅的经纬度。

行号：$(90\div12)\uparrow=8$

列号：$90-(8-1)\times12=6$

起始纬度：$36°-20'\times8=33°20'$

起始经度：$114°+30'\times(6-1)=116°30'$

所以，该 1∶10 万图幅位于 1∶100 万图幅的第 8 行第 6 列，则 1∶10 万图幅的纬度为：33°20′～33°40′，经度为：116°30′～117°。

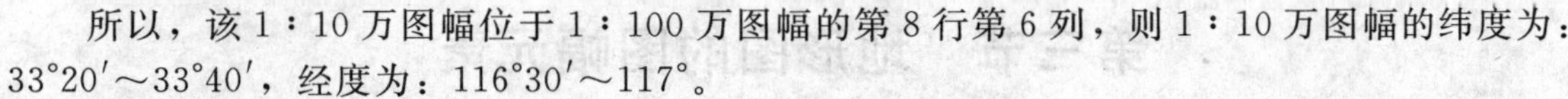

(3) 由图号 I-50-90-(15) 推算 1∶1 万图幅的经纬度。

行号：$(15\div8)\uparrow=2$

列号：$15-(2-1)\times8=7$

起始纬度：$33°40'-2'30''\times2=33°35'$

起始经度：$116°30'+3'45''\times(7-1)=116°52'30''$

所以，该 1∶1 万图幅位于 1∶10 万图幅的第 2 行第 7 列，则 1∶1 万图幅的纬度为：33°35′～33°37′30″，经度为：116°52′30″～116°56′15″

上述计算过程，应配合草图检核，以防出错。

二、矩形分幅与编号

对于大于 1∶5000 的大比例尺地形图，一般采用矩形分幅，矩形分幅有正方形分幅和长方形分幅两种。即以平面直角坐标的纵、横坐标线来划分图幅，使图廓呈长方形或正方形。矩形分幅的规格见表 8-3。

表 8-3　矩形与正方形分幅的图幅规格

比例尺	长方形分幅		正方形分幅			图廓坐标值/m
	图幅大小/cm×cm	实地面积/km²	图幅大小/cm×cm	实地面积/km²	分幅数	
1∶5000	50×40	5	40×40	4	1	1000 的整倍数
1∶2000	50×40	0.8	50×50	1	4	1000 的整倍数
1∶1000	50×40	0.2	50×50	0.25	16	500 的整倍数
1∶500	50×40	0.05	50×50	0.0625	64	50 的整倍数

矩形分幅的编号方法有坐标编号法、流水编号法和行列编号法。

坐标编号法是以该图廓西南角纵横坐标的千米数来表示该图图号。如图 8-16 所示为 1∶2000 比例尺地形图，其西南角坐标 $X=84$km，$Y=62$km，其同幅图号为 84.0-62.0。

测区不大、图幅不多时，可在整个测区内按从上到下、从左到右采用流水数字顺序编号，如图 8-17 所示。

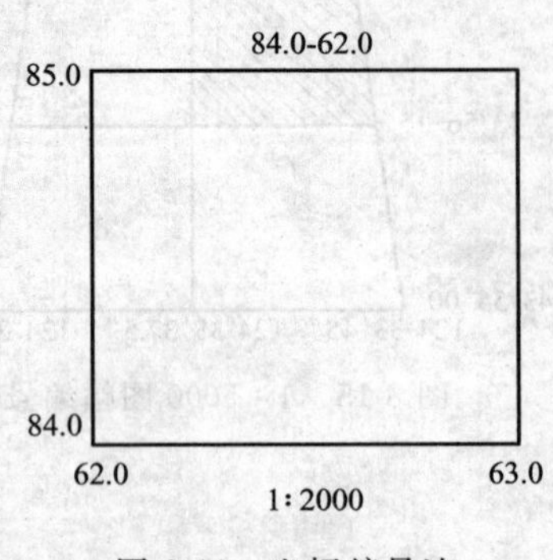

图 8-16 坐标编号法

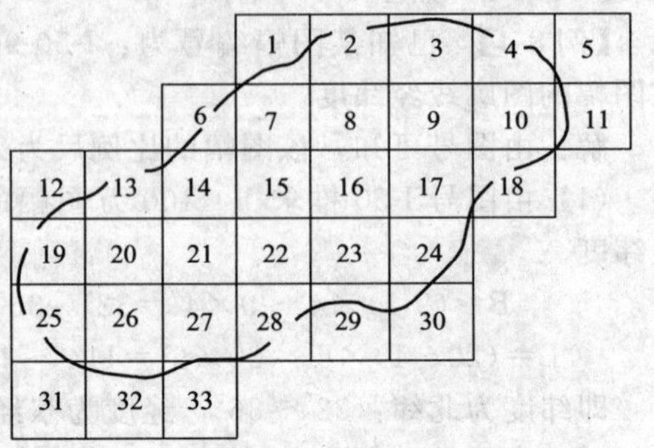

图 8-17 流水编号法

行列编号法是将测区所有的图幅，以字母为行号，以数字为列号，以图幅所在行的字母和所在列的数字作为该图幅的编号。例如，第 4 行第 3 列的图幅号为 D-3。

第三节 地形图的图幅元素

地形图的主要内容就是地面上地物、地貌的形状和形态在图纸上表示，为了便于测绘、阅读和利用地形图，地形图还有其他一些图幅元素，如图 8-18 所示。

1. 内外图廓及坐标格网线

图廓就是图幅四周的范围线，有内、外图廓之分。图幅的实际范围线为内图廓。距离内图廓 1.0cm 处，再画一条平行于内图廓的框线称为外图廓。矩形分幅内图廓由坐标线组成，内图廓里面有 5mm 的短线和 10mm×10mm 十字线组成坐标格网线，如图 8-19 所示；梯形分幅由经纬线组成。

2. 图名、图号

图幅的命名是以该图幅内最重要的地理名称（如村庄、学校、厂矿、山头等名称）作为本图幅的名称，此即图名，对于狭长的线形地物不能作为图名（如公路、铁路、河流等）。图名与图号均注写在北外图廓的中央上方，图号按上节所述内容进行编号。

3. 比例尺

地形图的比例尺是指图上直线的长度与地面上相应线段的实际长度之比。即：

$$\frac{l}{L}=\frac{1}{M}=1:M$$

比例的大小与分母 M 成反比。按表示方法不同，比例尺可分为：数字比例尺、图示比例尺。按分划不同，比例尺可分为：直线比例尺、斜线比例尺。

比例尺大小的选择根据实际用图的需要、测区的大小、地物地貌的分布情况、测量的费用而定。比例尺的精度是指相当于图上 0.1mm 的实地水平距离。

图幅的比例尺通常以数字比例尺形式注写在图幅正下方。

4. 图幅接合表

为了便于寻找相邻图幅，在图幅左上方绘制图幅接合表，并标明本图幅周围八个图幅的图名，如图 8-18 所示。

5. 密级程度

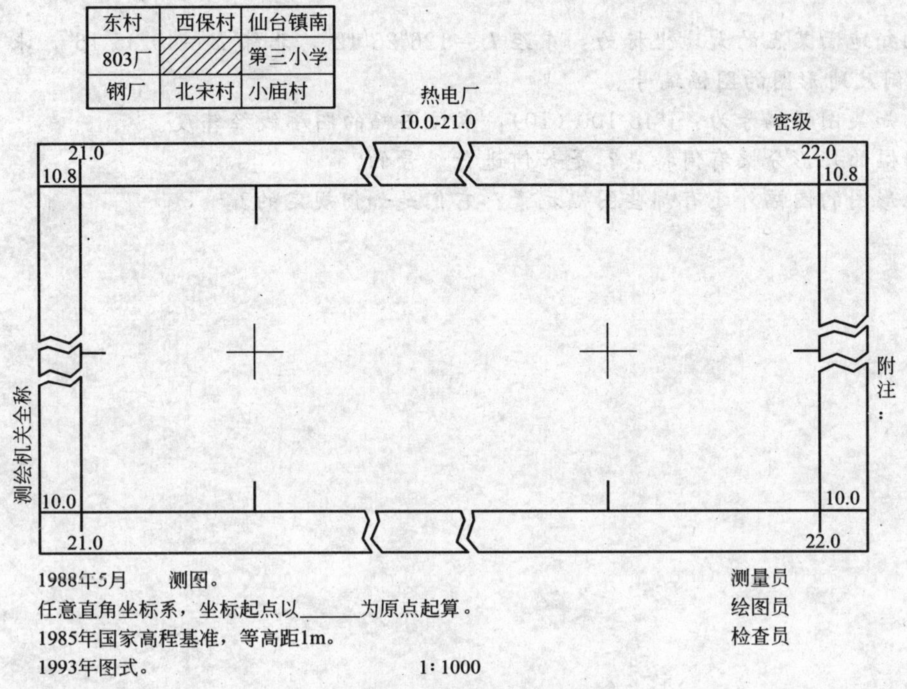

图 8-18　地形图的图幅元素

地形图作为重要的数据资料，对国民经济建设和国家安全都是十分重要的，按其重要性和保密的程度可分为：一般、秘密、机密和绝密不同级别，将其标注在图幅的右上方。

6. 坐标系统和高程系统

在图幅的左下角要标明该地形图测绘所采用的坐标系统和坐标起算原点、高程系统与等高距。

7. 地形图的图式与测图方法

在图幅的左下角还要标明该地形图测绘所采用哪一版的地形图图式，所采用的成图方法。

8. 测量员、绘图员和检查员

为了明确责任，便于检查问题，在图幅的右下角应有测量员、绘图员和检查员的签名。

9. 测绘单位

在图幅的左下方应标明测绘单位的全称。

习题与思考题

1. 高斯投影是如何处理投影变形的？这样处理有什么好处？

2. 某一地面点的经度为东经126°32′15″，试问该点在高斯投影6°带和3°带分别位于第几号带？其中央子午线经度各是多少？

3. 我国某地一地面点的高斯平面直角坐标值为 $X=3325416.12\text{m}$，$Y=32625534.63\text{m}$。试问该坐标值属于几度投影带的坐标值？该点位于该投影带的第几带？该带中央子午线经度是多少？该点位于该带中央子午线的东侧还是西侧？该点距离中央子午线和赤道各为多少米？

4. 已知地面某点的大地坐标为：东经 $L=126°25'12''$，北纬 $B=40°35'16''$，求该点所在的各种比例尺地形图的图幅编号。

5. 已知某图幅编号为：J-48-100-(10)，求该图幅的图廓线经纬度。

6. 图幅的矩形分幅有何特点？是如何进行编号的？

7. 地形图的图幅外还有哪些图幅元素？它们是如何规定的？

第九章　平面控制测量

【知识目标】

- 了解控制测量的含义与常用方法
- 重点掌握导线测量的外业工作与内业计算
- 了解各种交会测量外业工作方法与内业的计算
- 对 GPS 测量方法有初步的了解

【能力目标】

- 掌握不同等级导线测量的观测方法与规范要求
- 掌握单一导线的计算方法
- 了解其他测量的外业观测方法与内业计算方法

第一节　控制测量概述

在测量工作中，为了限制测量误差的积累，保证必要的测量精度，都要遵循“从整体到局部，由高级到低级，先控制后碎部”的原则。首先在全测区范围内选定若干个具有控制作用的点位，按一定的规律和要求组成网状几何图形，称之为控制网。对控制网进行布设、观测和计算，确定控制点的位置，这种测量工作称之为控制测量。控制测量分为平面控制测量和高程控制测量，平面控制测量确定控制点的平面位置（X、Y），高程控制测量确定控制点的高程（H）。

控制测量的任务可概括为：在测绘各种大比例尺地形图时，要进行必要精度的图根控制测量；在工程建设施工阶段，要进行一定精度的施工控制测量；在工程竣工后的营运阶段，为进行各种变形观测而作的专用控制测量。由此可见，控制测量是进行其他各项测量工作的基础，它具有传递点位坐标并高精度控制全局的作用，具有限制测量误差的传播和积累的作用。

在全国范围内统一建立的控制网，称为国家控制网。国家平面控制网分为一、二、三、四等，主要通过精密三角测量的方法，按先高级、后低级，逐级加密的原则建立的。它是全国各种比例尺测图的基本控制和各项工程基本建设的依据，并为研究地球的形状和大小、军事科学及地震预报等提供重要的研究资料。近些年来，随着科学技术的不断发展，GPS 全球定位系统已经得到了广泛的应用，目前，全国 GPS 大地网已经布设完成，按其精度分为 A、B、C、D、E 五级。这些先进的测量方法具有精度高、效率高、操作方便，并有很多的优越性，现在，正逐步普及应用于全国范围内测图和各项工程建设的工程测量工作当中，并获得较好的经济效益。

在小于 $10km^2$ 的范围内建立的控制网，称为小区域控制网。在这个范围内水准面可视为水平面，不需要将测量成果归算到高斯平面上，而是采用直角坐标系，直接在平面上计算坐标。在建立小区域平面控制网时，应尽量与国家控制网进行连测，将国家或城市高级控制点的坐标作为小区域控制网的起算和检核数据。如果测区内或测区周围无高级控制点，或者是不便于连测时，也可建立独立平面控制网。

平面控制网的常规布设方法主要采用三角网、导线网、GPS 网。三角网是把控制点按三角形的形式连接起来，测定三角形的所有内角及少量边，通过计算确定控制点间的相对平面位置。导线网是把控制点连成一系列折线，或构成相连接的多边形，测定各边的边长和相邻边的水平夹角，计算它们的相对平面位置。GPS 网则是将控制点构成一定的几何图形，利用 GPS 接收机来测定控制点的平面位置。

控制测量作业包括：技术设计、实地选点、标石埋设、观测和平差计算等主要步骤。在常规的高等级平面控制测量中，当某些方向受地形条件限制不能使相邻控制点直接通视时，就需要在控制点上建造觇标。采用 GPS 定位技术建立平面控制网，由于不要求相邻点之间通视，因此不需要建造觇标。

控制测量的技术设计是在收集测区的地形图、已有控制点成果资料以及测区地形条件等资料的基础上，进行控制网的图上设计。根据图上设计的控制网方案，到实地选点，确定控制点的最适宜位置。控制点点位一般应满足：点位稳定，等级控制点应能长期保存，便于扩展、加密和观测。经选点确定的控制点点位要进行标石埋设，将它们在地面上固定下来。为了便于寻找，还需画下“点之记”。控制点的测量成果都是以标石中心的标志为准的，因此标石的埋设很重要。标石的类型很多，按控制网种类、等级和埋设的地区地表条件的不同而有所差别。

控制网中控制点坐标是由起算数据和观测数据经平差计算得到的。控制网中只有必要的一套起始数据，例如三角网中已知一个点的坐标、一条边长和一边的坐标方位角，这种控制网称为独立网。如果控制网中已知数据多于必要的起算数据，则这种控制网称为非独立网。控制网中的观测数据按控制网的种类不同而不同，有水平角或水平方向、边长、高差以及三角高程测量的竖直角或天顶距，外业观测工作完成后，应对观测成果进行整理和检核，保证观测成果满足限差要求，然后进行平差计算。对于高等级控制网需要进行严密平差计算，而低级的控制网可以采用近似平差计算。

控制测量的作业规范有《国家三角测量和精密导线测量规范》、《国家一、二等水准测量规范》、《国家三、四等水准测量规范》、《城市测量规范》以及《工程测量规范》等。

第二节 导线测量外业工作和内业计算

一、导线测量的外业工作

将相邻控制点用直线连接而构成的折线，称为导线。构成导线的控制点，称为导线点。导线测量就是依次测定各导线边的边长和各转折角；根据起算数据，推算各边的坐标方位角，从而求出各导线点的坐标。

用经纬仪测定各转折角，用钢尺测定其边长的导线，称为经纬仪导线，用光电测距仪测定边长的导线，则称为光电测距导线。

导线测量是建立小地区平面控制网的主要方法，特别适用于地物分布比较复杂的城市建筑区，通视较困难的隐蔽地区、带状地区以及地下工程等控制点的测量。

表 9-1、表 9-2 为两种图根导线量距的技术要求。

表 9-1　钢尺量距图根导线测量的技术要求

比例尺	附合导线长度/m	平均边长/m	导线相对闭合差	测回数 DJ6	方位角闭合差
1∶500	500	75	$\leqslant\frac{1}{2000}$	1	$\leqslant\pm60''\sqrt{n}$
1∶1000	1000	120			
1∶2000	2000	200			

表 9-2　光电测距图根导线测量的技术要求

比例尺	附合导线长度/m	平均边长/m	导线相对闭合差	测回数 DJ6	方位角闭合差	测距	
						仪器类型	方法测回数
1∶500	900	80	$\leqslant\frac{1}{4000}$	1	$\leqslant\pm40''\sqrt{n}$	Ⅱ级	单程观测 1
1∶1000	1800	150					
1∶2000	3000	250					

1. 导线布设的形式

根据测区的地形及测区内控制点的分布情况，导线可以布设成下列几种形式。

(1) 闭合导线　如图 9-1 所示，从一个已知控制点 A 出发，经过 P_1、P_2、P_3、P_4、P_5，最后又回到该已知点上，形成一个闭合多边形，在闭合导线中必须要有一个已知点坐标和一条已知边的坐标方位角。闭合导线的优点是图形本身有着严密的几何条件，具有检核作用。

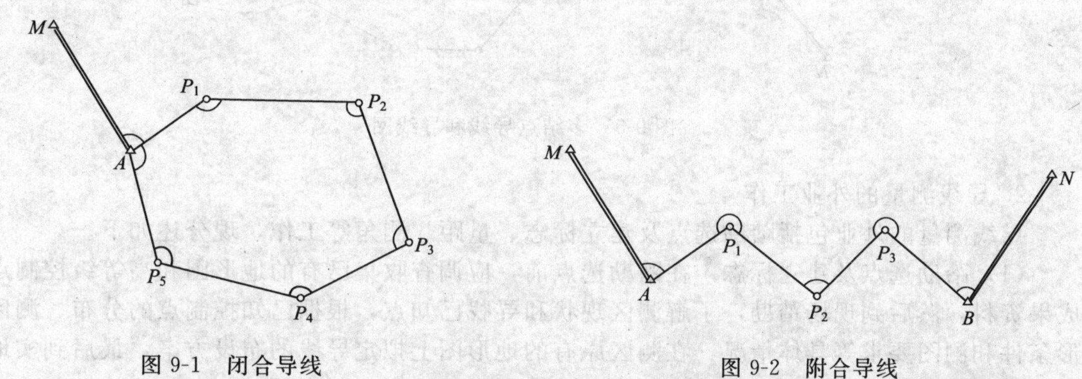

图 9-1　闭合导线　　图 9-2　附合导线

(2) 附合导线　如图 9-2 所示，导线起始于一个已知控制点 A，经过 P_1、P_2、P_3，而终止于另一个已知控制点 B。附合导线两端可以有一条或两条已知边坐标方位角，也可以没有已知边坐标方位角。因此，附合导线又可分为：双定向附合导线、单定向附合导线和无定向附合导线。附合导线的优点是具有检核观测成果的作用。

(3) 支导线　如图 9-3 所示，从一个已知控制点出发，既不附合到另外一个已知控制点上，也不回到原来的起始点。由于支导线没有检核条件，故一般只限于地形测量的图根导线中采用，同时，边数一般不超过 3 条。

(4) 单结点导线　如图 9-4 所示，从三个或多个已知控制点开始，几条导线汇合于一个结点，这种导线称之为单结点导线。

(5) 多结点导线网　如图 9-5 所示，导线网中有两个以上（含两个）结点或有两个以上的闭合环，这种导线称为多结点导线或导线网。

以上导线形式，前三种为单一形式导线，计算相对简单，可用计算器进行近似平差计算；结点导线和导线网进行严密平差计算是比较复杂的，需用计算机平差程序进行计算。

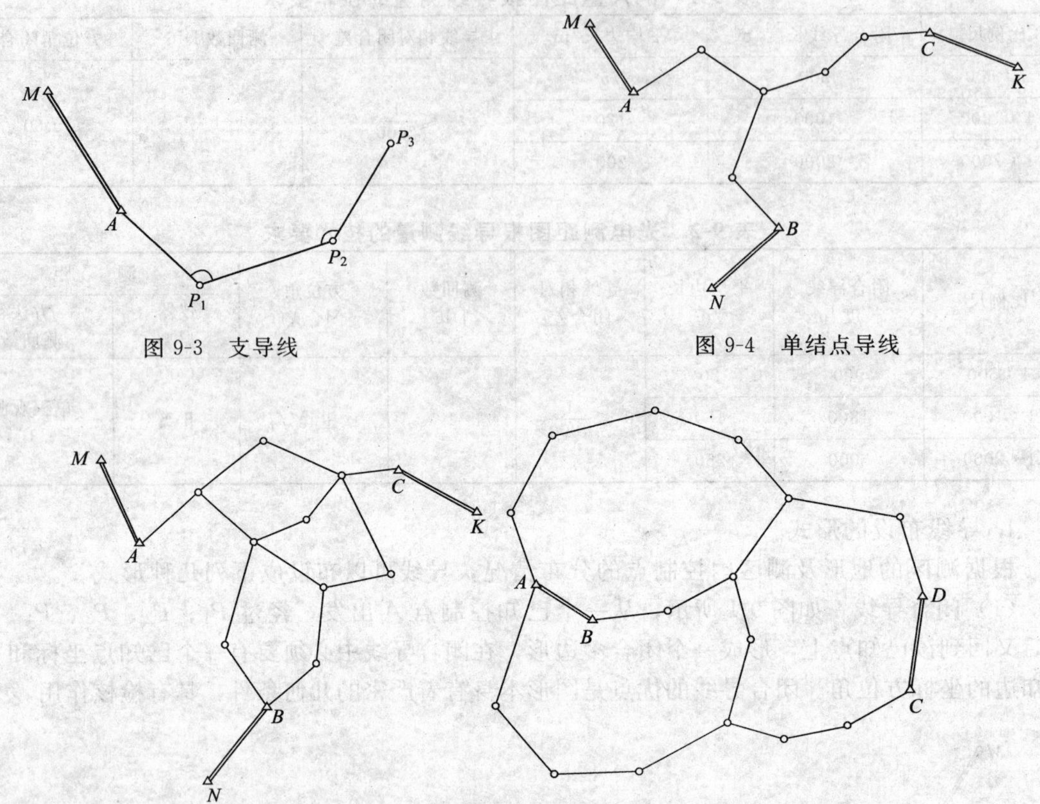

图 9-3 支导线

图 9-4 单结点导线

图 9-5 多结点导线和导线网

2. 导线测量的外业工作

导线测量的外业包括踏勘选点及建立标志、量距、测角等工作，现分述如下。

(1) 踏勘选点及建立标志 在踏勘选点前，应调查收集已有的地形图和高等级控制点的成果资料，然后到现场踏勘，了解测区现状和寻找已知点，根据已知控制点的分布、测区地形条件和测图要求等具体情况，在测区原有的地形图上拟定导线的布设方案，最后到实地去踏勘，核对、修改、落实点位和建立标志。选点时应注意下列事项：

① 相邻导线点间应通视良好，地面较平坦，便于测角和量距。

② 导线点应选在土质坚实、便于保存标志和安置仪器的地方。

③ 导线点应选在视野开阔处，以便施测周围地形。

④ 导线各边的长度应尽可能大致相等，其平均边长应符合表 9-1、表 9-2 的规定。

⑤ 导线点应有足够的密度，分布均匀合理，以便能够控制整个测区。

导线点的位置选定后，一般可用临时性标志将点固定，即在每个点位上钉下一个大木桩，桩顶钉一小铁钉，周围浇筑混凝土，如图 9-6 所示。如果导线点需要长期保存，应埋设混凝土桩或石桩，桩顶刻上“十”字，以“十”字的交点作为点位的标志，如图 9-7 所示。导线点建立完后，应该统一编号。为便于寻找，应量出导线点与附近固定而明显的地物点的距离，绘一草图，注明尺寸，称为“点之记”。如图 9-8 所示。

(2) 量边 导线边长可以用光电测距仪测定，也可以用检定过的钢尺按精密量距的方法进行丈量，对于图根导线应往返丈量。并加尺长、温度和倾斜改正，测量精度不得低于 1/3000。

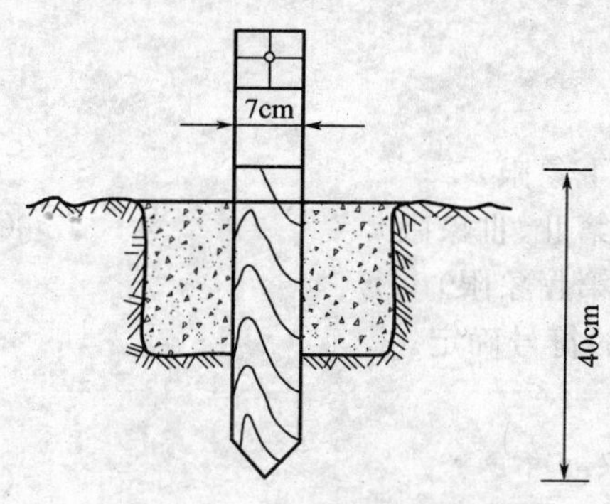

图 9-6 导线点临时标志

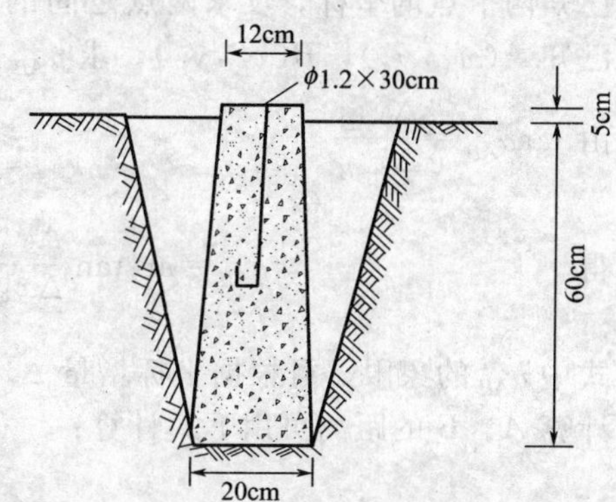

图 9-7 导线点混凝土桩

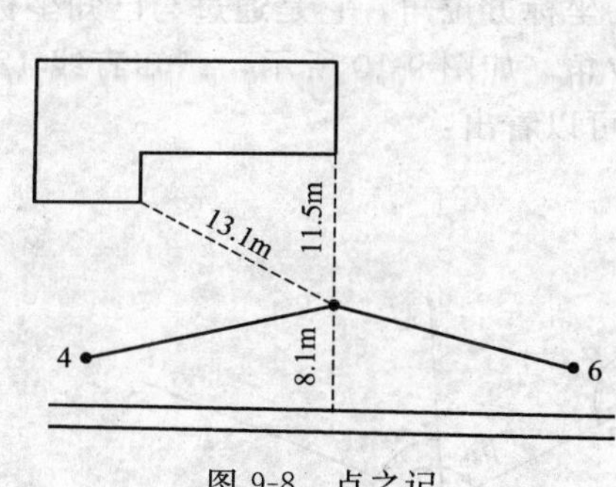

图 9-8 点之记

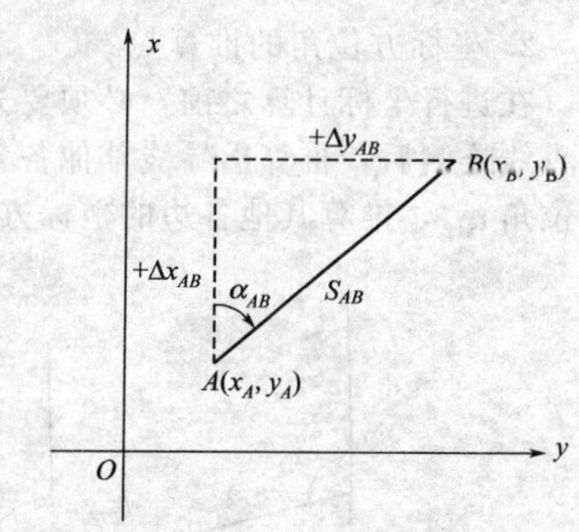

图 9-9 坐标正反算

(3) 导线转折角测量 导线的转折角有左角和右角之分，位于前进方向左侧的水平角，称为左角，反之则为右角。对于附合导线，通常观测左角；对于闭合导线，应观测内角。图根导线测量水平角一般用 DJ6 型经纬仪观测一测回，盘左、盘右测得角值互差要小于±40″，取其平均值作为最后结果。

为了使测区的导线点坐标与国家坐标系统相统一，布设的导线应与国家的高等级控制点进行连测。

二、导线测量的内业计算

导线测量内业目的就是根据已知的起始数据和外业的观测成果计算出导线点的坐标。进行内业工作以前，要仔细检查所有外业成果有无遗漏、记错、算错，成果是否都符合精度要求，保证原始资料的准确性。

1. 坐标的正、反算问题

已知一个点的坐标及该点至未知点的距离和坐标方位角，计算未知点坐标，称为坐标正算。如图 9-9 所示，已知 $A(x_A、y_A)$、S_{AB}、α_{AB}，求 $B(x_B、y_B)$。由图可知：

$$\begin{cases}\Delta x_{AB}=S_{AB}\cdot\cos\alpha_{AB}\\ \Delta y_{AB}=S_{AB}\cdot\sin\alpha_{AB}\end{cases}\tag{9-1}$$

则

$$\begin{cases}x_B=x_A+\Delta x_{AB}\\ y_B=y_A+\Delta y_{AB}\end{cases}\tag{9-2}$$

式(9-1)、式(9-2) 是以方位角在第一象限导出的公式，当方位角在其他象限时，其公式仍适用。

已知两个点的坐标，反求两点之间的距离和坐标方位角，称为坐标反算。如图 9-9 所示，已知 $A(x_A, y_A)$，$B(x_B, y_B)$，求 α_{AB}、S_{AB}。

由 $\tan\alpha_{AB}=\dfrac{\Delta y_{AB}}{\Delta x_{AB}}$

得
$$\alpha_{AB}=\arctan\frac{\Delta y_{AB}}{\Delta x_{AB}}+\begin{cases}0°(\text{第Ⅰ象限})\\180°(\text{第Ⅱ、Ⅲ象限})\\360°(\text{第Ⅳ象限})\end{cases} \tag{9-3}$$

式中 α_{AB} 的象限，可根据坐标增量 Δx_{AB}、Δy_{AB} 的符号确定。

计算 A、B 的距离可用下式计算：

$$S_{AB}=\frac{\Delta y_{AB}}{\sin\alpha_{AB}}=\frac{\Delta x_{AB}}{\cos\alpha_{AB}} \tag{9-4}$$

或
$$S_{AB}=\sqrt{\Delta x_{AB}^2+\Delta y_{AB}^2} \tag{9-5}$$

2. 坐标方位角的推算

在进行坐标计算之前，必须要先推算出各边的坐标方位角，它是通过与已知坐标方位角的直线连测后，推算出导线其他各条边的坐标方位角。如图 9-10 所示，已知直线 12 的坐标方位角 α_{12}，推算其他各边的坐标方位角，从图中可以看出：

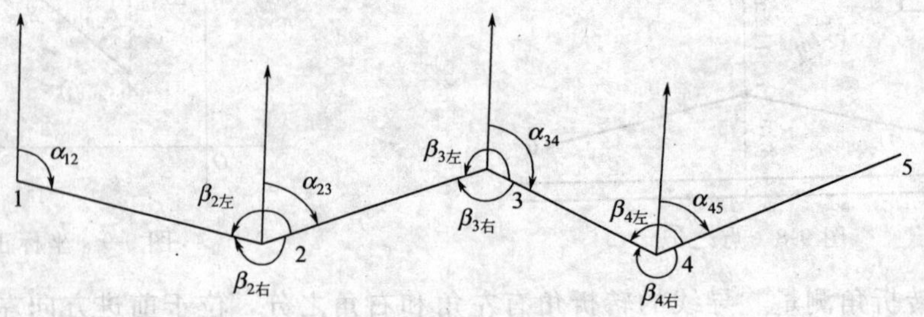

图 9-10 坐标方位角计算

$$\alpha_{23}=\alpha_{12}+\beta_{2左}-180° \text{或} \alpha_{23}=\alpha_{12}+180°-\beta_{2右}$$
$$\alpha_{34}=\alpha_{23}+\beta_{3左}-180° \text{或} \alpha_{34}=\alpha_{23}+180°-\beta_{3右}$$
$$\alpha_{45}=\alpha_{34}+\beta_{4左}-180° \text{或} \alpha_{45}=\alpha_{34}+180°-\beta_{4右}$$
……

根据以上规律可归纳出，按后面一边的已知坐标方位角 $\alpha_{后}$ 和导线转折角 $\beta_{左}$、$\beta_{右}$ 推算导线前进方向一边的坐标方位角 $\alpha_{前}$ 的一般公式为

$$\alpha_{前}=\alpha_{后}\pm{}^{\beta_{左}}_{\beta_{右}}\pm180° \tag{9-6}$$

由上面推导可以看出：

(1) 求直线的反坐标方位角时，将其正坐标方位角±180°，就得其反坐标方位角。当正方位角是第Ⅰ、Ⅱ象限时，正坐标方位角加 180°得其反坐标方位角；当正方位角在第Ⅲ、Ⅳ象限时，正方位角减去 180°得其反坐标方位角。

(2) 后一条直线的坐标方位角等于相邻的前一条直线的坐标方位角±180°后再加左折角或减右折角。

三、导线测量的近似平差计算

导线测量的目的是获得各导线点的平面直角坐标，计算的原始数据是已知点坐标和方位角，以及观测的角度和边长。对于低等级的导线测量，通常以单一导线、单结点导线形式，用近似平差方法进行导线的计算。

1. 支导线的计算

以图 9-11(a) 为例，其计算步骤如下：

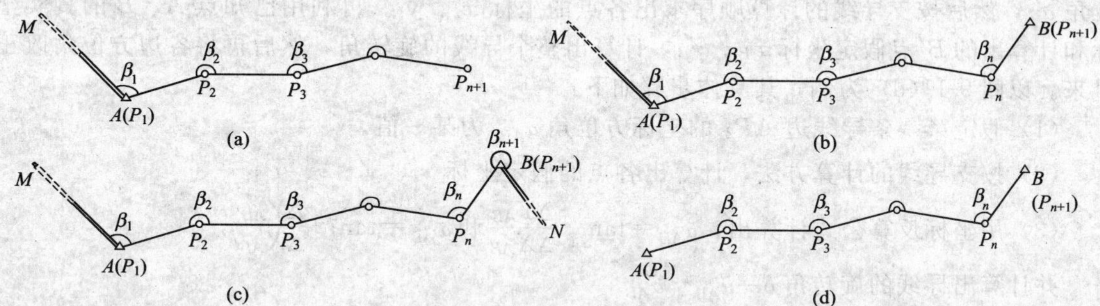

图 9-11 单一导线的计算

(1) 由 A、M 两点的坐标，使用公式(9-3) 反算出坐标方位角 α_{AM}。

(2) 由 α_{AM}起始，按公式(9-6) 并根据观测角 β_1、β_2…推算出各边的坐标方位角 α_{AP_2}、$\alpha_{P_2P_3}$…。

(3) 由各边的坐标方位角及边长，按公式(9-1) 正算出相邻两导线点的坐标增量 Δx_{AP_2}、Δy_{AP_2}、$\Delta x_{P_2P_3}$、$\Delta y_{P_2P_3}$…。

(4) 利用公式(9-2) 依次计算 P_2、P_3、…各导线点的坐标 x_{P_2}、y_{P_2}、x_{P_3}、y_{P_3}…。

2. 仅有一个连接角的附合导线的计算

以图 9-11(b) 为例，这种导线的计算顺序与支导线相同，只是最后一点为已知点，所以就产生了一个坐标闭合差，即

$$\begin{aligned} f_x &= x_B^{测} - x_B^{知} \\ f_y &= y_B^{测} - y_B^{知} \end{aligned} \tag{9-7}$$

然后按边长成比例分配坐标闭合差。即

$$\left.\begin{aligned} v_{\Delta x_{ij}} &= \frac{-f_x}{\sum S} S_{ij} \\ v_{\Delta y_{ij}} &= \frac{-f_y}{\sum S} S_{ij} \end{aligned}\right\} \tag{9-8}$$

最后计算改正后的坐标增量为

$$\begin{aligned} \Delta \hat{x}_{ij} &= \Delta x_{ij} + v_{\Delta x_{ij}} \\ \Delta \hat{y}_{ij} &= \Delta y_{ij} + v_{\Delta y_{ij}} \end{aligned} \tag{9-9}$$

方位角的推算、坐标增量与坐标的计算与支导线计算方法相同。

3. 具有两个连接角的附合导线的计算

以图 9-11(c) 为例，这种导线为标准的附合导线，它相对于一个连接角的附合导线来说，又多了一个坐标方位角闭合差，即

$$f_\beta = \alpha_{MA} + \beta_1 + \beta_2 + \cdots + \beta_{n+1} \pm (n+1) \times 180° - \alpha_{BN} \tag{9-10}$$

在各观测角精度相同的情况下，将角度闭合差平均分配给各个角，即

推算坐标方位角时，β_i（左角）前为正号时用：$v_{\beta_i} = \dfrac{-f_\beta}{n+1}$；

推算坐标方位角时，β_i（右角）前为负号时用：$v_{\beta_i} = \dfrac{f_\beta}{n+1}$。

其他计算方法与一个连接角的导线相同。

4. 未测连接角的附合导线计算

由于这种导线的两端均未测连接角，无法直接从已知的坐标方位角推算出各边的坐标方位角。计算时先假定起始导线边 AP_2 的坐标方位角为 α'_{AP_2}，依此推算出各边的假定坐标方位角 α'_{ij}，然后按支导线的计算顺序求出各点的坐标 x'_i、y'_i。再利用已知点 A、B 的真实坐标和计算出的 B' 点假定坐标 x'_B、y'_B，计算出整个导线的旋转角，然后再将各边方位角改正过来。以图 9-11(d) 为例，其具体步骤如下：

(1) 假定第一条导线边 AP_2 的坐标方位角 α_{AP_2} 为某一值。

(2) 按支导线的计算方法，计算出各点的假定坐标 x'_i、y'_i。

(3) 用坐标反算公式计算出：$\alpha_{AB}=\tan^{-1}\dfrac{\Delta Y_{AB}}{\Delta X_{AB}}$和$\alpha'_{AB}=\tan^{-1}\dfrac{\Delta Y'_{AB'}}{\Delta X'_{AB'}}$

并计算出导线的旋转角 $\delta=\alpha_{AB}-\alpha'_{AB}$

(4) 将各边的假定坐标方位角加以改正：$\alpha_{ij}=\alpha'_{ij}+\delta$

(5) 用改正后的坐标方位角再次计算出各点的坐标，并计算出整个路线的坐标闭合差：

$$f_x=X'_B-X_B$$
$$f_y=Y'_B-Y_B$$

(6) 按导线边长成比例分配坐标闭合差，并计算出最后的各点坐标。

5. 闭合导线的计算

闭合导线的计算基本上可以看作是附合导线的特例，只是把 B 点看作与 A 点重合即可。其角度闭合差为

观测内角时： $f_\beta=\sum\beta-(n-2)\times180°$

观测外角时： $f_\beta=\sum\beta-(n+2)\times180°$

按角度的个数平均分配角度闭合差，其连接角不参与平差计算。

坐标闭合差为 $f_x=\sum\Delta X$； $f_y=\sum\Delta Y$

其他计算与附合导线相同。

6. 单结点的导线网计算

单结点导线是一种最简单的导线网，如图 9-12 所示，图中 A、B、C 为三已知点，AA'、BB'、CC'为已知方向，M 为结点。计算前先在 M 点至边数较多的一条路线上选一条结边，即 MN。该结点导线的计算步骤如下：

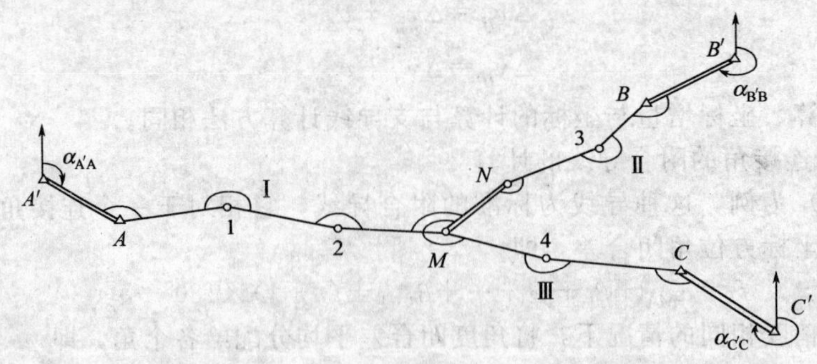

图 9-12 单结点导线的计算

(1) 结边方位角和平差角计算

① 结边方位角计算

由图 9-12 可知，该结点导线网是由三条导线Ⅰ、Ⅱ、Ⅲ组合而成。若由三条导线的起始方位角和观测角，分别推算出 MN 的方位角为 $\alpha^{(1)}_{MN}$、$\alpha^{(2)}_{MN}$、$\alpha^{(3)}_{MN}$，则有：

$$\alpha_{MN}^{(1)}=\alpha_{A'A}+[\beta]_1\pm n_1\times180^\circ$$
$$\alpha_{MN}^{(2)}=\alpha_{B'B}+[\beta]_2\pm n_2\times180^\circ$$
$$\alpha_{MN}^{(3)}=\alpha_{C'C}+[\beta]_3\pm n_3\times180^\circ \tag{9-11}$$

式中，$[\beta]_i$ 为各导线的观测角之和，n_i 为转折角的个数，则三个结边方位角的权为

$$P_{\alpha_{MN}}^{(1)}=\frac{c}{n_1}\qquad P_{\alpha_{MN}}^{(2)}=\frac{c}{n_2}\qquad P_{\alpha_{MN}}^{(3)}=\frac{c}{n_3} \tag{9-12}$$

c 为任意常数，则结边方位角的加权平均值为

$$\hat{\alpha}_{MN}=\frac{P_{\alpha_{MN}}^{(1)}\cdot\alpha_{MN}^{(1)}+P_{\alpha_{MN}}^{(2)}\cdot\alpha_{MN}^{(2)}+P_{\alpha_{MN}}^{(3)}\cdot\alpha_{MN}^{(3)}}{P_{\alpha_{MN}}^{(1)}+P_{\alpha_{MN}}^{(2)}+P_{\alpha_{MN}}^{(3)}} \tag{9-13}$$

② 平差角计算

现在可将 $\hat{\alpha}_{MN}$ 作为 MN 边方位角的最或然值，推算各条导线的方位角闭合差 f_β，即

$$f_\beta^{(1)}=\alpha_{MN}^{(1)}-\hat{\alpha}_{MN}$$
$$f_\beta^{(2)}=\alpha_{MN}^{(2)}-\hat{\alpha}_{MN}$$
$$f_\beta^{(3)}=\alpha_{MN}^{(3)}-\hat{\alpha}_{MN} \tag{9-14}$$

将各条线路的方位角闭合差按反号平均配赋到各转折角中去，解得平差角 $\hat{\beta}_i$，即可算得各导线边的坐标方位角，即

$$\alpha_i=\alpha_{i-1}+\hat{\beta}_i\pm180^\circ \tag{9-15}$$

(2) 结点坐标和各点坐标的计算

① 结点坐标计算

按观测的导线边长和改正后的方位角，计算出各条边的坐标增量，并分别取和 $[\Delta x]$、$[\Delta y]$。再由各起始点坐标分别推算结点 M 的坐标，即

$$X_{M1}=X_A+[\Delta x]_1\qquad Y_{M1}=Y_A+[\Delta y]_1$$
$$X_{M2}=X_B+[\Delta x]_2\qquad Y_{M2}=Y_B+[\Delta y]_2$$
$$X_{M3}=X_C+[\Delta x]_3\qquad Y_{M3}=Y_C+[\Delta y]_3 \tag{9-16}$$

由于误差的影响，三坐标并不一致，因此，也要按加权平均的办法求出 M 点坐标的最或然值。按照导线的权与导线长度成反比的规律，就有

$$P_1=\frac{c}{[S]_1}\qquad P_2=\frac{c}{[S]_2}\qquad P_3=\frac{c}{[S]_3} \tag{9-17}$$

那么，结点 M 坐标的最或然值为

$$\hat{X}_M=\frac{P_1X_{M1}+P_2X_{M2}+P_3X_{M3}}{P_1+P_2+P_3}$$
$$\hat{Y}_M=\frac{P_1Y_{M1}+P_2Y_{M2}+P_3Y_{M3}}{P_1+P_2+P_3} \tag{9-18}$$

② 各未知点坐标

各导线的纵横坐标闭合差分别为

$$f_x^{(1)}=X_{M1}-\hat{X}_M\qquad f_y^{(1)}=Y_{M1}-\hat{Y}_M$$
$$f_x^{(2)}=X_{M2}-\hat{X}_M\qquad f_y^{(2)}=Y_{M2}-\hat{Y}_M$$
$$f_x^{(3)}=X_{M3}-\hat{X}_M\qquad f_y^{(3)}=Y_{M3}-\hat{Y}_M \tag{9-19}$$

将坐标闭合差按边长成比例配赋到坐标增量中去，最后得出各所求点的坐标为

$$X_i=X_{i-1}+\Delta X_i+V_{x_i}$$
$$Y_i=Y_{i-1}+\Delta Y_i+V_{y_i} \tag{9-20}$$

式中，V_{x_i}、V_{y_i}为坐标增量闭合差改正数。

四、导线测量的计算实例

1. 闭合导线坐标计算

（1）将整理并校核过的已知数据和观测数据填入导线计算表9-3中，并绘制计算草图9-13。

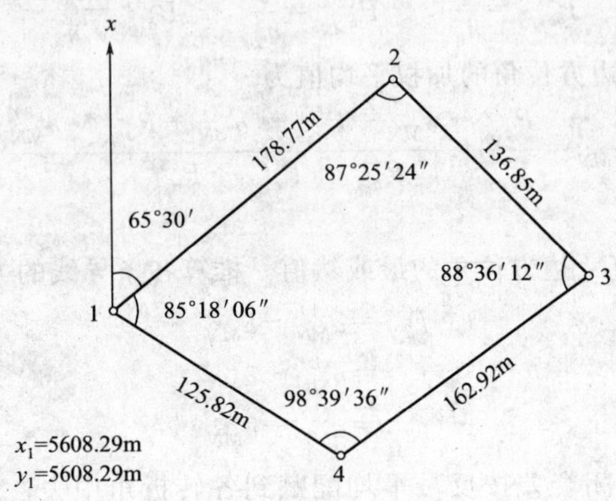

图9-13 闭合导线计算实例

（2）角度闭合差的计算和调整。

根据公式 $f_\beta=\sum\beta-(n-2)\times180°$得

$$f_\beta=85°18'06''+87°25'24''+88°36'12''+98°39'36''-(4-2)\times180°=-42''$$

按表9-1规定，图根导线测量的方位角限差要求为

$$f_{\beta容}=\pm60''\sqrt{n}=\pm60''\sqrt{4}=\pm120''$$

因为 $f_\beta<f_{\beta容}$，所以，角度观测值合格。

按照公式 $v_\beta=\dfrac{-f_\beta}{n}$将闭合差按相反符号平均分配给各观测角，若有余数时，应遵循短边相邻角多分的原则，然后求出改正后的角值。

$$v_{\beta_1}=v_{\beta_4}=+11'',\ v_{\beta_2}=v_{\beta_3}=+10''$$

检验：$\sum v_\beta=-f_\beta$正确。

改正后的观测角值为

$$\hat{\beta}_1=\beta_1+v_{\beta_1}=85°18'17''；\hat{\beta}_2=\beta_2+v_{\beta_2}=87°25'34''；$$

$$\hat{\beta}_3=\beta_3+v_{\beta_3}=88°36'22''；\hat{\beta}_4=\beta_4+v_{\beta_4}=98°39'47''。$$

（3）推算各边坐标方位角。

根据公式(9-6)由α_{12}和改正后的角度值推算各边坐标方位角：

$\alpha_{12}=65°30'00''$为已知数据

$\alpha_{23}=\alpha_{12}-\hat{\beta}_2+180°=65°30'00''-87°25'34''+180°=158°04'26''$

$\alpha_{34}=\alpha_{23}-\hat{\beta}_3+180°=158°04'26''-88°36'22''+180°=249°28'04''$

$\alpha_{41}=\alpha_{34}-\hat{\beta}_4+180°=249°28'04''-98°39'47''+180°=330°48'17''$

检核：$\alpha_{12}=\alpha_{41}-\hat{\beta}_1+180°=330°48'17''-85°18'17''-180°=65°30'00''$

（4）坐标增量的计算及其闭合差的调整。

先根据公式(9-1) 求出各边的坐标增量。再由公式 $f_x=\sum\Delta x$ 和 $f_y=\sum\Delta y$ 计算出坐标增量的闭合差。

如图 9-14 所示，由于 f_x、f_y 的存在，使得导线不能闭合，即 1、1′不能重合。其长度 1-1′称为导线全长闭合差 f_D，即：

$$f_D=\sqrt{f_x^2+f_y^2}$$

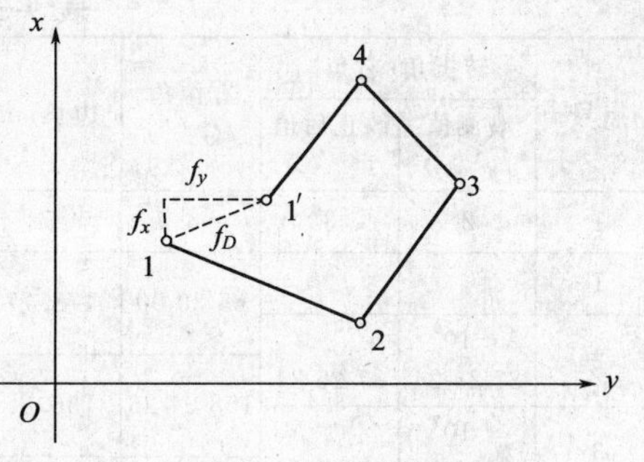

图 9-14 闭合导线坐标增量闭合差

f_D 与导线全长的比值，并将分子化为 1 的形式，称为导线全长相对闭合差，用 K 表示，即：

$$K=\frac{f_D}{\sum D}=\frac{1}{\dfrac{\sum D}{f_D}}$$

上式中，K 值的分母越大，精度就越高。其容许值 $K_{容}$ 应满足表 9-1、表 9-2 的要求。若 $K>K_{容}$，则说明成果的精度不合格，应对内、外业成果进行仔细检查，必要时需重测。如果 $K<K_{容}$，则说明精度合格，可对 f_x、f_y 进行调整。调整的原则是将其反号按与边长成正比例分配到各边的纵、横坐标增量中。坐标增量改正数用 $v_{\Delta X_{ij}}$、$v_{\Delta Y_{ij}}$ 表示，第 ij 边的改正数为

$$v_{\Delta X_{ij}}=\frac{-f_x}{\sum S}S_{ij}$$

$$v_{\Delta Y_{ij}}=\frac{-f_y}{\sum S}S_{ij}$$

坐标增量、改正数取位到 0.01m，改正数之和应等于坐标增量闭合差的反号，即

$$\left.\begin{aligned}\sum v_{\Delta X}=-f_x\\ \sum v_{\Delta Y}=-f_y\end{aligned}\right\}$$

各边的坐标增量计算值与改正数相加，为改正后坐标增量，对于闭合导线，改正后的纵、横坐标增量代数和应等于零，即

$$\sum\Delta\hat{x}=0$$

$$\sum\Delta\hat{y}=0$$

本例中求 f_x、f_y，并对其调整

$$f_x=\sum\Delta x=0.12$$

$$f_y=\sum\Delta y=-0.17$$

$$f_D=\sqrt{f_x^2+f_y^2}=\sqrt{0.12^2+0.17^2}=0.21$$

$$K=\frac{f_D}{\sum D}=\frac{0.21}{604.36}\approx\frac{1}{2800}\leqslant\frac{1}{2000}\text{(合格)}$$

(5) 计算各点坐标。

由起点的已知坐标及改正后的坐标增量，用下式可依次推算出其余各点坐标。

$$x_{前}=x_{后}+\Delta\hat{x}$$

$$y_{前}=y_{后}+\Delta\hat{y}$$

为了计算方便，导线计算一般都采用列表进行计算，如表 9-3 所示。

2. 附合导线坐标计算

附合导线的坐标计算方法和闭合导线基本相同，但由于二者布设形式不同，使得角度闭合差和坐标增量闭合差的计算稍有不同。

(1) 角度闭合差的计算。

表 9-3 闭合导线坐标计算表

点号	转折角(右角)		方位角 /(° ′ ″)	边长/m	增量计算值/m		改正后增量/m		坐标/m		点号
	观测值 /(° ′ ″)	改正后值 /(° ′ ″)			Δx	Δy	$\Delta\hat{x}$	$\Delta\hat{y}$	x	y	
1	2	3	4	5	6	7	8	9	10	11	12
1									5608.29	5608.29	1
			65 30 00	178.77	+4 +74.13	+5 +162.67	+74.17	+162.72			
2	+10″ 87 25 24	87 25 34							5682.46	5771.01	2
			158 04 26	136.85	+3 −126.95	+4 +51.10	−126.92	+51.14			
3	+10″ 88 36 12	88 36 22							5555.54	5822.15	3
			249 28 04	162.92	+3 −57.14	+4 −152.57	−57.11	−152.53			
4	+11″ 98 39 36	98 39 47							5498.43	5669.62	4
			330 48 17	125.82	+2 +109.84	+4 −61.37	+109.86	−61.33			
1	+11″ 85 18 06	85 18 17							5608.29	5608.29	1
			65 30 00								
2											
Σ	359 59 18	360 00 00		604.36	$f_x=$ −0.12	$f_y=$ −0.17	0	0			
辅助计算	$f_\beta=-42''$ $f_{\beta容}=\pm60''\sqrt{n}=\pm120''$				$f_x=\sum\Delta x=-0.12$ $f_y=\sum\Delta y=-0.17$			$f_D=\sqrt{f_x^2+f_y^2}=0.21$ $K=\frac{f_D}{\sum D}=\frac{0.21}{604.36}\approx\frac{1}{2800}<\frac{1}{2000}$			

图 9-15 为一附合导线，A、B、C、D 为已知点，1、2、3 为布设的导线点，根据起始边 AB 的坐标方位角 α_{AB} 及观测的各转折角 β，由公式(9-10) 可计算出坐标方位角的闭合差：

$$\begin{aligned}f_\beta&=\alpha_{AB}+\beta_B+\beta_1+\beta_2+\beta_3+\beta_C\pm5\times180°-\alpha_{CD}\\&=93°56'05''+186°35'22''+163°31'14''+184°39'00''+194°22'47''+\\&\quad163°02'30''-5\times180°-86°06'42''\\&=+16''\end{aligned}$$

$$f_{\beta容}=\pm60''\sqrt{n}=\pm60''\sqrt{5}=\pm134''$$

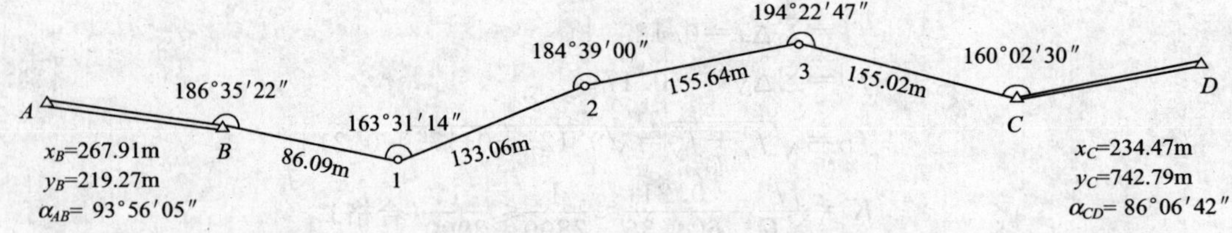

图 9-15 附合导线计算实例

因为 $f_\beta<f_{\beta容}$，所以，角度观测值合格。

按照公式 $v_\beta=\frac{-f_\beta}{n}$ 将闭合差按相反符号平均分配给各观测角，若有余数时，应遵循短边相邻角多分的原则，然后求出改正后的角值。

$$v_{\beta_B}=v_{\beta_2}=v_{\beta_3}=v_{\beta_C}=-3'',\ v_{\beta_1}=-4''$$

检验：$\sum v_\beta=-f_\beta$ 正确。

改正后的观测角值用公式 $\hat{\beta}_i=\beta_i+v_{\beta_i}$ 计算，具体数据见计算表 9-4。

计算完改正后的角度值，按上例的方法推导出各边的坐标方位角。

(2) 坐标增量闭合差的计算。

先计算各观测边的坐标增量，再利用下式计算坐标增量闭合差：

$$f_x = \sum \Delta x - (x_C - x_B)$$
$$f_y = \sum \Delta y - (y_C - y_B)$$

(3) 其他计算方法与闭合导线相同，具体见表 9-4。

表 9-4 附合导线坐标计算表

点号	转折角(左角)/(° ′ ″)		方位角/(° ′ ″)	边长/m	增量计算值/m		改正后增量/m		坐标/m		点号
	观测值	改正后值			Δx	Δy	$\Delta\hat{x}$	$\Delta\hat{y}$	x	y	
1	2	3	4	5	6	7	8	9	10	11	12
A											A
			93 56 05								
B	−3″ 186 35 22	186 35 19							267.91	219.27	B
			100 31 24	86.09	−15.72	−1 +84.64	−15.72	+84.63			
1	−4″ 163 31 14	168 31 10							252.19	303.90	1
			84 02 34	133.06	+13.81	−1 +132.34	+13.81	+132.33			
2	−3″ 184 39 00	184 38 57							260.00	436.23	2
			88 41 31	155.64	−1 +3.55	−2 +155.60	+3.54	−155.58			
3	−3″ 194 22 47	194 22 44							269.54	591.81	3
			103 04 15	155.02	−1 −35.06	−2 +151.00	−35.07	+150.98			
C	−3″ 163 02 30	163 02 27							234.47	742.79	C
			86 06 42								
D											D
Σ	892 10 53	892 10 37		529.81	−33.42	+523.58	−34.44	+523.52			
辅助计算	$f_\beta = \alpha'_{CD} - \alpha_{CD} = +16''$ $f_{\beta容} = \pm 60''\sqrt{n} = \pm 60''\sqrt{5} = \pm 2'14''$				$f_x = \sum \Delta x - (x_C - x_B) = +0.02$ $f_y = \sum \Delta y - (y_C - y_B) = +0.06$				$f_D = \sqrt{f_x^2 + f_y^2} = 0.06$ $K = \frac{f_D}{\sum D} = \frac{0.06}{529.81} \approx \frac{1}{8800} < \frac{1}{2000}$		

第三节 其他测量方法简述

交会法测量也是加密控制点常用的方法，它可以采用在数个已知控制点上设站，分别向待定点观测方向和距离，也可以在待定点上设站向数个已知控制点观测方向和距离，然后计算出待定点的坐标。常用的交会法测量有前方交会、侧方交会、后方交会、测边交会等。

一、前方交会

如图 9-16 所示，在三角形 ABP 中，A、B 两点为已知点，其坐标为 $A(x_A, y_A)$、$B(x_B, y_B)$。在 A、B 两点设站，观测 A、B 两水平角为 α、β。通过解算三角形可以求 P 点的坐标 (x_p, y_p)。若 AP 边的距离和方位角已知，就可用坐标正算的方法求出 $P(x_p, y_p)$，即

$$x_p = x_A + \Delta x_{AP} = x_A + S_{AP} \cdot \cos\alpha_{AP}$$
$$y_p = y_A + \Delta y_{AP} = y_A + S_{AP} \cdot \sin\alpha_{AP}$$

由图 9-16 可知：$\alpha_{AP} = \alpha_{AB} - \alpha$

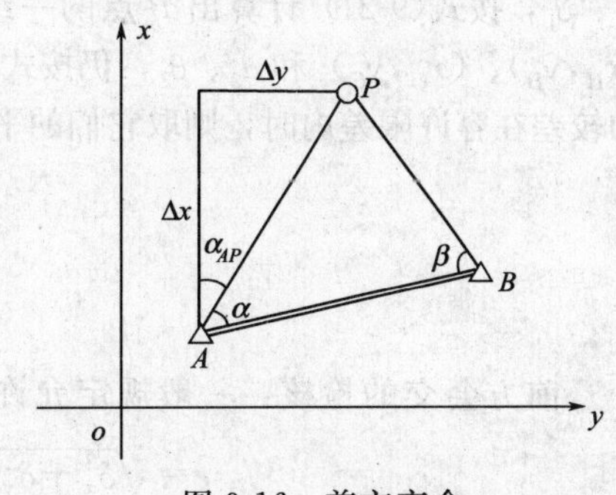

图 9-16 前方交会

由数学正弦定理得：

$$S_{AP}=\frac{S_{AB}\cdot\sin\beta}{\sin(\alpha+\beta)}$$

将 α_{AP}、S_{AP}代入上式：

$$\begin{aligned}x_p&=x_A+\frac{S_{AB}\cdot\sin\beta}{\sin(\alpha+\beta)}\cos(\alpha_{AB}-\alpha)\\&=x_A+\frac{S_{AB}\cdot\sin\beta(\cos\alpha_{AB}\cdot\cos\alpha+\sin\alpha_{AB}\cdot\sin\alpha)}{\sin\alpha\cdot\cos\beta+\cos\alpha\cdot\sin\beta}\\&=x_A+\frac{\dfrac{S_{AB}\cdot\sin\beta(\cos\alpha_{AB}\cdot\cos\alpha+\sin\alpha_{AB}\cdot\sin\alpha)}{\sin\alpha\cdot\sin\beta}}{\dfrac{\sin\alpha\cdot\cos\beta+\cos\alpha\cdot\sin\beta}{\sin\alpha\cdot\sin\beta}}\\&=x_A+\frac{S_{AB}\cdot\cos\alpha_{AB}\cdot\cot\alpha+S_{AB}\cdot\sin\alpha_{AB}}{\cot\alpha+\cot\beta}\\&=x_A+\frac{\Delta x_{AB}\cdot\cot\alpha+\Delta y_{AB}}{\cot\alpha+\cot\beta}\\&=x_A+\frac{(x_B-x_A)\cot\alpha+(y_B-y_A)}{\cot\alpha+\cot\beta}\\&=x_A+\frac{x_B\cdot\cot\alpha-x_A\cdot\cot\alpha+(y_B-y_A)}{\cot\alpha+\cot\beta}\\&=\frac{x_A\cdot\cot\beta+x_B\cdot\cot\alpha+(y_B-y_A)}{\cot\alpha+\cot\beta}\end{aligned}$$

同理可证：

$$y_p=\frac{y_A\cdot\cot\beta+y_B\cdot\cot\alpha+(x_A-x_B)}{\cot\alpha+\cot\beta}$$

$$\begin{cases}x_p=\dfrac{x_A\cdot\cot\beta+x_B\cdot\cot\alpha-y_A+y_B}{\cot\alpha+\cot\beta}\\[2ex]y_p=\dfrac{y_A\cdot\cot\beta+y_B\cdot\cot\alpha-x_B+x_A}{\cot\alpha+\cot\beta}\end{cases}\tag{9-21}$$

上式是前方交会计算的基本公式，常称为前方交会的余切公式。应用这个公式进行计算时，必须注意 A、B、P 三点的相互位置应与图 9-16 中的情形一致，即 A、B、P 是按逆时针依次编号的，同时还应保持 α、β 与相应已知点对应。

图 9-17 为两组前方交会的基本图形。它是在三个已知点的 A、B、C 上观测了四个角 α_1、β_1、α_2、β_2，分两组计算 P 点坐标。即先在△ABP 中，由已知 A、B 的坐标（x_A,y_A）、（x_B,y_B）和 α_1、β_1，按式(9-21) 计算出 P 点的一组坐标（x'_p,y'_p）；再在△BCP 中，由已知点 B、C 的坐标（x_B,y_B）、（x_C,y_C）和 α_2、β_2，仍按式(9-21) 计算出 P 点的另一组坐标（x''_p,y''_p）。当这两组坐标的较差在容许限差内时，则取它们的平均值作为 P 点的最后坐标，即

$$\begin{cases}x_p=\dfrac{1}{2}(x'_p+x''_p)\\[2ex]y_p=\dfrac{1}{2}(y'_p+y''_p)\end{cases}\tag{9-22}$$

前方会交的检核：一般规定允许的最大位移 e 不大于测图比例尺精度的两倍，即

$$e=\sqrt{\delta_x^2+\delta_y^2}\leqslant 2\times 0.1\cdot M(\text{mm})=\frac{M}{5000}(\text{m})\tag{9-23}$$

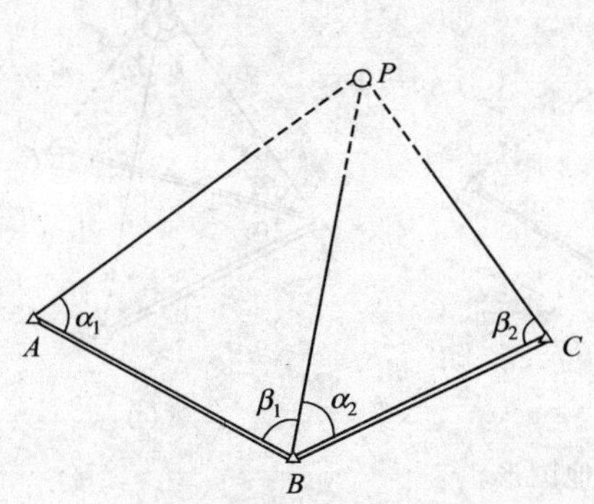

图 9-17　双前方交会图形

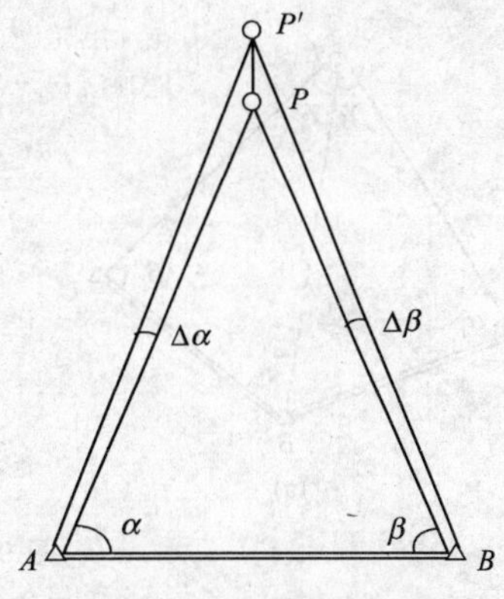

图 9-18　前方交会检核

式中，$\delta_x=|x'_p-x''_p|$，$\delta_y=|y'_p-y''_p|$，M 为测图比例尺分母。

在测角交会的图形，未知点至两起算点间方向的夹角称为交会角。当交会角过小（或过大）时，由于观测角 α 和 β 含有误差 $\Delta\alpha$ 和 $\Delta\beta$，将使 P 点有较大的位移 PP'，如图 9-18 所示。所以要求交会角一般应大于 30°，并小于 150°。

二、侧方交会

分别在已知点 B（或 A）和未知点 P 上设站，测得 $\angle\beta$（或 $\angle\alpha$）和 $\angle\gamma$。在计算 P 点坐标时，先求出 α 角：$\angle\alpha=180°-(\angle\beta+\angle\gamma)$，然后用前方交会的余切公式来计算 P 点坐标。

为了检查观测角和已知点 A、B 的坐标是否有错，以及计算是否正确，侧方交会常采用检查角法检核，即根据已知点 B、C 的坐标和求得的 P 点坐标，求出角 $\varepsilon_{计}=\alpha_{PB}-\alpha_{PC}$，与观测值 $\varepsilon_{观}$ 进行比较作为检核。

$$\alpha_{PB}=\tan^{-1}\frac{\Delta y_{PB}}{\Delta x_{PB}},\ \alpha_{PC}=\tan^{-1}\frac{\Delta y_{PC}}{\Delta x_{PC}}$$

则

$$\varepsilon_{计}=\alpha_{PB}-\alpha_{PC} \tag{9-24}$$

检查角 $\varepsilon_{观}$ 与 $\varepsilon_{计}$ 较差为：$\Delta\varepsilon=\varepsilon_{计}-\varepsilon_{观}$

如果 $\Delta\varepsilon$ 过大，即说明有错误，其容许值可通过横向位移来确定，从图 9-19 可以看出：

$$S_{PC}=\frac{\Delta y_{PC}}{\sin\alpha_{PC}}=\frac{\Delta x_{PC}}{\cos\alpha_{PC}}$$

$$\Delta\varepsilon=\frac{e}{S_{PC}}\cdot\rho$$

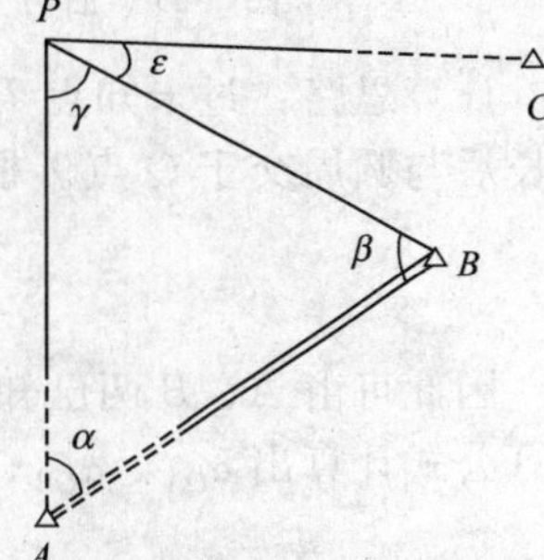

图 9-19　侧方交会

一般规定允许的最大横向位移 e 不大于测图比例尺精度的两倍，即

$$e_{允}=2\times0\cdot1M\quad（M\ 为比例尺分母）$$

所以：

$$\Delta\varepsilon_{允}=\frac{M}{5000\times S_{PC}}\cdot\rho$$

式中，S_{PC} 以 m 为单位。

当 $\Delta\varepsilon\leqslant\Delta\varepsilon_{允}$ 时，由 $\triangle ABP$ 求得的 P 点坐标认为是合格的。

通过检查角来检查是否有错误或误差是否超限，实际上是通过 P 点对于 PC 向的横向位移来检查的，但 PC 方向的纵向位移却不能由此发现，所以这种方法是不够全面的。

采用侧方交会，最好也采用两组图形计算，如图 9-20 所示，这样不但可以发现错误，而且还能提高成果的精度。由两组数据计算的点位较差，其限差与前方交会相同。如图 9-20(c)是重叠图形，目的是为了避免交会角过小。

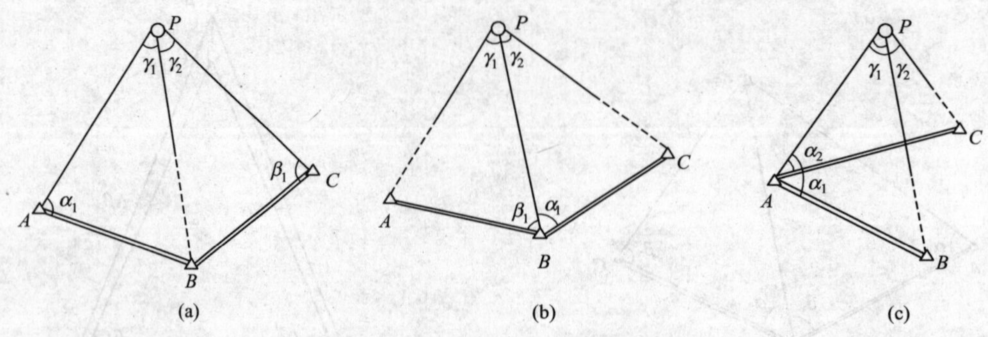

图 9-20 侧方交会的其他图形

三、后方交会

后方交会的图形如图 9-21 所示。其特点是只在未知点 P 上设站，向三个已知点 A、B、C 进行观测，测得水平角$\angle\alpha$ 和$\angle\beta$。然后根据 A、B、C 三点坐标和$\angle\alpha$、$\angle\beta$ 计算出 P 点的坐标。

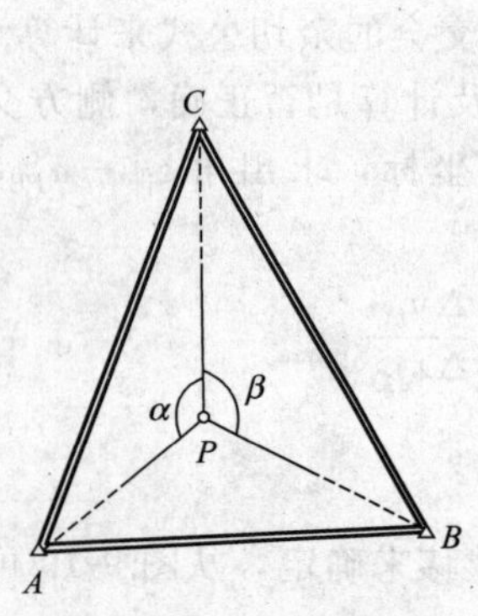

图 9-21 后方交会

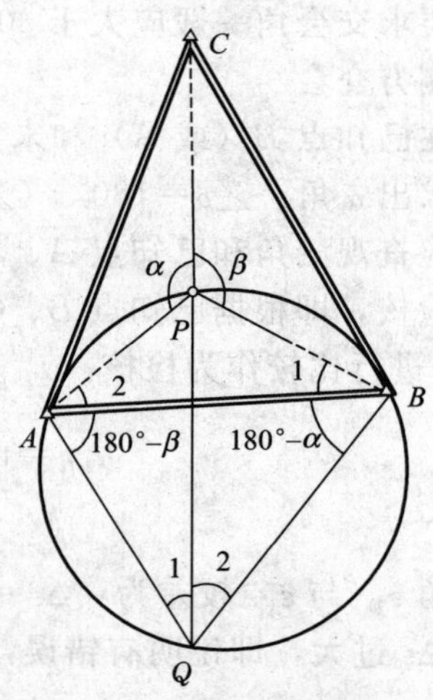

图 9-22 后方交会计算

计算思路：过未知点 P 及两个已知点 A、B 作一圆，如图 9-22 所示，连接 P、C 两点，延长后与圆周交于 Q 点。根据同一圆弧上圆周角相等的定理得

$$\angle ABQ = 180° - \alpha$$
$$\angle BAQ = 180° - \beta$$

因此可由 A、B 两已知点按前方交会公式计算出 Q 点的坐标（x_Q，y_Q）。之后再用坐标反算公式计算出 α_{QA}、α_{QB}、α_{QC}。则得

$$\angle 1 = \alpha_{QC} - \alpha_{QA}$$
$$\angle 2 = \alpha_{QB} - \alpha_{QC}$$

根据圆周角相等，则有：$\angle ABP = \angle 1$，$\angle BAP = \angle 2$

再次利用余切公式，计算出 P 点的坐标。

（一）辅助角计算法

由已知点坐标及观测角 α、β 计算出：

$$\text{I} = (y_C - y_B)\text{ctg}\beta - (y_A - y_C)\text{ctg}\alpha - (x_A - x_B)$$
$$\text{II} = (x_C - x_B)\text{ctg}\beta - (x_A - x_C)\text{ctg}\alpha + (y_C - y_A)$$

$$\text{ctg}Q=\text{I}/\text{II}$$

由已知点坐标及 ctg$Q$ 求 N，

$$N=(y_C-y_B)(\text{ctg}\beta-\text{ctg}Q)-(x_C-x_B)(1+\text{ctg}\beta\text{ctg}Q)$$
$$N=(y_A-y_C)(\text{ctg}\alpha+\text{ctg}Q)+(x_A-x_C)(1-\text{ctg}\alpha\text{ctg}Q) \quad (9\text{-}25)$$

两个 N 值可互为计算的检核条件。

求 P 点的坐标：

$$x_P=x_C+\frac{N}{1+\text{ctg}^2Q}$$
$$y_P=y_C+\text{ctg}Q\frac{N}{1+\text{ctg}^2Q} \quad (9\text{-}26)$$

注意：利用上面公式计算时，需按图 9-21 对点和角度进行编号。

（二）仿权计算法

未知点 P 的计算公式为

$$x_P=\frac{P_Ax_A+P_Bx_B+P_Cx_C}{P_A+P_B+P_C}$$
$$y_P=\frac{P_Ay_A+P_By_B+P_Cy_C}{P_A+P_B+P_C} \quad (9\text{-}27)$$

式中：

$$P_A=\frac{1}{\text{ctg}\angle A-\text{ctg}\alpha}$$
$$P_B=\frac{1}{\text{ctg}\angle B-\text{ctg}\beta}$$
$$P_C=\frac{1}{\text{ctg}\angle C-\text{ctg}\gamma} \quad (9\text{-}28)$$

$\angle A$、$\angle B$、$\angle C$ 为 A、B、C 三个已知点构成的三角形的内角。

α、β、γ 为未知点 P 上的三个角，不论 P 点在什么位置，它们均应满足下列等式：$\alpha=\alpha_{PB}-\alpha_{PC}$、$\beta=\alpha_{PC}-\alpha_{PA}$、$\gamma=\alpha_{PA}-\alpha_{PB}$

（三）后方交会法的危险圆

用后方交会求未知点坐标时，需要特别注意危险圆的问题。过三个已知点构成的圆称为危险圆，若 P 点位于危险圆上，无论采用何种计算公式，其结果均为无解。由图 9-23 可知：P 点在 AB 弧上的任意位置，α、β 均不变，同样在 BC 弧、AC 弧上亦有同样的情况。即：同一组 α、β 角值可以算得无数多个 P 点的坐标。用辅助角计算法，其Ⅰ和Ⅱ均为零，ctg$Q$ 为不定解，因而无法解算；用仿权公式计算时，P_A、P_B、P_C 的分母为零，也无法计算其结果。

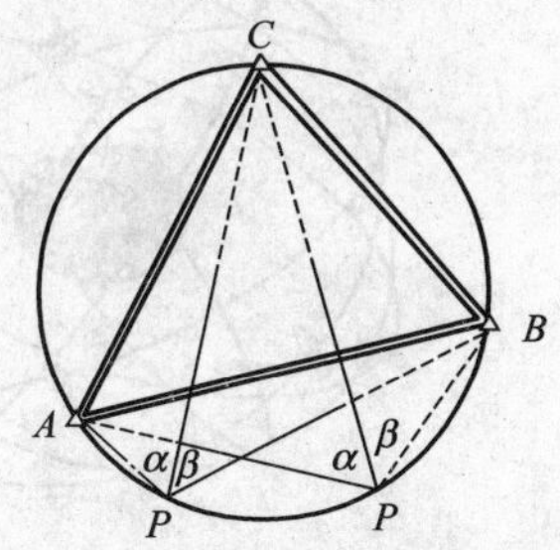

图 9-23 后方交会的危险圆

在测量过程中，P 点正好位于危险圆上的情况是少见的，但是在距离危险圆不远的范围内的情况又是很容易出现的，此时计算出的 P 点坐标将有较大的误差，因而选点时就要特别注意这一问题。

与前方交会、侧方交会相同，为防止外业的观测错误，需要有一个多余观测。常用的方式是在 P 点上观测四个已知点，即观测三个水平角。计算时可以算出 P 点的两组坐标值，进行比较并取平均值；也可选择图形条件较好的三个已知点计算 P 点坐标，另一个方向作为检查方向，计算方法与侧方交会计算一样。

第四节 GPS 测量方法

一、GPS 全球定位系统的建立

1973 年 12 月，美国国防部批准它的陆海空三军联合研制新的卫星导航系统 GPS，它是英文“Global Positioning System”的缩写词。其意为“卫星测时测距导航/全球定位系统”，简称 GPS 系统。该系统是以卫星为基础的无线电导航定位系统，具有全能性（陆地、海洋、航空和航天）、全球性、全天候、连续性和实时性的导航、定位和定时的功能。能为各类用户提供精密的三维坐标、速度和时间。

自 1974 年以来，GPS 计划已经历了方案论证（1974～1978 年）、系统论证（1979～1987 年）、生产实验（1988～1993）三个阶段。总投资超过 200 亿美元。整个系统分为卫星星座、地面控制和监测站、用户设备三大部分。论证阶段共发射了 11 颗叫做 BLOCK Ⅰ的试验卫星，生产实验阶段发射 BLOCKⅡR 型第三代 GPS 卫星，GPS 系统由此为基础改建而成。

GPS 卫星星座见图 9-24。其基本参数是：卫星颗数为 21＋3，卫星轨道面个数为 6，卫星高度为 20200km，轨道倾角为 55 度，卫星运行周期为 11 小时 58 分（恒星时 12 小时），载波频率为 1575GHz 和 1227GHz。卫星通过天顶时，卫星的可见时间为 5 小时，在地球表面上任何地点任何时刻，在高度角 15 度以上，平均可同时观测到 6 颗卫星，最多可达 9 颗卫星。图 9-25 是 GPS 工作卫星的外部形态。GPS 工作卫星的在轨重量是 843.68 公斤，其设计寿命为七年半。当卫星入轨后，星内机件靠太阳能电池和镉镍蓄电池供电。每个卫星有一个推力系统，以便使卫星轨道保持在适当位置。GPS 卫星通过 12 根螺旋型天线组成的阵列天线发射张角大约为 30 度的电磁波束，覆盖卫星的可见地面。卫星姿态调整采用三轴稳定方式，由四个斜装惯性轮和喷气控制装置构成三轴稳定系统，致使螺旋天线阵列所辐射的波束对准卫星的可见地面。

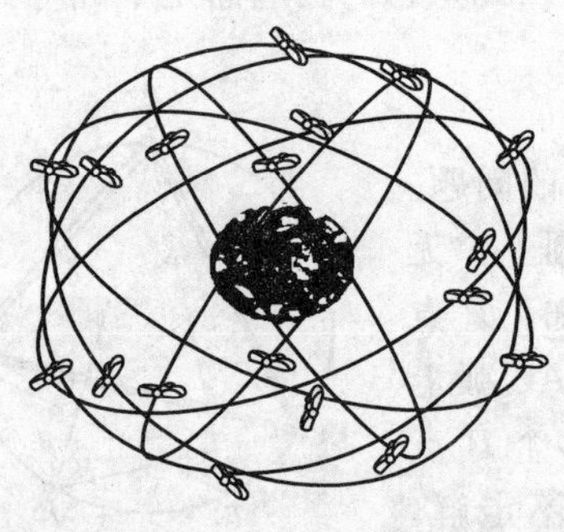

图 9-24 GPS 卫星星座

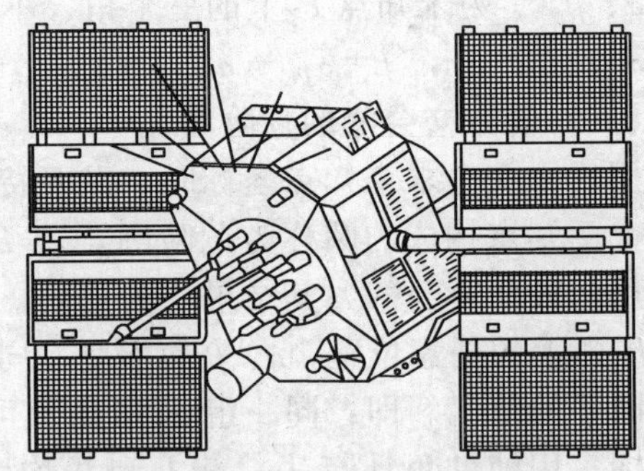

图 9-25 GPS 卫星外形

二、GPS 系统的特点

GPS 导航定位以其高精度、全天候、高效率、多功能、操作简便、应用广泛等特点著称。

1. 定位精度高

实践应用已经证明，GPS 相对定位精度在 50km 以内可达 10^{-6}，100～500km 可达 10^{-7}，1000km 以上可达 10^{-9}。在 300～1500m 工程精密定位中，1 小时以上观测的解其平面位置误差小于 1mm，与 ME-5000 电磁波测距仪测定的边长比较，其边长较差最大为 0.5mm，较差中误差为 0.3mm。

2. 观测时间短

随着 GPS 系统的不断完善，软件的不断更新，目前 20km 以内相对静态定位，仅需 15～20 分钟；快速静态相对定位测量时，当每个流动站与基准站相距在 15km 以内时，流动站观测时间只需 1～2 分钟；动态相对定位测量时，流动站出发时观测 1～2 分钟，然后可随时定位，每站观测仅需几秒钟。

3. 测站间无需通视

GPS 测量不要求测站之间互相通视，只需测站上空开阔即可，因此可节省大量的造标费用。由于无需点间通视，点位位置可根据需要，可稀可密，使选点工作甚为灵活，也可省去经典大地网中的传算点、过渡点的测量工作。

4. 可提供三维坐标

经典大地测量将平面与高程采用不同方法分别施测。GPS 可同时精确测定测站点的三维坐标。目前 GPS 水准可满足四等水准测量的精度。

5. 操作简便

随着 GPS 接收机不断改进，自动化程度越来越高，有的已达“傻瓜化”的程度；接收机的体积越来越小，重量越来越轻，极大地减轻测量工作者的工作紧张程度和劳动强度。使野外工作变得轻松愉快。

6. 全天候作业

目前 GPS 观测可在一天 24 小时内的任何时间进行，不受阴天黑夜、起雾刮风、下雨下雪等气候的影响。

7. 功能多，应用广

GPS 系统不仅可用于测量、导航，还可用于测速、测时。测速的精度可达 0.1m/s，测时的精度可达十几纳秒，其应用领域不断扩大。

三、GPS 定位的基本原理

1. 坐标系统

全球定位系统采用协议地球坐标系统，即 WGS-84 世界大地坐标系（World Geodetic System）。该坐标系的几何意义是：以地球质心为原点，Z 轴指向北极，X 轴指向格林尼治平子午线面与赤道交点的方向，Y 轴垂直于 XOZ 平面，如图 9-26 所示。

由于地球自转轴指向时空变化等原因，上述坐标系的轴向将是不定的。因此国际时间局规定以 1984 年的瞬时地极 OZ 为坐标系基准。GPS 技术以这种轴向基准的三维坐标系的 x、y、z 参数确定点的位置。

2. 单程测距技术

GPS 系统的实质是距离测量，即利用卫星本身的超高频无线电波测量卫星至 GPS 接收机之间的距离 D。但是这种距离测量不同于往返双程的光电测距，而是以电波单程传输时间 Δt 为参数的单程测距。正是这种距离测量的需要以及整个精密导航系统的特点所决定，整个 GPS 系统必须具备专用的时间系统，其中控制整个时间系统的原子钟稳定度在 10^{-14}～10^{-12}s。

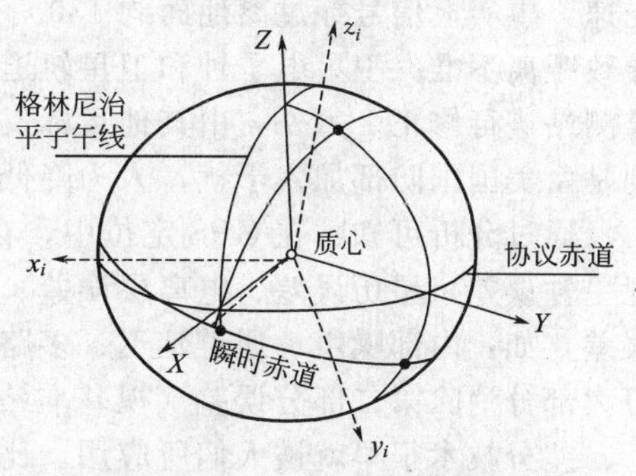

图 9-26 WGS-84 坐标系

3. 多卫星测量

GPS 卫星的测距结果受到各种因素的影响，如受到大气电离层的折射、大气对流层的影响及 GPS 接收机的钟差影响，令这种时间影响为 V_T。由于

V_T 的存在，GPS测距得到的距离 D 并非真正的几何距离，人们把这种距离 D 称为伪距。现在把 V_T 当作未知数，则GPS测距的方程是

$$D_i=\sqrt{(x_i-x)_2+(y_i-y)^2+(z_i-z)^2}-V_TC \tag{9-29}$$

式中，C 为电磁波的速度，i=1、2、3、4。

式(9-29) 中有 x、y、z、V_T 四个未知数，GPS接收机必须观测四个同步卫星和伪距 D，建立四个伪距式(9-22)，才有可能解得 x、y、z、V_T 四个未知数，实现GPS接收机的定位测量。式(9-29) 的 x_i、y_i、z_i是卫星在协议地球坐标系中的位置参数，x、y、z 是 P 点在协议地球坐标系中的位置参数。

上述情况表明，GPS接收机的定位测量至少应同时观测四个卫星，GPS测量是多卫星同时观测的技术过程。

四、GPS定位方法

GPS技术开始是为了美国全球军事上的需要，但由于GPS技术在很多领域有着广泛的用途，美国政府为了保持军事应用的独立性，仅开放精度比较低的卫星信号（C/A码）为商业民用。为了以较低精度的信号获得较高精度的结果，人们研究了很多其他的GPS定位技术方法，包括定位方法和后数据处理方法等。其中定位方法有：相对定位（动态相对定位和静态相对定位）和相位差分等。

1. 绝对定位

绝对定位，即GPS接收机的单点定位，属于上述四颗卫星测量定位技术过程。这种定位方法速度快，数据处理比较简单。虽然定位精度可达米级，但完全可以满足军事上的要求，实现美国建立全球GPS系统的目的。

2. 相对定位

相对定位有静态相对定位和动态相对定位之分。

相对定位是用两台接收机分别安置在基线的两端，同步观测相同的GPS卫星，以确定基线端点的相对位置或基线向量。同样，多台接收机安置在若干条基线的端点，通过同步观测GPS卫星可以确定多条基线向量。在一个端点坐标已知的情况下，可以用基线向量推求另一待定点的坐标。

在两个观测站或多个观测站同步观测相同卫星的情况下，卫星的轨道误差、卫星钟差、接收机钟差以及电离层和对流层的折射误差等对观测量的影响具有一定的相关性，利用这些观测量的不同组合进行相对定位，可有效地消除或减弱相关误差的影响，从而提高相对定位的精度。

3. 差分定位

在GPS测量过程中，带有多种误差。例如，在计算距离时把信号传输速度视为恒定的光速，事实上信号穿过离地面约130～190km处的电离层和地表对流层时会减慢速度，结果导致距离不准。卫星电子钟和卫星轨道可能会出现很小误差，但是这种误差美国国防部可由监测站进行修正。另外，由其他目标反射的卫星信号会引起干扰导致误差。而最严重的误差则是由美国国防部加入干扰，人为降低信号质量而造成的误差。

通过分析可知：在GPS定位中，存在着三部分误差：一是多台接收机公有的误差，如：卫星钟误差、星历误差、电离层误差、对流层误差；二是传播延迟误差；三是接收机固有的误差，如：内部噪声、通道延迟、多路径效应。采用差分定位，可完全消除第一部分误差，可大部分消除第二部分误差（视基准站至用户的距离）。

差分技术很早就被人们所应用。比如相对定位中，在一个测站上对两个观测目标进行观测，将观测值求差；或在两个测站上对同一个目标进行观测，将观测值求差；或在一个测站

上对一个目标进行两次观测求差。其目的是消除公共误差，提高定位精度。利用求差后的观测值解算两观测站之间的基线向量，这种差分技术已经用于静态相对定位。

为了消除各种误差，通过使用差分 GPS 来测量地面点的坐标。差分 GPS 是通过使用两个或更多的 GPS 接收机来协同工作。将一台 GPS 接收机安置在已知点上，作为基准站，另一台接收机用于空间目标的测量。由于在已知位置的基点可以确定卫星信号中包含的人为误差和其他某些误差（如电离层的影响误差），便可大大降低 GPS 的定位误差。当然要想得到精确的结果，基准站位置的精度至关重要。

差分纠正一般可以通过两种方法实现：实时法和后处理法。实时法是通过在基站播送各卫星的误差改正数到其他 GPS 接收机，其他接收机在计算位置时将误差剔除，这需要一套专门无线电收发装置；后处理法要求基站接收机和其他接收机同时测量，并分别存储卫星信号，待完成野外测量后再进行差分改正。如果基站和空间目标测量用的 GPS 接收机距离在 100km 范围内，普通 8 通道以上的接收机差分改正后可达 2～5m 的定位精度。若使用双频率（L_1 和 L_2）大地测量用 GPS 接收机，经较长时间的观测和差分改正，定点精度可达毫米级。但如果不使用差分改正，只在某一观测站用单个接收机按一定频率（每秒或每 5 秒）接收较长时间的信号（如 3 分钟以上），则一般可以得到 2cm 以内的精度。可见 GPS 测量的精度与观测时间有关。

4. 实时动态测量的作业模式

实时动态（Real Time Kinematic-RTK）测量技术，是以载波相位观测量为根据的实时差分 GPS(RTK GPS）测量技术，它是 GPS 测量技术发展中的一个新突破。众所周知，GPS 测量工作模式已有多种，如静态、快速静态、准动态和动态相对定位等。但是，利用这些测量模式，如果不与数据传输系统相结合，其定位结果均需通过观测数据的测后处理而获得。由于观测数据需在测后处理，所以上述各种测量模式，不仅无法实时地给出观测站的定位结果，而且也无法对基准站和用户站观测数据的质量进行实时地检核，因而难以避免在数据后处理中发现不合格的测量成果，有时需要进行返工重测。

以往解决这一问题的措施，主要是延长观测时间，以获得大量的多余观测量，来保障测量结果的可靠性。但是，这样一来，便显著地降低了 GPS 测量工作的效率。

实时动态测量的基本思想是：在基准站上安置一台 GPS 接收机，对所有可见 GPS 卫星进行连续地观测，并将其观测数据，通过无线电传输设备，实时地发送给用户观测站。在用户站上，GPS 接收机在接收 GPS 卫星信号的同时，通过无线电接收设备，接收基准站传输的观测数据，然后根据相对定位的原理，实时地计算并显示用户站的三维坐标及其精度。

这样，通过实时计算的定位结果，便可监测基准站与用户站观测成果的质量和解算结果的收敛情况，从而可实时地判定解算结果是否成功，以减少冗余观测，缩短观测时间。

RTK 测量系统的开发成功，为 GPS 测量工作的可靠性和高效率提供了保障，这对 GPS 测量技术的发展和普及，具有重要的现实意义。当然，这一测量系统的应用，也明显地增加了用户的设备投资。

五、GPS 在控制测量中的应用

GPS 的诞生对测绘专业而言是一次飞跃，它突破空间、通视、气候的限制，给精密测量带来极大方便，并逐渐改变了控制测量模式，大大提高了精度、效率和减轻了劳动强度。它已被广泛应用在控制测量、勘界测量、城市测量、道路和桥梁测量、变形观测等诸领域。GPS 定位特点已完全摒弃现有常规测量技术的范畴，预示着经典测量技术面临一场意义深远的变革。

GPS 定位技术以其精度高、速度快、费用省、操作简便等优良特性被广泛应用于大地控制测量中。时至今日，可以说CPS定位技术已完全取代了用常规测角、测距手段建立大地控制网。我们一般将应用GPS卫星定位技术建立的控制网叫GPS网。归纳起来大致可以将GPS网分为两大类：一类是全球或全国性的高精度GPS网，这类GPS网中相邻点的距离在数千公里至上万公里，其主要任务是作为全球高精度坐标框架或全国高精度坐标框架，为全球性地球动力学和空间科学方面的科学研究工作服务，或用以研究地区性的板块运动或地壳形变规律等问题。另一类是区域性的GPS网，包括城市或矿区GPS网、GPS工程网等，这类网中的相邻点间的距离为几公里至几十公里，其主要任务是直接为国民经济建设服务。

1. 全球或全国性的高精度GPS网

作为大地测量的科研任务是研究地球的形状及其随时间的变化，因此建立全球覆盖的坐标系统的高精度大地控制网是大地测量工作者多年来一直梦寐以求的。直到空间技术和射电天文技术高度发达，才得以建立跨洲际的全球大地网，但由于技术设备昂贵且非常笨重，因此在全球也只有少数高精度大地点，直到GPS技术逐步完善的今天才使全球覆盖的高精度GPS网得以实现，从而建立起了高精度的（在1～2cm）全球统一的动态坐标框架，为大地测量的科学研究及相关地学研究打下了坚实的基础。

l991年国际大地测量协会（LAG）决定在全球范围内建立一个IGS（国际GPS地球动力学服务）观测网，并于1992年6～9月间实施了第一期会战联测，我国借此机会由多家单位合作，在全国范围组织了一次盛况空前的“中国92GPS会战”，目的是在全国范围内确定精确的地心坐标，建立起我国新一代的地心参考框架及其与国家坐标系的转换参数；以优于10^{-8}量级的相对精度确定站间基线向量，布设成国家A级网，作为国家高精度卫星大地网的骨架，并奠定地壳运动及地球动力学研究的基础。

建成后的国家A级网共由28个点组成，经过精细的数据处理，平差后在ITRF 91地心参考框架中的点位精度优于0.1m，边长相对精度一般优于1×10^{-8}，随后在1993年和1995年又两次对A级网点进行了GPS复测，其点位精度已提高到厘米级，边长相对精度达3×10^{-9}。

作为我国高精度坐标框架的补充以及为满足国家建设的需要，在国家A级网的基础上建立了国家B级网（又称国家高精度GPS网）。布测工作从1991年开始，经过5年努力完成外业观测和内业计算工作。全网基本均匀布点，覆盖全国，共布测730个点左右，总独立基线数2200多条，平均边长在我国东部地区为50km，中部地区为100km，西部地区为150km，经整体平差后，点位地心坐标精度达±0.1m，GPS基线边长相对中误差可达2.0×10^{-8}，高程分量相对中误差为3.0×10^{-8}。

新完成的国家A、B级网已成为我国现代大地测量和基础测绘的基本框架，将在国民经济建设中发挥越来越重要的作用。国家A、B级网以其特有的高精度把我国传统天文大地网进行了全面改善和加强，从而克服了传统天文大地网的精度不均匀、系统误差较大等传统测量手段不可避免的缺点。通过求定A、B级GPS网与天文大地网之间的转换参数，建立起了地心参考框架和我国国家坐标的数学转换关系，从而使国家大地点的服务应用领域更加宽广。利用A、B级GPS网的高精度三维大地坐标，并结合高精度水准联测，从而大大提高了确定我国大地水准面的精度，特别是克服我国西部大地水准面存在较大系统误差的缺陷。

2. 区域性GPS大地控制网

所谓区域GPS网是指国家C、D、E级GPS网或专为工程项目布测的工程GPS网。这类网的特点是控制区域有限（或一个市或一个地区），边长短（一般从几百米到20km），观测时间短（从快速静态定位的几分钟至一两个小时）。由于GPS定位的高精度、快速度、省费用等优点，建立区域大地控制网的手段我国已基本被GPS技术所取代。就其作用而言分为以下几种。

（1）建立新的地面控制网　尽管我国在20世纪70年代以前已布设了覆盖全国的大地控制网，但由于人为的破坏，现存控制点已不多，当在某个区域需要建立大地控制网时，首选方法就是用GPS技术来建网。

（2）检核和改善已有地面网　对于现有的地面控制网由于经典观测手段的限制，精度指标和点位分布都不能满足国民经济发展的需要，但是考虑到历史的继承性，最经济、最有效的方法就是利用高精度GPS技术对原有老网进行全面改造，合理布设GPS网点，并尽量与老网重合，再把GPS数据和经典控制网一并联合平差处理，从而达到对老网的检核和改善的目的。

（3）对老网进行加密　对于已有的地面控制网，除了本身点位密度不够外，人为的破坏也相当严重，为了满足基本建设的急需，采用GPS技术对重点地区进行控制点加密是一种行之有效的手段。布设加密网时要尽量和本区域的高等级控制点重合，以便较好地把新网同老网匹配好，从而避免控制点误差的传递。

（4）拟合区域大地水准面　GPS技术用于建立大地控制网，在确定平面位置的同时，能够以很高的精度确定控制点间的相对大地高差，如何充分利用这种高差信息是近几年许多学者热烈讨论的一个话题。由于地形图测绘和工程建设都依据水准高程，因此必须把GPS测得的大地高差以某种方式转化成水准高差，才便于工程建设使用。通常的方法是：

① 采用一定密度及合理分布的GPS水准高程联测点（即GPS点上联测水准高程），用数学手段拟合区域大地水准面。

② 利用区域地球重力场模型来改化GPS大地高为水准高。

（5）建立精密工程测量和变形监测GPS网　精密工程测量和变形测量，是以毫米级乃至亚毫米级精度为目的的工程测量工作。随着GPS系统的不断完善，软件性能不断改进，目前GPS已可用于精密工程测量和工程变形监测。

六、GPS测量的设计与实施

1. GPS测量的技术设计

GPS测量与常规测量相类似，在实际工作中也可划分为方案设计、外业实施及内业数据处理三个阶段。

GPS测量的技术设计是进行GPS定位的最基本工作，它是依据国家有关规范（规程）及GPS网的用途、用户的要求等对测量工作的网形、精度及基准等的具体情况进行设计。

（1）GPS网技术设计的依据　GPS网技术设计的主要依据是GPS测量规范（规程）和测量任务书。

（2）GPS测量规范（规程）　GPS测量规范（规程）是国家测绘管理部门或行业部门制定的技术法规，目前GPS网设计依据的规范（规程）有：

① 1992年国家测绘局发布的测绘行业标准《全球定位系统（GPS）测量规范》，以下简称《规范》；

② 1998年原建设部发布的行业标准《全球定位系统城市测量技术规程》，以下称简称《规程》；

③ 各部委根据本部门GPS工作的实际情况制定的其他GPS测量规程或细则。

（3）测量任务书　测量任务书或测量合同是测量施工单位上级主管部门或合同甲方下达的技术要求文件。这种技术文件是指令性的，它规定了测量任务范围、目的、精度和密度要求，提交成果资料的项目和时间，完成任务的经济指标等。

在GPS方案设计时，一般首先依据测量任务书提出的GPS网的精度、密度和经济指标，再结合规范（规程）规定并现场踏勘具体确定各点间的连接方法，各点设站观测的次数、时段长短等布网观测方案。

2. GPS 网的精度、密度设计

(1) GPS 测量精度标准及分类

① 对于各类 GPS 网的精度设计主要取决于网的用途。用于地壳形变及国家基本大地测量的 GPS 网可参照《规范》中 A、B 级的精度分级，见表 9-5；用于城市或工程的 GPS 控制网可根据相邻点的平均距离和精度参照《规程》中的二、三、四等和一、二级，见表 9-6。

表 9-5 GPS 测量精度分级（一）

级 别	主要用途	固定误差 a/mm	比例误差/mm
A	地壳形变测量或国家高精度 GPS 网建立	≤5	≤0.1
B	国家基本控制测量	≤8	≤1

表 9-6 GPS 测量精度分级（二）

等 级	平均距离/km	a/mm	b/mm	最弱边相对中误差
二	9	≤10	≤2	1/12 万
三	5	≤10	≤5	1/8 万
四	2	≤10	≤10	1/4.5 万
一级	1	≤10	≤10	1/2 万
二级	<1	≤15	≤20	1/1 万

注：当边长小于 200m 时，以边长中误差小于 20mm 来衡量。

② 等级 GPS 相邻点间弦长精度用下式表示：

$$\sigma=\sqrt{a^2+(bd)^2} \tag{9-30}$$

式中 σ——GPS 基线向量的弦长中误差，mm；

a——GPS 接收机标称精度中的固定误差，mm；

b——GPS 接收机标称精度中的比例误差系数，mm；

d——GPS 网中相邻点间的距离，km。

在实际工作中，精度标准的确定要根据用户的实际需要及人力、物力、财力情况合理设计，也可参照本部门已有的生产规程和作业经验适当掌握。在具体布设中，可以分级布设，也可以越级布设，或布设同级全面网。

(2) GPS 点的密度标准 各种不同的任务要求和服务对象，对 GPS 点的分布要求也不同。对于国家特级（A 级）基准点及大陆地球动力学研究监测所布设的 GPS 点，主要用于提供国家级基准、精密定轨、星历计划及高精度形变信息，所以布设时平均距离可达数百公里。而一般城市和工程测量布设点的密度主要满足测图加密和工程测量的需要，平均边长往往在几公里以内。因此，现行《规程》对各等级 GPS 网相邻点的平均距离也在表 9-7 作了规定。

表 9-7 GPS 网中相邻点间距离

项目＼级别	A	B	C	D	E
相邻点最小距	100	15	5	2	1
相邻点最大距	200	250	40	15	10
相邻点平均距	300	70	15～10	10～5	5～2

3. GPS网的基准设计

GPS测量获得的是GPS基线向量，它属于WGS-84坐标系的三维坐标差，而实际需要的是国家坐标系或地方独立坐标系的坐标。所以在GPS网的技术设计时，必须明确GPS成果所采用的坐标系统和起算数据，即明确GPS网所采用的基准。将这项工作称之为GPS网的基准设计。

GPS网的基准包括位置基准、方位基准和尺度基准。方位基准一般以给定的起算方位角值确定，也可以由GPS基线向量的方位作为方位基准。尺度基准一般由地面的电磁波测距边确定，同时也可由GPS基线向量的距离确定。GPS网的位置基准，一般都是由给定的起算点坐标确定。因此，GPS网的基准设计，实质上主要是指确定网的位置基准问题。

在基准设计时，应充分考虑以下几个问题。

(1) 为求定GPS点在地面坐标系的坐标，应在地面坐标系中选定起算数据和联测原有地方控制点若干个，用以坐标转换。在选择联测点时既要考虑充分利用旧资料，又要使新建的高精度GPS网不受旧资料精度较低的影响。因此，大中城市GPS控制网应与附近的国家控制点联测3个以上，小城市或工程控制可以联测2～3个点。

(2) 为保证GPS网进行约束平差后坐标精度的均匀性以及减少尺度比误差影响，对GPS网内重合的高等级国家点或原城市等级控制网点，除未知点连结图形观测外，对它们也要适当地构成长边图形。

(3) GPS网经平差计算后，可以得到GPS点在地面参照坐标系中的大地高，为求得GPS点的正常高，可据具体情况联测高程点，联测的高程点需均匀分布于网中，对丘陵或山区联测高程点应按高程拟合曲面的要求进行布设。具体联测宜采用不低于四等水准或与其精度相等的方法进行。GPS点高程在经过精度分析后可供测图或其他方面使用。

(4) 新建GPS网坐标系应尽量与测区过去采用的坐标系统一致，如果采用的是地方独立或工程坐标系，一般还应该了解以下参数：

① 所采用的参考椭球；

② 坐标系的中央子午线经度；

③ 纵横坐标加常数；

④ 坐标系的投影面高程及测区平均高程异常值；

⑤ 起算点的坐标值。

4. GPS网构成的几个基本概念及网特征条件

在进行GPS网图形设计前，必须明确有关GPS网构成的几个概念，掌握网的特征计算方法。

(1) GPS网图形构成的几个基本概念

① 观测时段：测站上开始接收卫星信号到观测停止，连续工作的时间段，简称时段。

② 同步观测：两台或两台以上接收机同时对同一组卫星进行的观测。

③ 同步观测环：三台或三台以上接收机同步观测获得的基线向量所构成的闭合环，简称同步环。

④ 独立观测环：由独立观测获得的基线向量构成的闭合环，简称独立环。

⑤ 异步观测环：在构成多边形环路的所有基线向量中，只要有非同步观测基线向量，则该多边形环路叫异步观测环，简称异步环。

⑥ 独立基线：对于N台GPS接收机构成的同步观测环，有J条同步观测基线，其中独立基线数为N-1。

⑦ 非独立基线：除独立基线外的其他基线叫非独立基线，总基线数与独立基线数之差

即为非独立基线数。

(2) GPS 网特征条件的计算。

按 R. A sany 提出的观测时段数计算公式：

$$C=n\cdot m/N \tag{9-31}$$

式中，C 为观测时段数；n 为网点数；m 为每点设站次数；N 为接收机数。

故 GPS 网中：

总基线数： $$J_{总}=C\cdot N\cdot(N-1)/2 \tag{9-32}$$

必要基线数： $$J_{必}=n-1 \tag{9-33}$$

独立基线数： $$J_{独}=C\cdot(N-1) \tag{9-34}$$

多余基线数： $$J_{多}=C\cdot(N-1)-(n-1) \tag{9-35}$$

依据以上公式，就可以确定出一个具体 GPS 网图形结构的主要特征。

(3) GPS 网同步图形构成及独立边的选择。

根据式(9-32)，对于由 N 台 GPS 接收机构成的同步图形中，一个时段包含的 GPS 基线(或简称 GSP 边) 数为：

$$J=N(N-1)/2 \tag{9-36}$$

但其中仅有 $N-1$ 条是独立的 GPS 边，其余为非独立 GPS 边。图 9-27 给出了当接收机数 N 为 2～5 时所构成的同步图形。

对应于图 9-27 的独立 GPS 边可以有不同的选择（见图 9-28）。

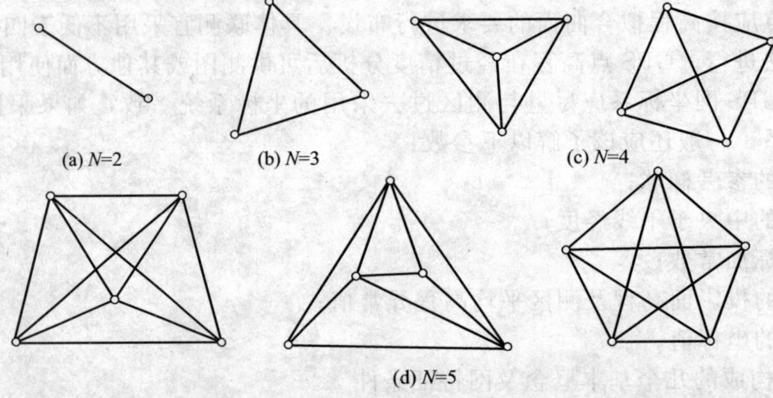

图 9-27 N 台接收机同步观测所构成的同步图形

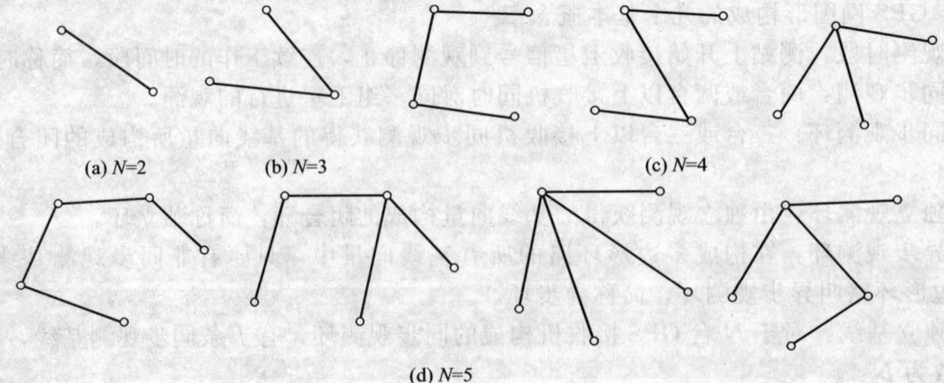

图 9-28 GPS 独立边的不同选择

当同步观测的 GPS 接收机数 $N \geqslant 3$ 时，同步闭合环的最少个数应为

$$T=J-(N-1)=(N-1)(N-2)/2 \tag{9-37}$$

接收机数 N 与 GPS 边数 J 和同步闭合环数 T（最少个数）的对应关系如表 9-8 所示。

表 9-8　N 与 J、T 关系表

N	2	3	4	5	6
J	1	3	6	10	15
T	0	1	3	6	10

理论上，同步闭合环中各 GPS 边的坐标差之和（即闭合差）应为 0，但由于有时各台 GPS 接收机并不是严格同步，同步闭合环的闭合差并不等于零。有的 GPS 规范规定了同步闭合差的限差。对于同步较好的情况，应遵守此限差的要求；但当由于某种原因，同步不是很好的，应适当放宽此项限差。

值得注意，当同步环闭合差较小时，只能说明 GPS 基线向量的计算合格，并不能说明 GPS 边的观测精度高，也不能发现接收的信号受到干扰而产生的某些粗差。

为了确保 GPS 观测效果的可靠性，有效地发现观测成果的粗差，必须使 GPS 网中的独立边构成一定的几何图形。这种几何图形，可以是由数条 GPS 独立边构成的非同步多边形（亦称非同步闭合环），如三边形、四边形、五边形、……。当 GPS 网中有若干个起算点时，也可以是由两个起算点之间的数条 GPS 独立边构成的附合路线。GPS 网的图形设计，也就是根据对所布设的 GPS 网的精度要求和其他方面的要求，设计出由独立 GPS 边构成的多边形网（或称为环形网）。

对于异步环的构成，一般应按所设计的网图选定，必要时在经技术负责人审定后，也可根据具体情况适当调整。当接收机多于 3 台时，也可按软件功能自动挑选独立基线构成环路。

5. GPS 网的图形设计

常规测量中对控制网的图形设计是一项非常重要的工作。而在 GPS 图形设计时，因 GPS 同步观测不要求通视，所以其图形设计具有较大的灵活性。GPS 网的图形设计主要取决于用户的要求、经费、时间、人力以及所投入接收机的类型、数量和后勤保障条件等。

根据不同的用途，GPS 网的图形布设通常有点连式、边连式、网连式及边点混合连接四种基本方式。也有布设成星形连接、附合导线连接、三角锁形连接等。选择什么样的组网，取决于工程所要求的精度、野外条件及 GPS 接收机台数等因素。

(1) 点连式　点连式是指相邻同步图形之间仅有一个公共点的连接。以这种方式布点所构成的图形几何强度弱，没有或极少有非同步图形闭合条件，一般不单独使用。

图 9-29 中有 13 个定位点，没有多余观测（无异步检核条件），最少观测时段 6 个（同步环），最少必要观测基线为 n（点数）$-1=12$ 条，6 个同步图形中总共有 12 条独立基线。显然这种点连式网的几何强度很差，需要提高网的可靠性指标。

(2) 边连式　边连式是指同步图形之间由一条公共基线连接。这种布网方案，网的几何强度较高有较多的复测边和非同步图形闭合条件。在相同的仪器台数条件下，观测时段数将比点连式大大增加。

图 9-30 中有 13 个定位点，12 个观测时段，9 条重复边，3 个异步环。最少观测同步图形为 11 个，总基线为 33 条，独立基线数 22 条，多余基线数 10 条。比较图 9-29 与图 9-30，显然边连式布网有较多的非同步图形闭合条件，几何强度和可靠性均优于点连式。

(3) 网连式　网连式是指相邻同步图形之间有两个以上的公共点相连接，这种方法需要 4 台以上的接收机。显然，这种密集的布图方法，它的几何强度和可靠性指标是相当高的，但花费的经费和时间较多，一般仅适于较高精度的控制测量，如图 9-31 所示。

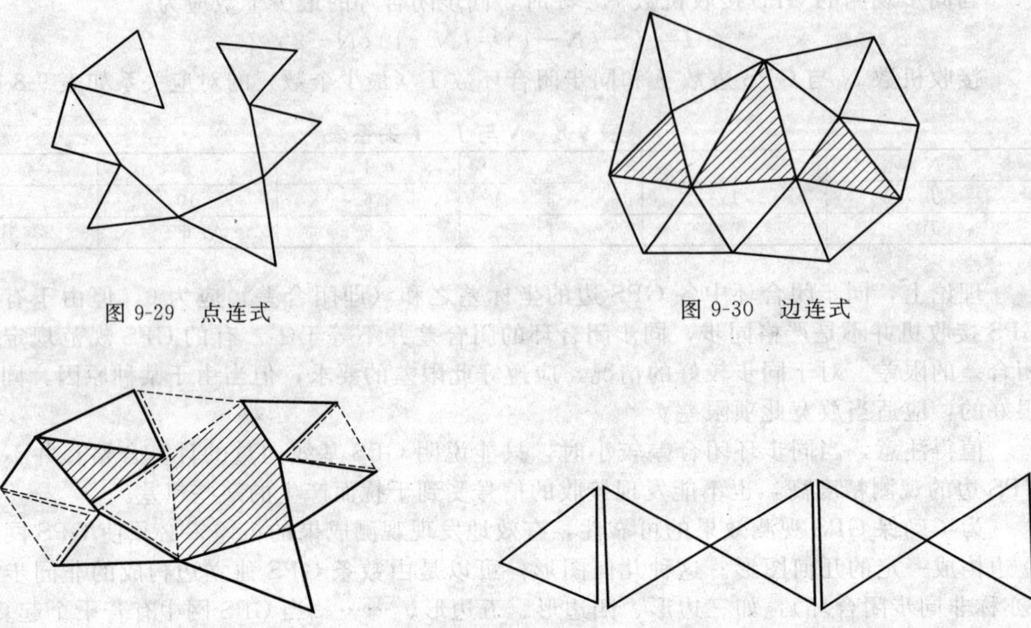

图 9-29 点连式

图 9-30 边连式

图 9-31 网连式

图 9-32 边点混合式

(4) 边点混合连接式 边点混合连接式是指把点连式与边连式有机地结合起来，组成GPS网，既能保证网的几何强度，提高网的可靠指标，又能减少外业工作量，降低成本，是一种较为理想的布网方法。图 9-32 是在点连式的基础上加测四个时段，把边连式与点连式结合起来，就可得到几何强度改善的布网设计方案。

(5) 三角锁（或多边形）边接 用点连式或边连式组成连续发展的三角锁同步图形，此连接形式适用于狭长地区的 GPS 布网，如铁路、公路及管线工程勘测，如图9-32所示。

(6) 导线网图形连接（环形图） 将同步图形布设为直伸状，形如导线结构式的 GPS 网，各独立边应组成封闭状，形成非同步图形，用以检核 GPS 点的可靠性。适用于精度较低的 GPS 布网。该布网方法也可与点连式结合来布设（图 9-33）。

图 9-33 环形图

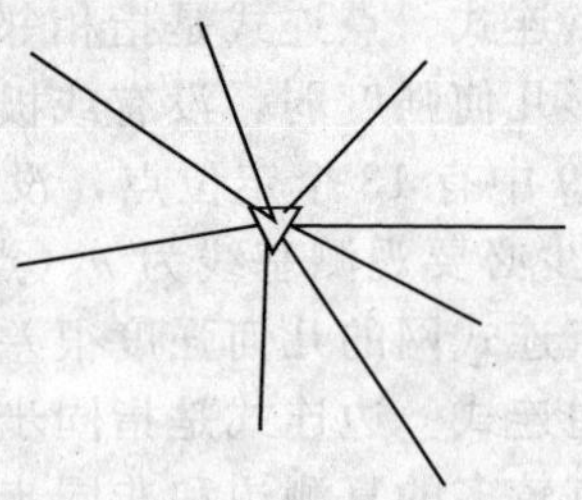

图 9-34 星形图

(7) 星形布设 星形图的几何图形简单，其直接观测边间不构成任何闭合图形，所以其检查与发展粗差的能力比点连式更差，但这种布网只需两台仪器就可以作业。若有三台仪器，一个可作为中心站，其他两台可流动作业，不受同步条件限制。测定的点位坐标为 WGS-84 坐标系，每点坐标还需使用坐标转换参数。由于方法简便，作业速度快，星形布网广泛地应用于精度较低的工程测量、地质、地球物理测量、地籍测量和碎部测量等。星形网的几何图形，如图 9-34 所示。

在实际布网设计时还要注意以下几个原则：

① GPS 网的点与点间尽管不要求通视，但考虑到利用常规测量加密时的需要，每点应有一个以上通视方向。

② 为了顾及原有城市测绘成果资料以及各种大比例尺地形图的沿用，应采用原有城市坐标系统。对凡符合 GPS 网点要求的旧点，应充分利用其标石。

③ GPS 网必须由非同步独立观测边构成若干个闭合环或附合路线。各级 GPS 网中每个闭合环或附合路线中的边数应符合表 9-9 的规定。

表 9-9 闭合环或附合路线边数的规定

等 级	二等	三等	四等	一级	二级
闭合环或附合路线的边数	≤6	≤8	≤10	≤10	≤10

6. GPS 测量的外业准备及技术设计书编写

在进行 GPS 外业工作之前，必须做好实施前的测区踏勘、资料收集、器材筹备、观测计划拟定、GPS 仪器检校及设计书编写等工作。

(1) 测区踏勘　接受下达任务或签订 GPS 测量合同后，就可依据施工设计图踏勘、调查工区。主要调查了解下列情况，为编写技术设计，施工设计，成本预算提供依据。

① 交通情况：公路、铁路、乡村便道的分布及通行情况。

② 水系分布情况：江河、湖泊、池塘、水渠的分布，桥梁、码头及水路交通情况。

③ 植被情况：森林、草原、农作物的分布及面积。

④ 控制点分布情况：三角点、水准点、GPS 点、多普勒点、导线点的等级、坐标、高程系统，点位的数量及分布，点位标志的保存状况等。

⑤ 居民点分布情况：测区内城镇、乡村居民点的分布，食宿及社会治安情况。

(2) 资料收集　根据踏勘测区掌握的情况，收集下列资料。

① 各类图件：1∶1 万～1∶10 万比例尺地形图，大地水准面起伏图，交通图。

② 各类控制点成果：三角点、水准点、GPS 点、多普勒点、导线点及各控制点坐标系统技术总结等有关资料。

③ 测区有关的地质、气象、交通、通讯等方面的资料。

④ 城市及乡、村行政区划表。

(3) 设备、器材筹备及人员组织　包括以下内容。

① 筹备仪器、计算机及配套设备；

② 筹备机动设备及通讯设备；

③ 筹备施工器材，计划油料、材料的消耗；

④ 组建施工队伍，拟定施工人员名单岗位；

⑤ 进行详细的投资预算。

(4) 拟定外业观测计划　观测工作是 GPS 测量的主要外业工作。观测开始之前，外业观测计划的拟定对于顺利完成数据采集任务，保证测量精度，提高工作效益都是极为重要的。拟定观测计划的主要依据如下。

① GPS 网的规模大小；

② 点位精度要求；

③ GPS 卫星星座几何图形强度；

④ 参加作业的接收机数量；

⑤ 交通、通讯及后勤保障（住宿、供电等）。

（5）设计 GPS 网与地面网的联测方案　GPS 网与地面网的联测，可根据测区地形变化和地面控制点的分布而定。一般在 GPS 网中至少要重合观测三个以上的地面控制点（尽量选择水准高程）作为约束点。

（6）GPS 接收机选型及检验　GPS 接收机是完成测量任务的关键设备，其性能、型号、精度、数量与测量的精度有关，GPS 接收机的选用可规范要求。

观测所选用的接收机，必须对其性能与可靠性进行检验，合格后可参加作业。对新购和经修理后的接收机，应按规定进行全面的检验。接收机全面检验的内容，包括一般性检视、通电检验和实测检验。

（7）技术设计书编写　资料收集全后，编写技术设计，主要编写内容如下。

① 任务来源及工作量　包括 GPS 项目的来源、下达任务的项目、用途及意义；GPS 测量点的数量（包括新定点数、约束点数、水准点数、检查点数）；GPS 点的精度指标及坐标、高程系统。

② 测区概况　测区隶属的行政管辖；测区范围的地理坐标，控制面积；测区的交能状况和人文地理；测区的地形及气候状况；测区控制点的分布及对控制点的分析、利用和评价。

③ 布网方案　GPS 网点的图形及基本连接方法；GPS 网结构特征的测算；点位布设图的绘制。

④ 选点与埋石　GPS 点位的基本要求；观测纲要的制定；点位的编号等。

⑤ 观测方案　对观测工作的基本要求；观测纲要的制定；对数据采集提出注意的问题。

⑥ 数据处理　数据处理的基本方法及使用的软件；起算各点坐标的决定方法；闭合差检验及点位精度的评定指标。

⑦ 完成任务的措施　要求措施具体，方法可靠，能在实际工作中贯彻执行。

（8）GPS 测量的作业模式　近几年来，随着 GPS 定位后处理软件的发展，为确定两点之间的基线向量，已有多种测量方案可供选择。这些不同的测量方案，也称为 GPS 测量的作业模式。目前，在 GPS 接收系统硬件和软件的支持下，较为普遍采用的作业模式主要有静态相对定位、快速静态相对定位、准动态相对定位和动态相对定位等。下面把这些作业模式的特点及其适用范围作简要介绍。

① 经典静态定位模式　作业方法：采用两台（或两台以上）接收设备，分别安置在一条或数条基线的两个端点，同步观测 4 颗以上卫星，每时段长 45 分钟至 2 小时或更多。

精度：基线的相对定位精度可达 5mm＋1ppm · D，D 为基线长度（km）。

适用范围：建立全球性或国家级大地控制网，建立地壳运动监测网、建立长距离检校基线、进行岛屿与大陆联测、钻井定位及精密型工程控制网建立等。

注意事项：所有已观测基线应组成一系列封闭图形，以利于外业检核，提高成果可靠度。并且可以通过平差，有助于进一步提高精度。

② 快速静态定位　作业方法：在测区中部选择一个基准站，并安置一台接收设备连续跟踪所有可见卫星；另一台接收机依次到各点流动设站，每点观测数分钟。

精度：流动站相对于基准站的基线中误差为 5mm＋1ppm · D。

应用范围：控制网的建立及其加密、工程测量、地籍测量、大批相距百米左右的点位定位。

注意事项：在观测时段内应确保有 5 颗以上卫星可供观测；流动点与基准点相距应不超过 20km；流动站上的接收机在转移时，不必保持对所测卫星连续跟踪，可关闭电源以降低能耗。

优点：作业速度快、精度高、能耗低；两台接收机工作时，构不成闭合图形，可靠性较差。

③ 准动态定位　作业方法：在测区选择一个基准点，安置接收机连续跟踪所有可见卫星；将另一台流动接收机先置于 1 号站观测；在保持对所测卫星连续跟踪而不失锁的情况下，将流动接收机分别在 2，3，4…各点观测数秒钟。

精度：基线的中误差约为 1～2cm。

应用范围：开阔地区的加密控制测量、工程定位及碎部测量、剖面测量及线路测量等。

注意事项：应确保在观测时段上有 5 颗以上卫星可供观测；流动点与基准点距离不超过 20km；观测过程中流动的接收机不能失锁，否则应在失锁的流动点上延长观测时间 1～2min。

④ 往返式重复设站　作业方法：建立一个基准点安置接收机连续跟踪所有可见卫星；流动接收机依次到每点观测 1～2min；1h 后逆序返测各流动点 1～2min。

精度：相对于基准点的基线中误差为 5mm＋1ppm・D。

应用范围：控制测量及控制网加密、取代导线测量及三角测量、工程测量及地籍测量等。

注意事项：流动点与基准点相距不超过 20km；基准点上空开阔，能正常跟踪 3 颗及以上的卫星。

⑤ 动态定位　作业方法：建立一个基准点安置接收机连续跟踪所有可见卫星；流动接收机先在出发点上静态观测数分钟；然后流动接收机从出发点开始连续运动；按指定的时间间隔自动测定运动载体的实时位置。

精度：相对于基准点的瞬时点位精度为 1～2cm。

应用范围：精密测定运动目标的轨迹、测定道路的中心线、剖面测量、航道测量等。

注意事项：需同步观测 5 颗卫星，其中至少 4 颗卫星要连续跟踪；流动点与基准点相距不超过 20km。

⑥ RTK 作业模式与应用　根据用户的要求，目前实时动态测量采用的作业模式，主要有如下几种：

快速静态测量：采用这种测量模式，要求 GPS 接收机在每一用户站上，静止地进行观测。在观测过程中，连同接收到的基准站的同步观测数据，实时地解算整周未知数和用户站的三维坐标。如果解算结果的变化趋于稳定，且其精度已满足设计要求，便可适时地结束观测。采用这种模式作业时，用户站的接收机在流动过程中，可以不必保持对 GPS 卫星的连续跟踪，其定位精度可达 1～2cm。这种方法可应用于城市、矿山等区域性的控制测量，工程测量、地形测量和地籍测量等。

准动态测量：同一般的准动态测量一样，这种测量模式，通常要求流动的接收机在观测工作开始之前，首先在某一起始点上静止地进行观测，以便采用快速解算整周未知数的方法实时地进行初始化工作。初始化后，流动的接收机在每一观测站上，只需静止观测数个历元，并连同基准站的同步观测数据，实时地解算流动站的三维坐标。目前，其定位的精度可达厘米级。该方法要求接收机在观测过程中，保持对所测卫星的连续跟踪，一旦发生失锁，便需重新进行初始化的工作。准动态实时测量模式，通常主要应用于地籍测量、碎部测量、路线测量和工程放样等。

动态测量：动态测量模式，一般需首先在某一起始点上，静止地观测数分钟，以便进行初始化工作。之后，运动的接收机按预定的采样时间间隔自动地进行观测，并连同基准站的同步观测数据，实时地确定采样的空间位置。目前，其定位的精度可达厘米级。这种测量模式，仍要求在观测过程中，保持对观测卫星的连续跟踪，一旦发生失锁，则需重新进行初始化。这时，对陆上的运动目标来说，可以在卫星失锁的观测点上，静止地观测数分钟，以便重新初始化，或者利用动态初始化技术，重新初始化，而对海上和空中的运动目标来说，则只有应用 AROF 技术，重新完成初始化的工作。实时动态测量模式，主要应用于航空摄影测量和航空物探中采样点的实时定位、航道测量、道路中线测量以及运动目标的精密导航等。

习题与思考题

1. 我国的平面控制网有哪些布网形式？各有何特点？
2. 导线测量的外业工作有哪些？选取导线点的位置需注意些什么？
3. 导线的布设形式有哪些？各有何特点？
4. 什么叫坐标的正算与反算？请写出相应的计算公式。
5. 简述双定向附合导线的内业计算步骤，并写出相应的计算公式。
6. 简述单结点导线的计算思路。
7. 图根光电测距附合导线的计算。已知数据为：A 点坐标为（13674.512，16516.303）；B 点坐标为（13667.960，17276.223）；$\alpha_{MA}=131°12'55''$；$\alpha_{BN}=65°25'50''$。观测数据如图 9-35 所示，请列表计算 1、2、3 点的坐标。

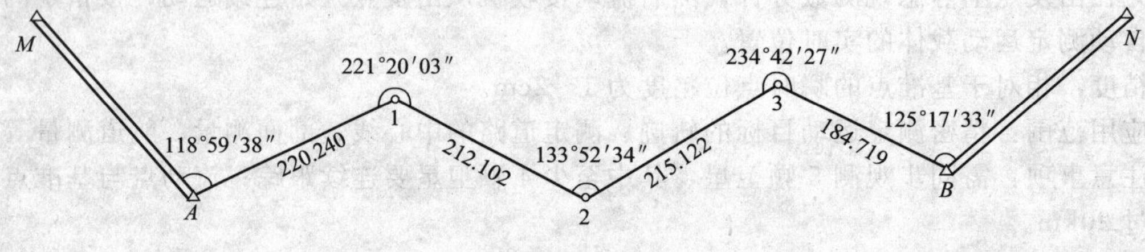

图 9-35

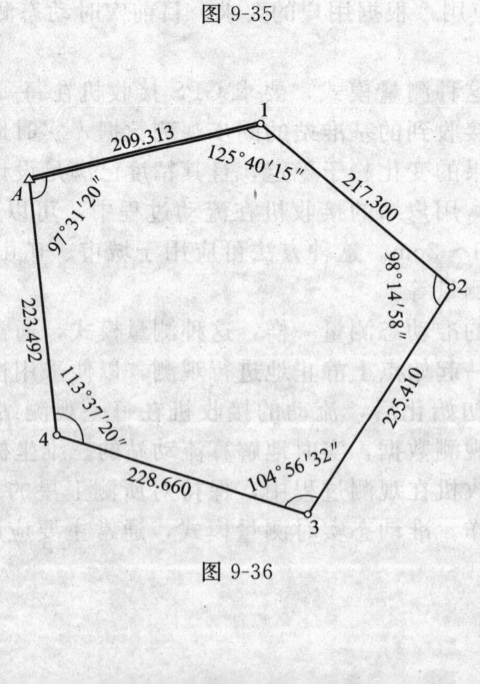

图 9-36

8. 图根闭合导线的计算。已知数据为：A 点坐标为（51410.252，36541.335）；$\alpha_{A1}=76^\circ18'30''$，观测数据见图 9-36，请列表计算 1、2、3、4 点的坐标。

9. 什么叫前方交会？在选点和计算时需注意哪些问题？

10. 侧方交会与前方交会有何区别？

11. 什么叫后方交会的危险圆？如何避开危险圆？

12. 利用 GPS 进行控制测量有哪些优点？

13. GPS 定位有哪几种方法？各有何特点？

14. GPS 控制网网形有哪几种形式？各有什么特点？

第十章　数字地形图的测绘

【知识目标】

- 了解地形图测量原理及数字地图的相关知识
- 掌握地形测图的外业工作程序、作业方法及技巧
- 掌握地形图的内业绘制方法与技巧
- 掌握地形测图的一些注意事项

【能力目标】

- 掌握利用全站仪进行野外数据采集的方法
- 初步掌握利用 RTK GPS 进行野外数据采集的方法
- 掌握利用 CASS 软件或其他绘图软件进行内业成图的方法

第一节　数字地形图的基本知识

一、数字测图的有关概念

1. 数字地图

传统的图解法测图是利用经纬仪、平板仪等测量仪器对地球表面各种地物、地貌特征点的空间位置进行测定，并按一定的比例尺和规定的图式符号将其绘制在图纸上。由于是在图纸上直接绘图，故称为白纸测图。在测图过程中，观测数据的精度由于刺点、绘图及图纸伸缩变形等因素的影响会有较大的降低，而且工序多、劳动强度大、质量管理难，特别在当今的信息时代，纸质地形图已难以承载更多的图形信息，图纸更新也极为不便，难以适应信息时代经济建设的需要。

随着计算机技术和测绘仪器的发展，一种全解析机助测图方法以高自动化、全数字化、高精度的显著优势取代了传统的手工图解测图法。数字测图就是要实现丰富的地形信息、地理信息数字化和作业过程的自动化或半自动化，尽可能缩短野外测图时间，减轻野外劳动强度，而将大部分作业内容安排到室内去完成，与此同时，将大量手工作业转化为计算机控制下的自动操作，这样不仅减轻劳动强度，而且不会损失观测值精度。地面数字测图的基本过程是：首先采集有关的绘图信息并及时记录在相应存储器中，然后在室内通过数据接口将采集的数据传输给计算机并由计算机对数据进行处理，再经过人机交互屏幕编辑，最后形成数字图形文件。由上述过程可看出，数字测图的地形信息的载体是计算机的存储介质（磁盘或光盘），其提交的成果是可供计算机处理、远程传输、多方共享的数字地形图数据文件，如果使用打印机或绘图仪，可以在印刷介质上输出相应的地形图。

将绘制地形图的全部信息存储在设计好的数据库中，经绘图软件处理可在屏幕上将需要的地形图显示出来，用这种方式来阅读的地图称为电子地图。电子地图的优点是直接在屏幕上阅读，利用计算机技术可将地形图做放大或缩小变化，用漫游功能可阅读任意区域的内

容，且不受图幅边界的限制。由于地形图全部信息的存储是用数字方式实现的，因而称为数字地图，即数字地图是用数字形式存储全部地形信息的地图，是用数字形式描述地图要素的属性、定位和关系信息的数据集合，是存储在具有直接存取性能的介质（磁盘、硬盘、光盘等）上的关联数据文件。在电子绘图系统的支持下，将“数字地图”视觉化后就成为“电子地图”，通过打印机或者绘图仪视觉化，则“电子地图”就成为传统的“模拟地图”。利用数字地图可以生成电子地图和数字地面模型（Digital Terrain Model，DTM），以数学描述和图像描述的数字地形表达方式，可实现对客观世界的三维描述，更具深远意义的是，数字地形信息作为地理空间数据的基本信息之一，已成为地理信息系统（Geographic Information System，GIS）的重要组成部分。

2. 数字图形的表示

计算机中图形数据按照数据获取和成图方法的不同，可区分为矢量数据和栅格数据两种数据格式。对应的图形通常称为矢量图形和栅格图形。

矢量数据是图形的离散点坐标（X，Y）的有序集合，由野外采集的数据、解析测图仪获得的数据和手扶跟踪数字化仪采集的数据是矢量数据。矢量图形的特点是：图形上的每点均是用坐标表示，这样就便于用函数来计算，对于图形的放大、缩小、旋转等变化都不会使图形产生变形。

栅格数据是图形像元值按矩阵形式的集合，由扫描仪和遥感获得的数据是栅格数据。栅格图形的特点是：对图形的存储较为简单，只需按行、列顺序记下各像元的灰度值即可，但是要使图形作放大、缩小、旋转等变化则较为复杂。

矢量图形是人们最熟悉的图形表达形式，从测定地形特征点位置到线划地形图中各类地物的表示以及设计用图，都是利用矢量图形。计算机辅助设计（CAD）、图形处理及网络分析，也主要是利用矢量数据和矢量算法。因此数字测图通常采用矢量数据结构，绘制矢量图形，若采集的数据是栅格数据，通常将其转换为矢量数据。再则，由计算机控制输出的矢量图形不仅美观，而且更新方便，应用非常广泛。

3. 绘图信息

传统的测图方法是用仪器测量水平角、竖直角和距离来确定点位，绘图员按计算所得坐标（或角度与距离）将点展绘到图纸上，并在现场依据展绘的点位和地物的性质，按图式符号将地物或地貌描绘出来，这样一点一点地测绘，直到完成整幅地形图的测绘，最后按相邻图幅拼接起来就形成了某一区域的地形图。

数字测图是利用计算机软件通过人机交互或自动处理（自动计算、自动识别、自动连接、自动调用图式符号等），自动绘出地形图。因此，数字测图时必须采集绘图信息，它包括点的定位信息、连接信息和属性信息。

定位信息亦称点位信息，是用仪器在外业测量中测得的，是最终以 X，Y，Z（H）表示的三维坐标。连接信息是指测点之间的连接关系，它包括连接点号和连接线型，据此可将相关的点连接起来。上述两种信息合称为几何信息，以此可以绘制房屋、道路、河流、地类界、等高线等图形。属性信息又称为非几何信息，是用来描述地形点的特征和地物属性的信息，一般用拟定的特征码（或称地形编码）和文字表示。

4. 数字测图系统及其配置

数字测图是通过数字测图系统来实现的。数字测图系统是以计算机为核心，在外连输入、输出的硬件和软件设备的支持下，对地形空间数据进行采集、输入、处理、绘图、存贮、输出和管理的测绘系统。数字测图系统需由一系列硬件和软件组成。用于野外数据采集的硬件设备有全站仪或GPS接收机等；用于室内输入的设备有数字化仪、扫描仪、解析测图仪等；用于室内输出的设备主要有磁盘、显示器、打印机和数控绘图仪等；便携机或微机是数字测图系统的硬件控制设备，既用于数据处理，又用于数据采集和成果输出。目前，根据数据采集方法的不同，数字测图系统主要区分为三种。

(1) 基于现有地形图的数字成图系统　已有的纸质地形图是十分宝贵的地理信息资源，通过地图数字化的方法可以将其转化成数字地形图。从图上获取数据的过程称为图数转换或模数转换，也称数字化。实现这种转换的仪器称为数字化仪。从纸质地形图进行数据采集，是当前数字化测图获取数据的一个重要手段，它可加速实现测图、管图、用图的数字化、自动化。地图数字化的方法主要有两种：一种是手扶跟踪数字化，即在数字化仪上对原图上各种地图要素的特征点通过手扶跟踪的方法逐点进行采集，将采集结果自动传输到计算机中，并由相应的成图软件处理成数字地图。另一种是扫描数字化，即首先通过扫描仪将原图扫描成数字图像，再在计算机屏幕上进行逐点采集或半自动跟踪，也可直接对各种地图要素进行自动识别与提取，最后由相应的成图软件处理成数字地图。

(2) 基于影像的数字测图系统　这种数字测图系统是以航空像片或卫星像片作为数据来源，即利用摄影测量与遥感的方法获得测区的影像并构成立体像对，在解析测图仪上采集地形特征点并自动传输到计算机中或直接用数字摄影测量方法进行数据采集，经过软件进行数据处理，自动生成数字地形图，并由数控绘图仪进行绘图输出。

(3) 地面数字测图系统　地面数字测图系统是利用全站仪或RTK GPS接收机在野外直接采集有关绘图信息并将其传输到计算机中，经过测图软件进行数据处理形成绘图数据文件，最后由数控绘图仪输出地形图。由于全站仪或RTK GPS接收机具有较高的测量精度，这种测图方式又具有方便灵活的特点，故在城镇大比例尺测图和小范围大比例尺工程测图中有广泛的应用。

目前，大多数数字化测图系统具有多种数据采集方法，具有多种功能和多种应用范围，能输出多种图形和数据资料，如图10-1所示。

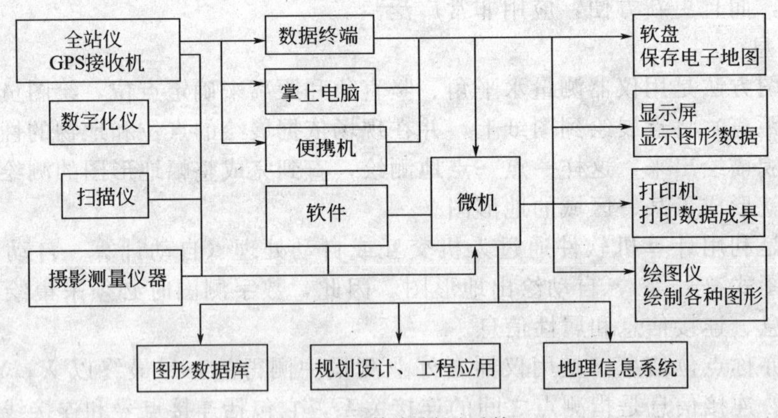

图 10-1　数字测图系统

数字测图的软件是数字测图系统的关键，一个功能比较完善的数字测图系统软件，应集数据采集、数据处理（包括图形数据的处理、属性数据及其他数据格式的处理）、图形编辑与修改、成果输出与管理于一身，且通用性强、稳定性好，并提供与其他软件进行数据转换的接口。目前，国内测绘行业使用的数字测图软件较多，使用比较集中的主要有：广州南方测绘仪器公司开发的地形地籍成图系统CASS系列软件，北京清华山维新技术开发有限公司开发的电子平板全息测绘系统EPSW系列软件，武汉瑞得信息工程有限公司开发的数字化测图系统RDMS系列软件，北京威远图公司开发的地形地籍测绘系统SV300 R2002，广州开思测绘软件有限公司的多用途数字测绘与管理系统 SCSG 200X。另外，还有多个用于数字地图的矢量化软件和用于野外数据采集的掌上平板。

二、数字测图的作业流程

数字测图的作业过程依据使用的设备和软件、数据源及图形输出目的的不同而不同，但不论是测绘地形图，还是制作种类繁多的专题图、行业管理用图，只要是测绘数字图，都必须包括数据采集、数据处理和图形输出三个基本阶段。

1. 数据采集

野外采集数据是通过全站仪或 RTK GPS 接收机实地测定地形特征点的平面位置和高程，将这些点位信息自动存贮在仪器内存贮器中，再传输到计算机中（若野外使用便携机，可直接将点位信息存贮到便携机）。每一个地形特征点的记录内容包括点号、平面坐标、高程、属性编码和与其他点之间的连接关系等。点号通常是按测量顺序自动生成的；平面坐标和高程是全站仪（或 RTK GPS 接收机）自动解算的；属性编码指示了该点的性质，野外通常只输入简编码或不输编码，用草图等形式形象记录碎部点的特征信息，内业可用多种手段输入属性编码；点与点的连接关系表明按何种连接顺序构成一个有意义的实体，通常采用绘草图或在便携机上边测边绘来确定。由于目前测量仪器的测量精度高，很容易达到亚厘米级的定位精度，所以地面数字测图是数字测图中精度最高的一种，是城镇大比例尺（尤其是 1∶500 的）测图中主要的测图方法。

2. 数据处理

数据处理是指在数据采集以后到图形输出之前对图形数据的各种处理。数据处理主要包括建立地图符号库、数据预处理、数据转换、数据计算、图形生成及文字注记、图形编辑与整饰、图形裁减、图形接边、图形信息的管理与应用等。数据处理通常通过计算机软件来实现，最后生成可进行绘图输出的图形文件。

3. 图形输出

经过图形处理以后，即可得到数字地图，也就是形成一个图形文件，由磁盘或光盘作永久性保存。可以将该数字地图转换成地理信息系统的图形数据，建立和更新 GIS 图形数据库，也可将数字地图绘图输出。输出图形是数字测图的主要目的，通过对层的控制，可以编制和输出各种专题地图（包括平面图、地籍图、地形图、管网图、带状图、规划图等），以满足不同用户的需要。

三、数字测图的优点

地面数字测图与传统的平板仪白纸测图有着许多本质的区别，两者相比较，数字测图主要有以下优点。

1. 测图过程自动化

传统测图方式主要是手工作业，外业测量人工记录，人工绘制地形图；在图上人工量算所需要的坐标、距离和面积等。数字测图则使野外测量自动解算、自动记录，使内业数据自动处理、自动成图、自动绘图，并向用图者提供可处理的数字地图，用户可自动提取图形的数字信息。数字测图具有效率高，劳动强度低，错误（读错、记错、展错）几率小的优点，且绘得的地形图精确、美观、规范。

2. 图形数字化

用磁盘保存的数字地图，存储了图中具有特定含义的数字、文字、符号等各类数据信息，可方便地传输、处理和供多用户共享。数字地图不仅可以自动提取点位坐标、两点间距离、方位，自动计算面积土方，自动绘制纵横断面图，还可以方便地将其传输到 Auto CAD 等软件设计系统中，以方便工程设计部门进行计算机辅助设计。数字测图成果以数字信息保存，避免了图纸变形带来的各种误差。数字地图的管理既节省空间，操作又十分方便。

3. 点位精度高

传统的平板仪白纸测图，地物点平面位置和高程的误差受解析图根点的测定误差和展绘误差，测定地物点的视距误差、方向误差，地形图上地物点的刺点误差等影响，其误差均较大。用全站仪或 RTK GPS 接收机进行采集数据，其误差大大地减少，在绘图过程中也没有精度损失。

4. 便于成果更新

数字测图的成果是以点的定位信息和属性信息存入计算机中，当实地有变化时，只需输入变化信息的坐标、编码，经过编辑处理，很快便可以得到更新的地图，从而确保地图的可靠性与现势性。

5. 成果输出的多样性

计算机与显示器、打印机联机时，可以显示或打印各种需要的资料信息，计算机与绘图仪联机，可以绘制出各种比例尺的地形图、专题图，以满足不同用户的需要。还可以通过软件处理，显示或输出立体景观图。

6. 方便成果的深加工利用

数字测图分层存放，可使地面信息无限存放（这是模拟地图无法比拟的），不受图面负载量的限制，从而便于成果的深加工利用，拓宽测绘工作的服务面。用户可以通过关闭、打开图层等操作来提取相关信息，可方便地得到所需的各类专题图、综合图，如路网图、电网图、管线图、地形图等。

7. 可作为 GIS 的重要信息源

地理信息系统（GIS）以空间信息查询检索功能、空间分析功能以及辅助决策功能，在国民经济、办公自动化及人们日常生活中广泛应用。然而，要建立一个 GIS，花在数据采集上的时间和精力约占整个工作量的 80%，GIS 要发挥辅助决策的功能，需要现势性强的地理信息资料。数字测图可以提供现势性强的地理基础信息，经过一定的格式转换，其成果即可直接进入 GIS 数据库并更新 GIS 数据库。

四、数字测图的作业模式

作业模式是数字化测图内、外业作业方法、作业流程的总称。由于软件设计者思路不同，使用的仪器设备不同，测绘数字地形图有不同的作业模式。就地面数字测图来说，目前可分为数字测记模式和电子平板测绘模式两种。

1. 数字测记模式

数字测记模式是一种野外数据采集、室内成图的作业方法，根据野外数据采集硬件设备的不同，可将其进一步分为全站仪数字测记模式和 RTK GPS 数字测记模式。

全站仪数字测记模式是目前最常用的测记式数字测图作业模式，为绝大多数软件所支持。该模式是用全站仪实地测定地形点三维坐标，并用内存贮器自动记录观测数据，到室内将采集数据传输给计算机，由室内人工编辑成图或自动绘图。该法野外采集数据速度快，外业效率高。但由于全站仪的采用，测站和镜站的距离可能拉得较远（1km 以上），测站上就很难看到所测点的属性和与其他点的连接关系，通常使用对讲机加强测站与立镜点之间的联系，以保证测点编码（简码）输入的正确性；或者到镜站手工绘制草图或记录测点属性、点号及其连接关系，供内业绘图使用。该模式是作业单位使用最多的作业模式。

RTK GPS 数字测记模式采用 GPS 实时动态定位技术，实地测定地形点三维坐标，并自动记录定位信息。用 RTK GPS 采集数据的最大优点是不需要测站（控制点）和碎部点（待测点）之间通视，且移动站（用于采集碎部点）与基准站（控制点）的距离在 15km 以内可达厘米级测量精度。目前，移动站的设备已高度集成，接收机、天线、电池与对中杆集于一体，重量仅几公斤，野外采集数据很方便。采集数据时，在移动站绘制草图或记录绘图信息，供内业绘图使用。在非居民区、地表植被较矮小或稀疏区域的地形测图中，用 RTK GPS 比全站仪采集数据效率更高。

2. 电子平板测绘模式

电子平板测绘模式就是全站仪＋便携机＋相应测图软件实施的外业测图模式。这种模式用便携机（笔记本电脑）的屏幕模拟测板在野外直接测图，即把全站仪测定的碎部点实时地展绘在计算机屏幕（模拟测板）上，用软件的绘图功能边测边绘。这种模式现场完成绝大部分测图工作，实现数据采集、数据处理、图形编辑现场同步完成，外业工作完成，图也就基本绘成了，实现了内外业一体化。

第二节 测图前准备工作

测图前的准备工作主要有：控制测量、仪器器材与资料准备、测区划分、人员配备等。

一、控制测量

数字测图既可采用传统的先控制测量后碎部测图、从整体到局部的作业方法，也可采用图根控制测量与碎部测量同步进行的“一步测量法”。但对于大面积的高等级控制测量，一般仍遵循从整体到局部、分级布设逐级加密的测量原则。

控制测量包括平面控制测量和高程控制测量。其作业方法、精度要求与白纸测图法中的控制测量基本相同。由于数字测图主要采用全站仪采集数据，测站点到地物、地形点的距离即使 1km，也能保证测量精度，故对图根点密度要求已不是很严格，大大低于白纸测图的要求。一般以在 500m 以内能测到碎部点为原则。通视条件好的地方，图根点可稀疏些；地物密集、通视困难的地方，图根点可密些。

在实际作业中，采用全站仪采集数据，通常用“辐射法”直接测定图根控制点。辐射法就是在某一通视良好的等级控制点上安置全站仪，用极坐标测量方法，按全圆方向观测方式直接测定周围几个图根点坐标，点位精度可在 1cm 以内。该法最后测定的一个点必须与第一个点重合，以检查仪器是否变动。重合误差应小于图根点精度。

另外，对于小面积或局部区域，有些数据采集软件有“一步测量法”功能，不需要单独进行图根控制测量。这样在一定程度上可提高外业的工作效率。如图 10-2 所示，A、B、C、D 为已知点，1、2、3…为图根导线，1′、2′、3′…为碎部点，一步测量法作业步骤如下：

(1) 全站仪置于 B 点，先后视 A 点，再照准 1 点测水平角、垂直角和距离，可求得 1 点坐标。

(2) 不搬运仪器，再施测 B 站周围的碎部点 1′，2′，3′，…。根据 B 点坐标可得到碎部点的坐标。

(3) B 站测量完毕，仪器搬到 1 点，后视 B 点，前视 2 点，测角、测距，得 2 点坐标（近似坐标），再施测 1 点周围碎部点，根据 1 点坐标可得周围碎部点坐标（近似坐标）。

同理，可依次测得各导线点坐标和该站周围的碎部点坐标，但要注意及时勾绘草图、标注点号。

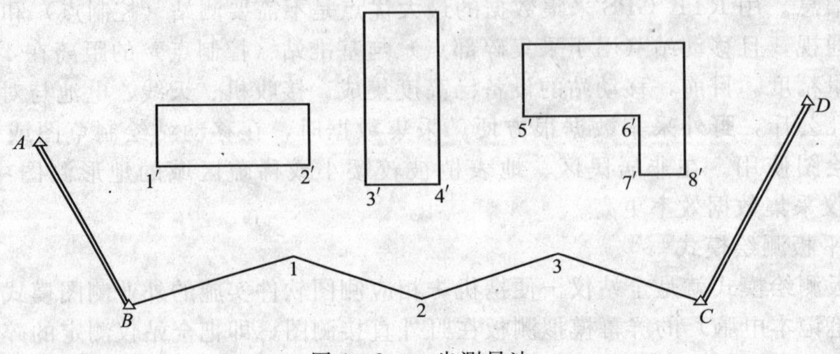

图 10-2 一步测量法

(4) 待测至 C 点，则可由 B 点起至 C 点的导线数据，计算附合导线闭合差，并对导线进行平差处理。然后利用平差后的导线坐标，再重新改算各碎部点的坐标。

二、仪器器材与资料准备

实施数字测图前，应根据作业单位的具体情况和相应的作业方法准备好仪器、器材、控制成果和技术资料。仪器、器材主要包括全站仪、对讲机、充电器、电子手簿或便携机、备用电池、通讯电缆、反光棱镜、皮尺或钢尺、草图本、工作底图等。出测前应为全站仪、对讲机充足电。

目前数字测图系统在野外进行数据采集时，若采用测记法时要求绘制较详细的草图。绘制草图采取现场绘制，也可以在工作底图上进行，底图可以用旧地形图、晒蓝图或航片放大影像图。在数据采集之前，最好提前将测区的全部已知成果输入电子手簿、全站仪或便携机，以方便调用。若采用简码作业或者电子平板测图，可省去绘制草图。

三、测区划分

为了便于多个作业组作业，在野外采集数据之前，通常要对测区进行“作业区”划分。数字测图不需按图幅测绘，而是以道路、河流、沟渠、山脊线等明显线状地物为界，将测区划分为若干个作业区，分块测绘。对于地籍测量来说，一般以街坊为单位划分作业区。分区的原则是各区之间的数据（地物）尽可能地独立（不相关），并各自测绘各区边界的路边线或河边线。对于跨区的地物，如电力线等，应测定其方向线，供内业编绘。

四、人员配备

一个作业小组一般需配备：草图法时测站观测员（兼记录员）1 人，镜站跑尺员 1～2 人，领尺（绘草图）员 1～2 人；简码作业时观测员 1 人，镜站跑尺员 1～2 人；电子平板作业时观测员 1 人，绘图员 1 人（也可以由观测员承担），镜站跑尺员 1～2 人。领尺员负责画草图或记录碎部点属性。内业绘图一般由领尺员承担，故领尺员是作业组的核心成员，需技术全面的人担任。

第三节 野外数据采集工作

测记法就是用全站仪或 RTK GPS 在野外测量地形特征点的点位，用仪器内存贮器记录测点的定位信息，用草图、笔记或简码记录其他绘图信息，到室内将测量数据传输到计算机，经人机交互编辑成图。由于测记法外业操作方便，外业作业时间短，是测绘人员常采用的作业方法。测记法按使用仪器的不同可区分为全站仪法数据采集和 RTK 法数据采集，它们都有无码作业和简码作业之分。

一、全站仪法数据采集

使用全站仪进行野外数据采集是目前较为广泛的一种方法。首先在已知点（等级控制点、图根点或支站点）上安置全站仪，并量取仪器高，若使用电子手簿，连接好电子手簿。然后启动操作全站仪和电子手簿，对仪器的有关参数进行设置，如外界温度、大气压，使用的棱镜常数，仪器的比例误差系数等。随后调用全站仪中数据采集程序，输入测站点、后视定向点信息。在开始采集数据前还需要选择第三个已知点进行测量，用其测量值与已知坐标值相比较，如果二者差值在限差以内，则可进行下一步碎部点数据采集工作，如果出现错误或超限情况，可从以下方面来查找问题：检查已知点和定向点的坐标值是否输错、已知点成果表是否抄错、成果计算是否有误、仪器设备是否有故障等；如果在测站点上不方便或者找不到第三个已知检查点，可直接测量后视定向点来检查。定向检查通过后，即可开始数据采集。特殊情况下也可在通视良好、测图范围广的地点安置全站仪，利用全站仪中后方交会的功能进行自由设站，先测算出测站点的坐标，再用该点作为已知点进行数据采集。

下面以 GPT-2000 全站仪为例，具体介绍全站仪数据采集方法。GPT-2000 全站仪菜单模式（特殊模式）内容很多，可进行数据采集、放样、存储管理、专用测量（悬高测量、对边测量、自由设站、面积计算等）及设置工作。

按 MENU 键，仪器进入特殊模式，显示主菜单：

```
MENU                    1/3
F1：DATA  COLLECT
F2：LAYOUT
F3：MEMORY  MGR.          P↓
```

按 F1（DATA COLLECT）键，仪器进入数据采集工作状态；按 F3（MEMORY MGR.），进入内存管理工作状态。

1. 数据采集准备工作

(1) 测站设置　在特殊模式下，选择 F1（DATA COLLECT）键，使仪器进入数据采集工作状态。首先提示输入数据采集文件名。

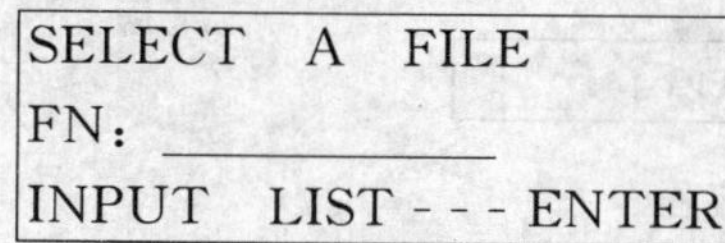

```
SELECT  A  FILE
FN：____________
INPUT  LIST---ENTER
```

这个文件名可在“LIST”下通过按▲或▼键上下滚动文件目录，选定一个文件名；也可直接输入文件名。随后在数据采集菜单 1/2 下，输入测站点数据（测站点坐标、仪器高等）及后视点数据（后视点坐标或定向角度、目标高等）。照准后视点，选择“测量”，即可完成测站设置。

测站点数据可由下列两种方法设定：

① 调用内存中的坐标数据来设定。

② 直接由键盘输入。

后视点数据可由下列三种方法设定：

① 调用内存中的坐标数据设定。

② 直接键入后视点坐标。

③ 直接键入定向边方位角。

（2）参数设置 进行数据采集之前，应进行有关参数设置，如选择精测模式、单次测距、记录数据前要确认测量结果、先输入有关数据后进行测量（EDIT→MEAS）、退出数据采集模式时（ESC）自动将测量数据转换成坐标数据文件等。参数设置在数据采集菜单 2/2 下进行，按 F3（CONFIG）键，显示 CONFIG 菜单 1/2 或 2/2，逐一设定。

（3）检查内存空间 野外数据采集之前，应检查全站仪的内存空间的大小，删除无用的文件。如全部文件无用，可将内存初始化。

2. “数据采集”菜单操作流程

“数据采集”菜单操作流程如图 10-3 所示。

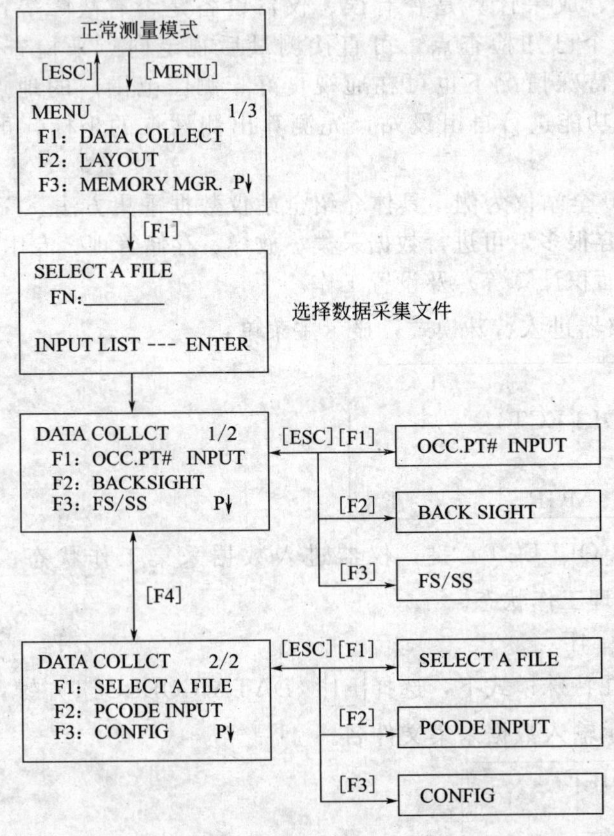

图 10-3 “数据采集”菜单操作流程

3. 数据采集的操作步骤

（1）键入控制点坐标 使用 GPT-2000 全站仪在野外采集数据时，通常先在室内将图根控制点坐标键入 GPT-2000 全站仪，以减轻测站安置工作量。先由主菜单中的内存管理（MEMORY MGR.）进入坐标输入（COORD. INPUT）状态：

① 输入便于记忆的文件名（如班级代号或姓名声母）。

② 输入点号 PT＃，一般从表面上 1 开始。

③ 依次输入 $N(x)$，$E(y)$，$Z(H)$ 坐标数据。

④ 输入完坐标后，进入下一个点的输入，点号 PT＃自动加 1。

若键入的内容有误，可在存储管理菜单中，通过删除文件的坐标数据菜单（DELETE COORD）删除有误的坐标。

（2）整置仪器 在测站点上对中、整平仪器，按下仪器电源开关（POWER），转动望远镜，使全站仪进入观测状态，再按MENU键，进入主菜单。

（3）输入数据采集文件名　在主菜单下，选择数据采集（DATA COLLECT），输入数据采集文件名。这个文件名与内业输入控制点坐标的文件名相同。可以直接键入（INPUT），也可以从库里查找（LIST）。若内业没有输入控制点坐标，这时要输入一个便于记忆的数据采集文件名，按ENT键确定。

（4）输入测站点数据　在数据采集菜单1/2下，选择F1（OCC. PT# INPUT）键，分别输入测站点的点号（PT#）或坐标（N，E，Z）、测站编码（ID）、仪器高（INS. HT）。按F4（OCNEZ）键输入测站点点号或坐标。最后按F3键（REC）记录测站点数据。若采用无码作业，测站可不输入编码（ID），用“▼”跳过去；若测平面图，仪器高（INS. HT）可不输入。

（5）输入后视点（定向点）数据　在数据采集菜单1/2下，按F2（BACKSIGHT）键进入后视点（定向点）数据设置状态。按F4（BS）键即可输入定向点坐标或定向角，通过按F3（NE/AZ）键可使输入方法在坐标值、设置水平角和坐标点名之间交替切换。另外，在后视点数据设置（BACKSIGHT）状态下，按▼，▲键，可选择输入后视点编码和目标高（棱镜高）。

（6）定向　当测站点数据和后视点数据输入完后，按F3（MEAS）键，再照准后视点，选择一种测量模式，如按F2（SD）键，进入斜距测量；按F3（NEZ）键，进入坐标测量。这时，水平度盘自动设置为后视点的方位角值。然后返回数据采集菜单1/2。

（7）碎部点测量　在数据采集菜单1/2下，按F3（FS/SS）键、即开始碎部点测量。照准目标（棱镜），依次输入点号、编码、目标高（镜高），选择某一测量方式［如斜距（SD）或坐标（NEZ）］开始测量、记录。

二、**RTK法数据采集**

利用RTK法进行数据采集，在开始测量之前，首先要对仪器和控制软件进行正确的设置，然后才能测得符合要求的结果。现以华测X90 RTK为例，具体的操作步骤如下。

1. 安装基准站

基准站的架设包括GPS天线的安装，电台天线的安装以及GPS天线、电台天线、基准站接收机、数传电台、蓄电池之间电缆连线的连接。架设时，对于电台模式，发射天线要远离GPS接收机3米以上，并注意各个脚架的稳固性，避免被大风刮倒的可能性。

选择基准站的位置有下列要求：

（1）周围应便于安置和操作仪器，视野开阔，视场内障碍物的高度角不宜超过15°。

（2）远离大功率无线电发射源（如电视台、电台、微波站等），其距离不小于200m；远离高压输电线和微波无线电信号传送通道，其距离不得小于50m。

（3）附近不应有强烈反射卫星信号的物体（如大型建筑物等）。

（4）远离人群以及交通比较繁忙的地段，避免人为的碰撞或移动。

2. 配置坐标系统

根据测量任务的要求和当地的投影带及投影标高情况，在手簿中选择或输入正确的坐标系统、椭球参数等，其操作为：［配置］\［坐标系管理］，弹出如图10-4所示的对话框进行配置。

3. 新建、保存任务

选择［文件］\［新建任务］，输入自己工作的任务名，选择工作的坐标系统，及需要描述的情况等。新建完任务后一定要保存任务，否则新建下一个任务会使当前任务的测量数据丢失。

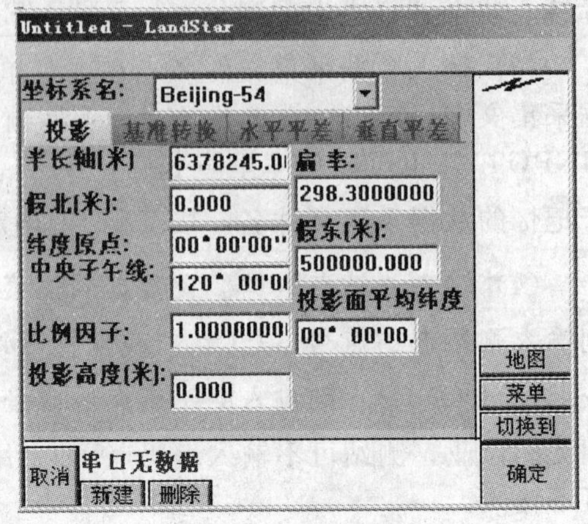

图 10-4 坐标系统配置

4. 设置基准站

选择［配置］\［基准站选项］，如图 10-5 所示。

广播格式一般设为 CMR（当然也可以设为 RTCA 或 RTCM），测站索引可以输 0-31 等，一般测站索引和发射间隔默认即可，高度角限制默认为 10 度，用户可以根据当时、当地的收星情况适当的改动，天线类型选择当时所用天线，天线高度一般为实测的斜高，选择测量仪器高所到位置一般为“天线中部”。

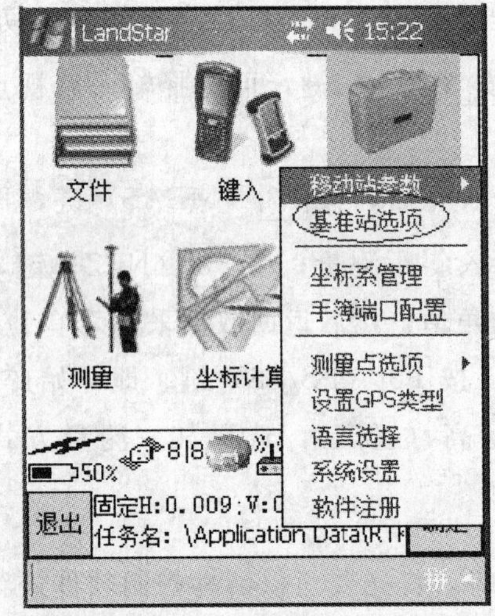

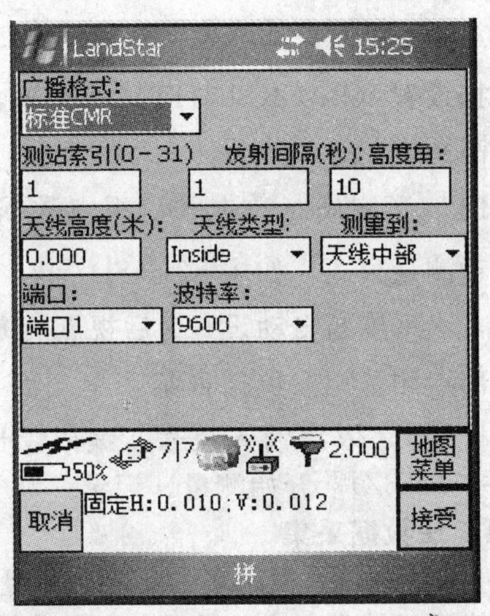

图 10-5 基准站设置

5. 启动基准站

选择［测量］\［启动基准站接收机］（如果没连接收机，“启动接收机”为灰色）。可以输入点号后选此处用单点定位的值来启动基准站，也可以从列表里选先前输入的已知点来启动。一般来说，在一个工作区第一次工作时用单点定位来启动，然后进行点校正；下一次工作时用上次工作点校正求得转换参数，仪器需架设在已知点，用此点的已知坐标启动基准站。

启动基准站后，软件会显示“成功设置了基准站”。如果由于某种原因没有成功启动基准站，软件会显示“启动基准站失败”，这时需要重新启动基准站。一般来说，用已知点启动时，如果输入的已知点和单点定位相差很大时会出现这种情况，造成这种原因一般为设置中央子午线或所用坐标有错。

6. 设置移动站

选择［配置］\［移动站选项］，如图 10-6 所示。

参照图 10-5 输入各项设置，需要注意的是“广播格式”一定要和基准站的一样，天线

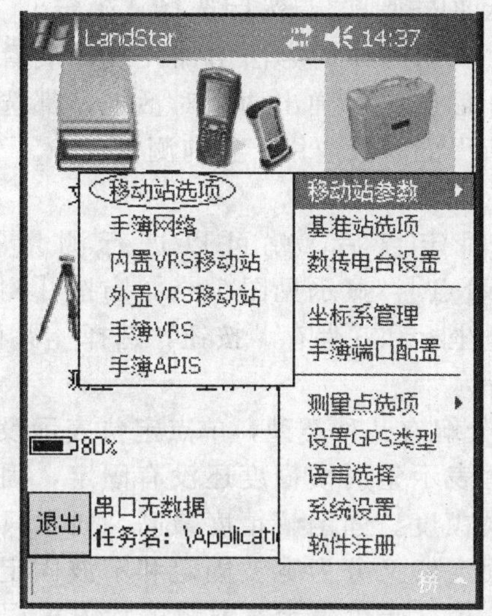

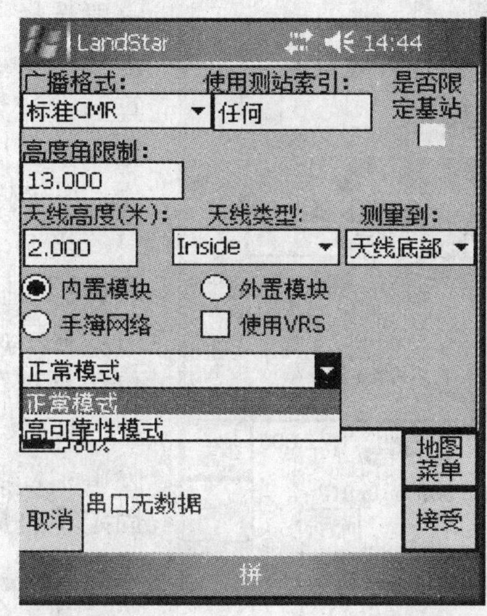

图 10-6　移动站设置

高度通常为对中杆的长度，量测方式通常为“天线底部”，天线类型选择所用天线型号，高可靠性模式可以降低太阳磁暴对仪器的影响，选用这种模式后，初始化时间会稍长一些，但得到固定解后更加稳定，可根据实际情况自主选择。

7. 启动移动站

移动站设置完毕后选择［测量］\［启动移动站接收机］，如果无线电和卫星接收正常，这时移动站开始初始化，软件的显示顺序为：串口无数据→开始初始化→浮动→固定，当显示“固定”以后才可以进行测量工作，否则测量精度比较低。

8. 点校正

点校正的目的就是求 WGS84 坐标与当地坐标之间的转换参数。

选择［测量］\［点校正］，则弹出如图 10-7 对话框：

在“网格点名称”选项下面输入已知点点名和其当地的平面坐标与高程；在“GPS 点名称”选项下面输入相应点的点名及其 WGS84 坐标或实地测出相对应已知点的 WGS84 坐标（GPS 的测量结果就是 WGS84 坐标，但能得到当地坐标是手簿软件完成的）。校正方法

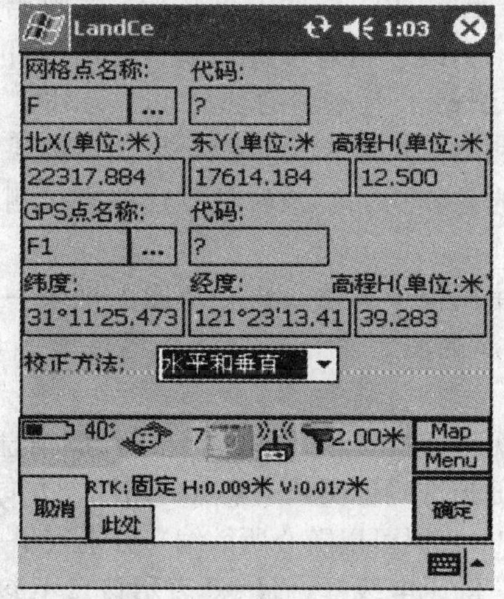

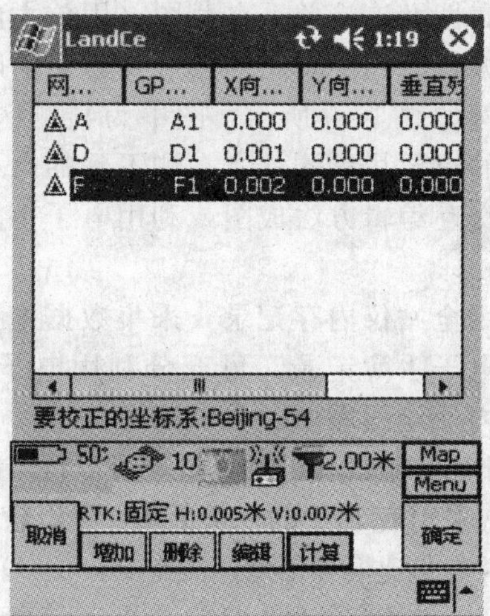

图 10-7　点校正

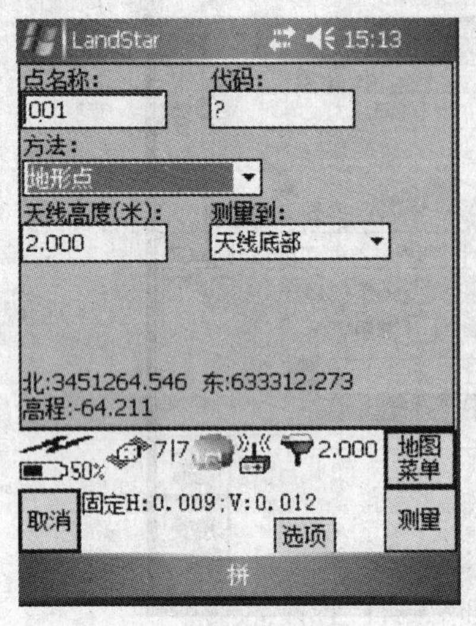

图 10-8 测量设置

一般选择“水平与垂直”，然后选择［确定］。用几个点进行“校正”就用同样的方法增加几次，最后选择［计算］，“计算”后会先后弹出两个对话框，都选择［是］，把点校正后所得的参数应用于当前测量任务。

9. 测量

当显示固定以后，就可以进行测量了。选择［测量］\［测量点］，显示见图 10-8。当按［测量］按钮后，显示测量坐标和［保存］按钮，选择［保存］，该点位信息被存储。

RTK 差分解有几种类型，单点定位表示没有进行差分解，浮动解表示整周模糊度还没有固定，固定解表示固定了整周模糊度。固定解精度最高，通常只用固定解进行测量。固定解又分为宽波固定和窄波固定，分别用蓝色和黑色表示。蓝色表示宽波解的均方根误差为 4 厘米左右，建议在距离较远，精度要求不高的情况下采用。黑色表示窄波解的均方根误差为 1 厘米左右，为精度最高解，但距离较远时，RTK 为得到窄波解通常需要较长的初始化时间，比如，超过 10 公里时，可能会需要 5 分钟以上的时间。点击［选项］可对观测时间、坐标和高程允许误差进行修改。

三、无码作业与简码作业

1. 无码作业

无码作业就是用全站仪（或 RTK GPS）测定碎部点的定位信息（X_i，Y_i，H_i），并自动记录于电子手簿或内存贮器，手工记录碎部点的属性信息与连接信息。简码作业是在测定碎部点的定位信息的同时输入简编码。带简编码的数据经内业识别，自动转换为绘图程序内部码，可以实现自动绘图。由于无码作业无需向仪器输入地物点的属性信息和连接关系，因此外业速度快；但此法需要一个人绘制草图，且内业需人机交互编辑成图。简码作业不需要绘制草图，但需要及时输入地物点的属性编码和连接信息，观测较麻烦。如果使用的仪器带有数字和字母的键盘，又能熟练记住简编码，简码作业的效率还是很高的。

无码作业现场不输入地物代码（编码），而用草图或笔记记录绘图信息。领图员在镜站把所测点的属性及连接关系在草图（用放大的旧图作为工作底图更好）上反映出来，供内业处理、图形编辑时用。草图的绘制要遵循清晰、易读、相对位置准确、比例尽可能一致的原则。草图示例如图 10-9 所示。图中为某测区在测站 1 上施测的部分点。另外，在野外采集时，能测到的点要尽量测，实在测不到的点可利用皮尺或钢尺量距，将丈量结果记录在草图上；室内用交互编辑方法成图或利用电子手簿的量算功能，及时计算这些直接测不到的点的坐标。

若只使用全站仪内存记录，采集数据主要使用极坐标法，再在草图上记录一部分勘丈数据；若使用电子手簿记录，可充分利用电子手簿的测、量、算功能，尽可能多地测量碎部点，以满足内业绘图需要。

对于有丰富作业经验的领尺员，可以将绘制观测草图改为用记录本记录绘图信息，这将大大地方便外业。采用表 10-1 的记录形式，可以较全面地准确地反映采集点的属性、方向、方位、连接关系和是否参与建模等信息。表中 F、L、D、P（代码可以随心所欲编）分别表示一般房角点、道路点、电杆、坡坎点，GD、DD 分别表示高压、低压电线杆，$H=0$ 表示该点不参与建模。记录时，一栋房屋的点尽量记录在一行，连续观测的线形地物尽量记录在一行。

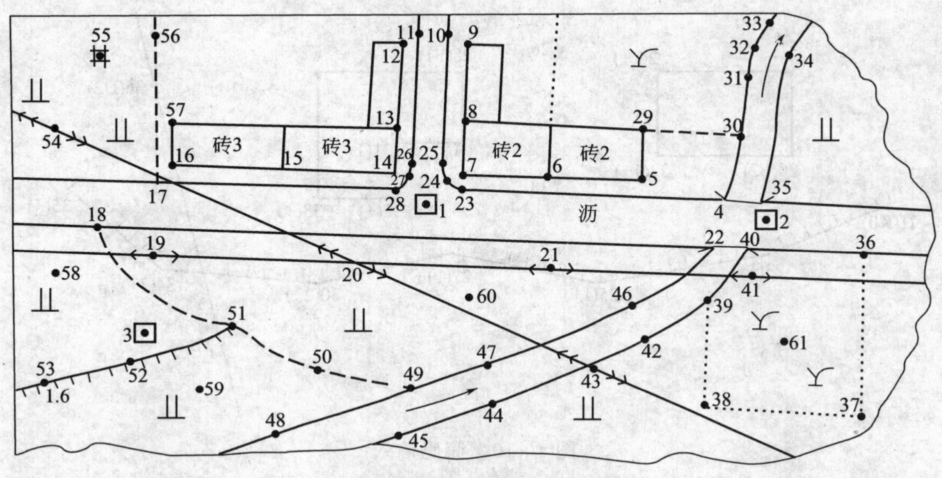

图 10-9　野外数据采集草图

表 10-1　草图记录表

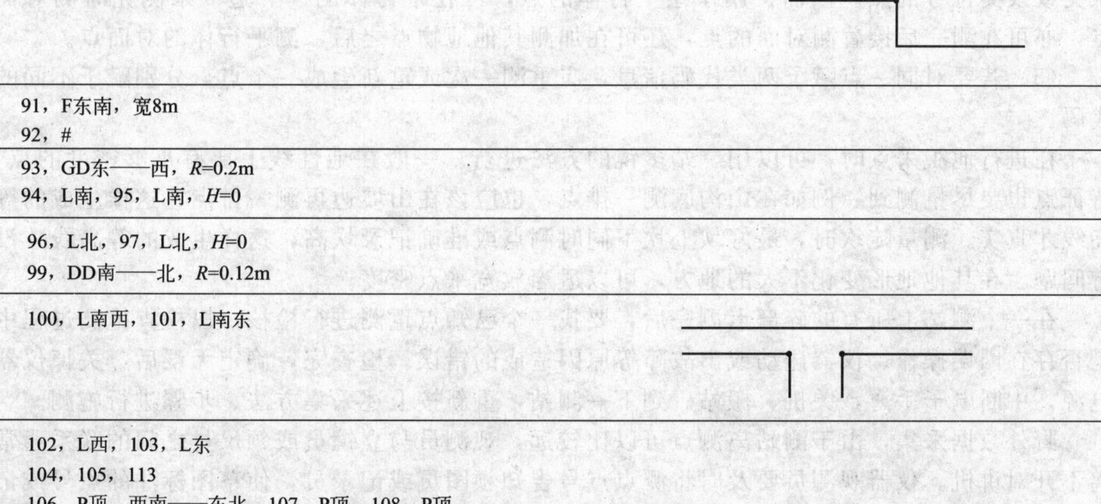

草图记录
86，F东南，87，F东北，98，F西南，H=0 88，F西南，89，F东南，90，F角
91，F东南，宽8m 92，#
93，GD东——西，R=0.2m 94，L南，95，L南，H=0
96，L北，97，L北，H=0 99，DD南——北，R=0.12m
100，L南西，101，L南东
102，L西，103，L东 104，105，113 106，P顶，西南——东北，107，P顶，108，P顶
109，P底，西南——东北，110，P底 111，F简西北，112，F简西南，宽7.8m

2．简码作业

使用简码作业数据采集时，现场对照实地输入野外操作码（也可自己定义野外操作码，内业编辑索引文件），图 10-10 中点号旁的括号内容为每个采集点输入的操作码。

对于 CASS 的简码作业，其操作码的具体使用规则如下：

（1）对于地物的第一点，操作码＝地物代码。

（2）连续观测某一地物时，操作码为“＋”或“－”。

（3）交叉观测不同地物时，操作码为“n＋”或“n－”。其中 n 表示该点应与以上 n 个点前面的点相连（n＝当前点号－连接点号－1，即跳点数）。还可用“＋A＄”或“－A＄”标识断点，“A＄”是任意助记字符。

（4）观测平行体时，操作码为“p”或“np”。其中，“p”的含义为通过该点所画的符

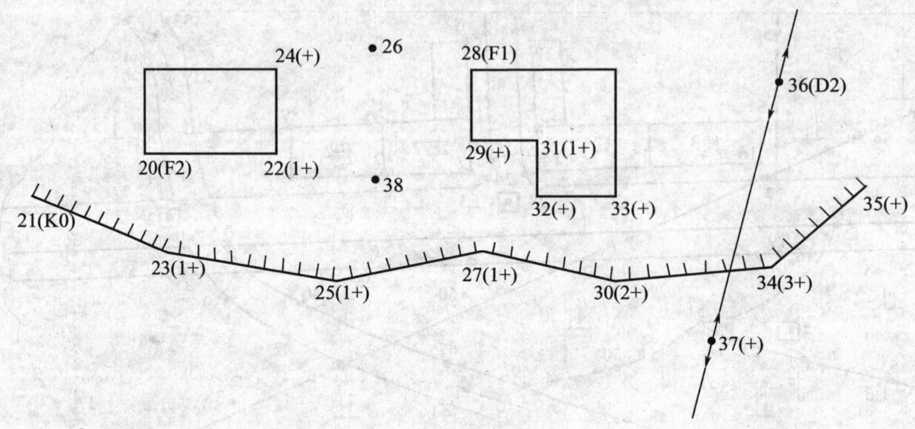

图 10-10 简码输入

号应与上点所在地物的符号平行且同类，“np”的含义为通过该点所画的符号应与以上跳过n个点后的点所在的地物符号平行且同类，对于带齿牙线的坎类符号，将会自动识别是堤还是沟。若上点或跳过n个点后的点所在的符号不为坎类或线类，系统将会自动搜索已测过的坎类或线类符号的点。因而，用于绘平行体的点，可在平行体的一“边”未测完时测对面点，亦可在测完后接着测对面的点，还可在加测其他地物点之后，测平行体的对面点。

(5) 若要对同一点赋予两类代码信息，应重测一次或重新生成一个点，分别赋予不同的代码。

在进行地貌采点时，可以用一站多镜的方法进行。一般在地性线上要有足够密度的点，特征点也要尽量测到。例如在山沟底测一排点，也应该在山坡边再测一排点，这样生成的等高线才真实。测量陡坎时，最好坎上坎下同时测点或准确记录坎高，这样生成的等高线才没有问题。在其他地形变化不大的地方，可以适当放宽采点密度。

在一个测站上所有的碎部点测完后，要找一个已知点重测进行检核，以检查施测过程中是否存在因误操作、仪器碰动或出故障等原因造成的错误。检查完，确定无误后，关掉仪器电源，中断电子手簿，关机、搬站。到下一测站，重新按上述采集方法、步骤进行施测。

野外数据采集，由于测站离测点可以比较远，观测员与立镜员或领尺员之间的联系通常离不开对讲机。仪器观测员要及时将测点点号告知领图员或记录员，使草图标注的点号或记录手簿上点号与仪器观测点号一致，若两者不一致，应查找原因，是漏标点了，还是多标点了，或一个位置测重复了等，必须及时更正。

第四节 内业数据处理及计算机绘图工作

数字测图的内业必须借助专业的数字测图软件才能完成，数字测图软件是数字测图系统中重要的组成部分。目前，国内市场上技术比较成熟的数字测图软件有很多，本节主要以南方测绘仪器公司的 CASS 成图系统为例，介绍数字测图内业数据处理与绘图工作的方法。

一、CASS 数字测图系统操作主界面及其简介

CASS 地形成图软件是我国南方测绘仪器公司开发的基于 AutoCAD 平台的数字测图系统，它具有完备的数据采集、数据处理、图形生成、图形编辑、图形输出等功能，能方便灵活地完成数字测图工作。

1. CASS 主界面

运行 CASS2008 后，会弹出如图 10-11 所示的操作主界面。CASS2008 的操作界面主要由下拉菜单、CAD 标准工具栏、CASS 实用工具栏、屏幕菜单、图形编辑区、命令行、状态栏等组成。

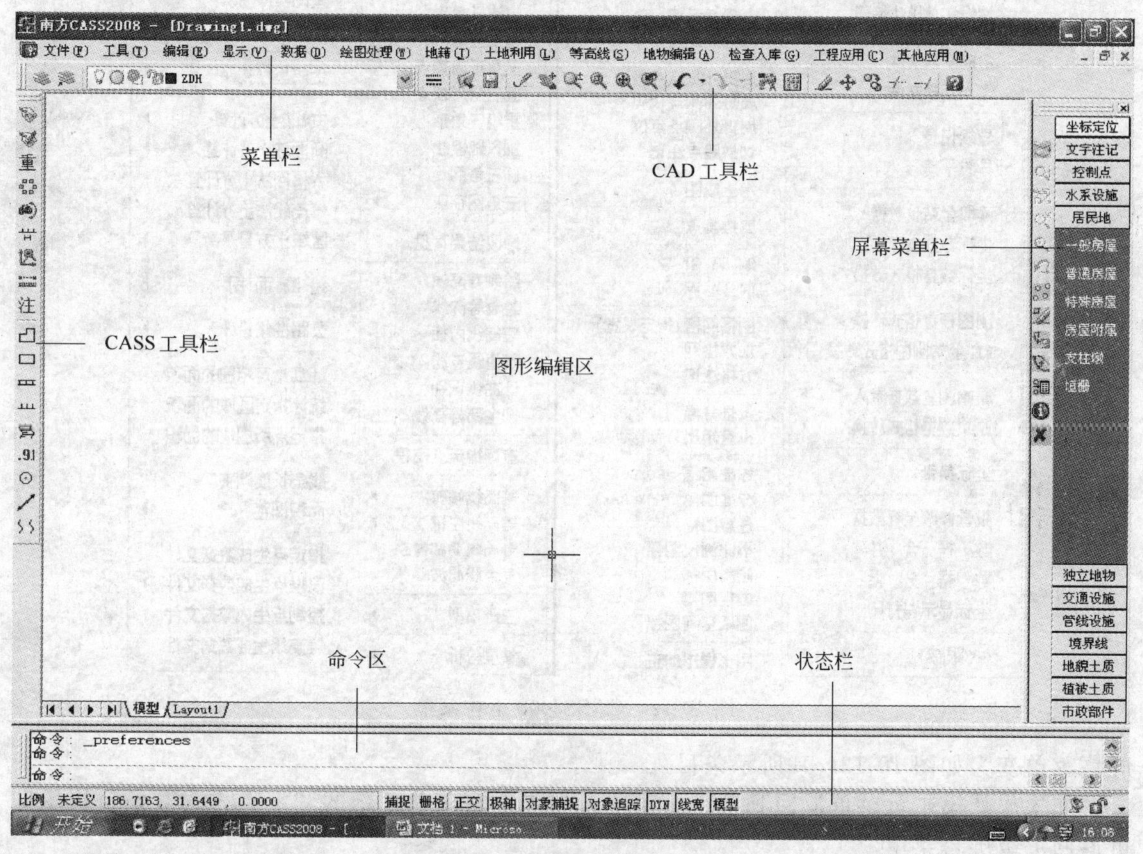

图 10-11　CASS2008 操作界面

图形编辑区是图形显示窗口，用户在该区域内进行图形编辑操作。图形窗口有滚动条、最大化、最小化及控制按钮等，使用户可以在图形界面的框架内移动或改变它的大小。CASS 命令行缺省界面中一般显示三行命令行，其中最下面一行等待键入命令，上面两行一般显示命令提示符或与命令进程有关的其他信息。操作时要随时注意命令行提示。有些命令有多种执行途径，用户可根据自己的喜好灵活选用快捷工具按钮、下拉菜单或在命令行输入命令。

2. 菜单与工具栏内容简介

(1) 菜单栏　操作界面标题栏下面即为下拉菜单栏。它包括 13 个下拉菜单，分别是：文件、工具、编辑、显示、数据、绘图处理、地籍、土地利用、等高线、地物编辑、检查入库、工程应用、其他应用。利用这些菜单功能，即可满足数字图绘制、编辑、应用、管理等操作需要。例如：数据、绘图处理、等高线和工程应用这四个下拉菜单的各个功能项见图 10-12。

(2) 屏幕菜单栏　屏幕菜单一般设置在操作界面右侧，是用于绘制各类地物的交互绘图菜单。屏幕菜单第一页提供了四种定点方式，即：坐标定位、测点点号、电子平板和数字化仪，如图 10-13(a) 所示。进入屏幕菜单的交互编辑功能时，必须先选定某一定点方式。例如，选中“坐标定位”时，屏幕菜单变为如图 10-13 (b) 所示条目；选中“测点点号”时，

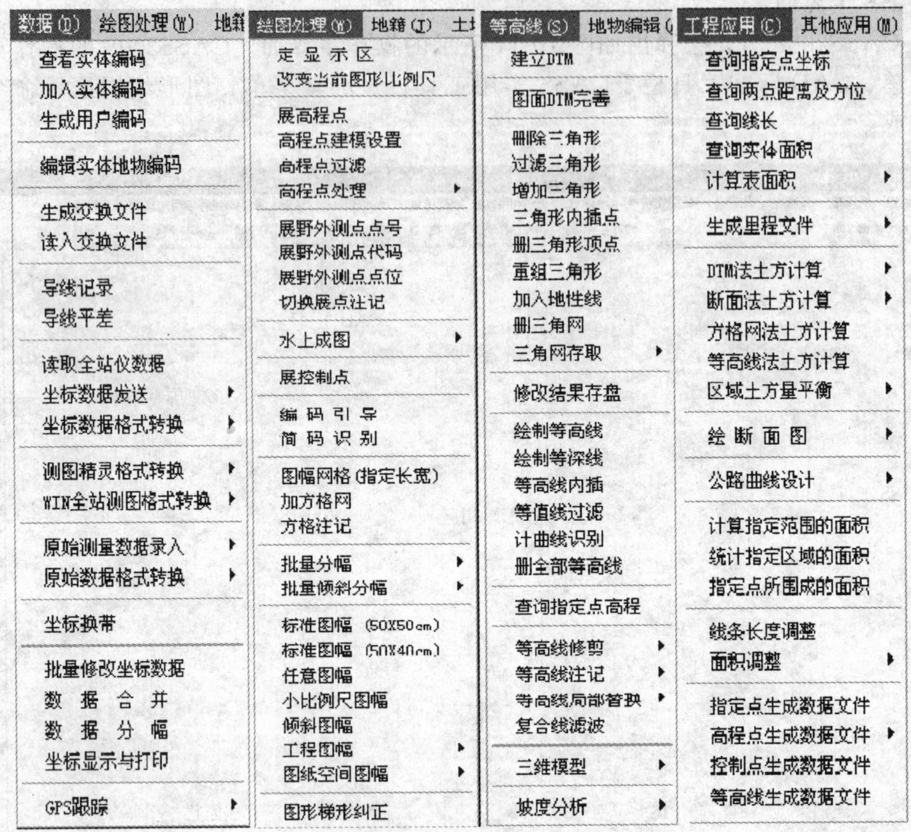

图 10-12 CASS2008 下拉菜单

屏幕菜单变为如图 10-13(c) 所示条目。

如果想从第二页菜单返回到第一页菜单，单击屏幕菜单顶部的“定点方式”条目提示即可返回上级屏幕菜单。

(3) CAD 工具栏　CAD 标准工具栏如图 10-14 所示，它包含了 Auto CAD 的许多常用功能，如图层的设置、线型管理器、打开已有图形、图形存盘、重画屏幕、图形平移、缩放、对象特征编辑器、移动、复制、修剪、延伸等。

(4) CASS 工具栏　CASS 实用工具栏如图 10-15 所示，它具有 CASS 的一些常用功能，如：查看实体编码、加入实体编码、批量选取目标、线型换向、查询坐标、距离与方位角、文字注记、常见地物绘制、交互展点等。

二、数据传输与参数设置

数据传输的作用是完成全站仪与计算机之间的数据相互传输。而要实现全站仪与计算机之间的正常通讯，作业前一般要对全站仪和计算机等进行必要的参数设置。

1. 数据传输

在进行数据传输前，首先应熟悉全站仪的通讯参数，以便在传输数据过程中人机对话选择正确的参数。然后选择正确的通讯电缆将全站仪与计算机联接，即可进行计算机与全站仪间的数据传输。

(1) 由全站仪到计算机的数据传输　每次外业数据采集完成之后应该及时地将数据传输到计算机，这样既可以保证下次作业时仪器有足够的存储空间，同时也降低了数据丢失的可能性。由全站仪到计算机的数据传输步骤如下。

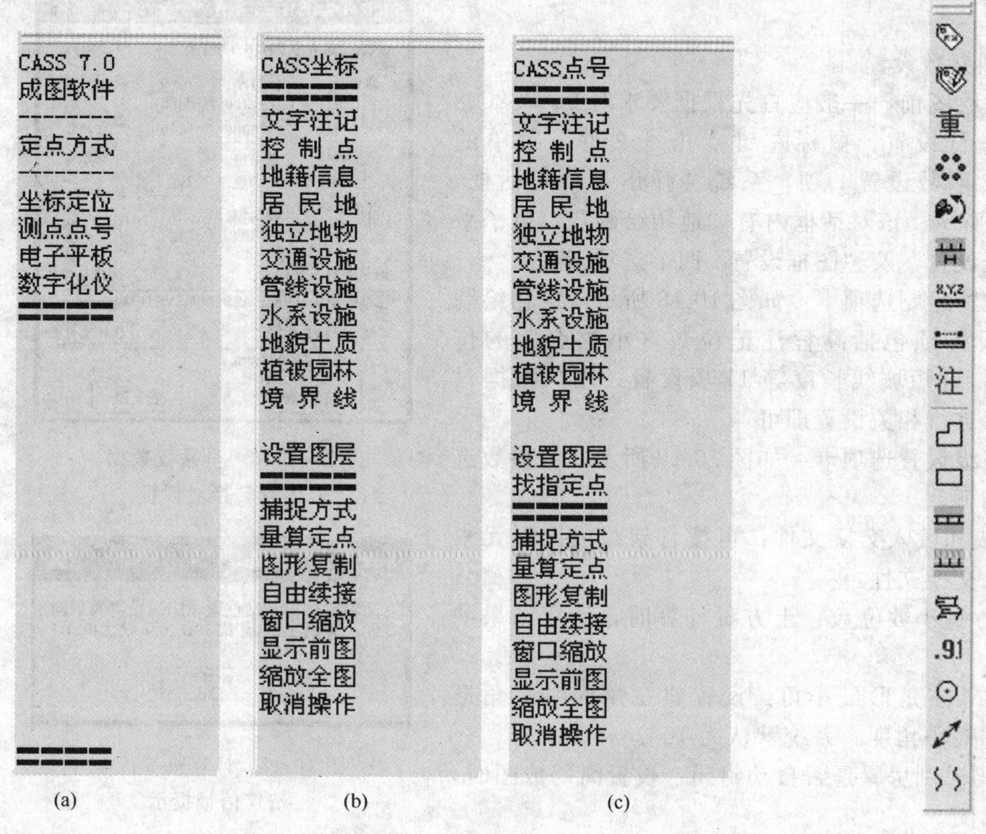

图 10-13　CASS2008 屏幕菜单

图 10-15　CASS 工具栏

图 10-14　CAD 标准工具栏

① 硬件联接　打开计算机进入 CASS2008 系统，查看仪器的相关通讯参数，选择正确的数据线将全站仪与计算机正确联接。

② 设置通讯参数　执行 CASS2008［数据］菜单下的［读取全站仪数据］命令，在弹出的对话框中（图 10-16）选择相应型号的仪器，设置通讯参数（通讯口、波特率、校验、数据位、停止位），并且应与全站仪内部通讯参数设置相同，选择文件保存位置、输入文件名，并选中“联机”选项。

③ 传输数据　单击图 10-16 中的［转换］按钮即弹出如图 10-17 所示对话框，按对话框提示顺序操作，命令区便逐行显示点位坐标信息，直至通讯结束。

如果想将以前传过来的数据进行数据转换，可先选好仪器类型，再将仪器型号后面的“联机”选项取消。这时通讯参数全部变灰。接下来，在“通讯临时文件”选项下填上已有的临时数据文件，再在“CASS 坐标文件”选项下填上转换后的 CASS 坐标数据文件的路径和文件名，点［转换］即可。

(2) 由计算机到全站仪的数据传输　在实际作业过程中，有时也需要将计算机上的数据导入全站仪，如控制点坐标文件。CASS2008 系统的［坐标数据发送］命令可实现由计算机到全站仪的数据传输。与由全站仪到计算机的数据传输类似，单击 CASS2008［数据］菜单下的［坐标数据发送］命令，然后按提示操作即可实现。

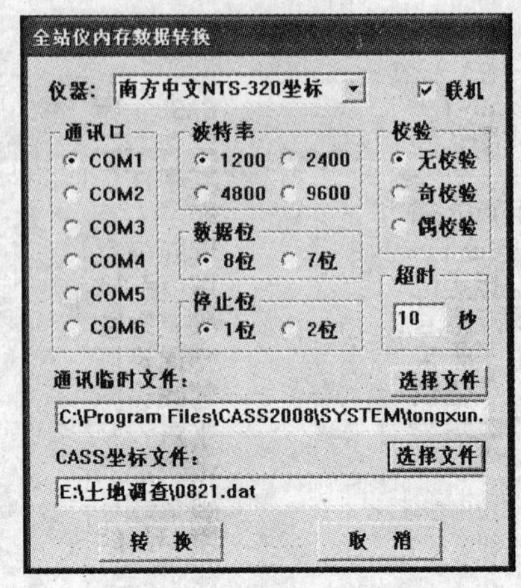

图 10-16　全站仪数据内存转换对话框

图 10-17　计算机等待全站仪信号提示

2. 绘图参数设置

在内业绘图前，一般应首先根据要求对 CASS2008 有关参数进行设置。鼠标左键点击［文件］菜单的［CASS2008 参数设置］项，系统会弹出一个对话框，如图 10-18 所示。该对话框内有“地物绘制”、“电子平板”、“高级设置”及“图框设置”四个选项卡。

(1) 地物绘制选项卡　如图 10-18 所示，地物绘制选项卡的设置项包括高程注记位数（小数点后的位数）、自然斜坡短坡线长度等 11 项设置，用户根据对话框的提示进行相关设置即可。

(2) 高级设置选项卡　如图 10-19 所示，各参数选项的功能如下。

① 生成和读入交换文件：可按骨架线或图形元素生成或读入交换文件。

② 土方量小数位数：土方量计算时，计算结果的小数位。

③ DTM 三角形最小角：设置建三角网时三角形内角可允许最小角度。系统默认为 10°。

④ 简码识别房屋是否自动封闭：设置简码成图时，房屋是否封闭。

⑤ 用户目录：设置打开或保存数据文件的默认目录。

⑥ 图库文件：设置两个库文件的目录位置，注意库名不能改变。

(3) 图框设置选项卡　依实际情况填写图 10-20 中的相应设置，则完成各图幅元素的定义。其中测量员、绘图员、检查员等可以到加图框的时候再填写。

三、平面图绘制

对于图形的生成，CASS2008 系统提供了七种成图方法：简编码自动成图、编码引导自动成图、测点点号定位成图、坐标定位成图、测图精灵测图、电子平板测图、数字化仪成图，其中前四种成图法适用于测记式测图法；测图精灵测图法和电子平板测图法在野外直接绘出平面图。本节着重介绍测记式的四种绘制平面图的基本作业方法。

1. 简编码自动成图法

该方法是在野外采集数据时输入简编码，数据输入计算机后，经简单操作自动成图。该法野外作业较麻烦，但内业简单。具体操作如下。

(1) 定显示区　定显示区的作用是根据坐标数据文件中各点坐标的大小来定义屏幕显示区域的大小，以保证所有碎部点都能显示在屏幕上。

执行［绘图处理］下拉菜单中“定显示区”项，出现提示“输入坐标数据文件名”的对话框，如图 10-21 所示，可直接通过键盘输入坐标数据文件名，也可以通过选择打开坐标数据文件。如输入：D：\CASS2008\DEMO\YMSJ.DAT，单击［打开］系统将自动检索 YMSJ.DAT 文件中所有点的 x，y 坐标，找到最大和最小坐标值，以确定屏幕上的显示范围，并在命令区显示：

最小坐标（米）：X＝31067.315，Y＝54075.471（楷体文字为命令行提示，下同）

最大坐标（米）：X=31241.270，Y=54220.000

（2）简码识别　简码识别的功能是将简编码坐标文件转换成计算机能识别的程序内部码（又称绘图码）。

操作时，在下拉菜单［绘图处理］中选择“简码识别”，按系统提示输入带简编码的坐标数据文件名（如 D：\ CASS2008 \ DEMO \ YMSJ. DAT）。当提示区显示“简码识别完毕！”，同时在屏幕绘出平面图，如图 10-22 所示。

利用简编码自动成图法绘制的平面图，通常还要利用野外绘制的简易草图或记录，进行一些图形的修改、编辑。

2. 编码引导自动成图法

该法成图时，需内业人工编辑一个“编码引导文件”。编码引导文件是一个包含了地物编码、地物的连接点号和连接顺序的文本文件，它是根据草图在室内由人工编辑而成的。将编码引导文件和坐标数据文件合并，系统自动生成一个包含地物全部信息的简编码坐标数据文件，利用简编码坐标数据文件即可自动成图。具体操作步骤如下。

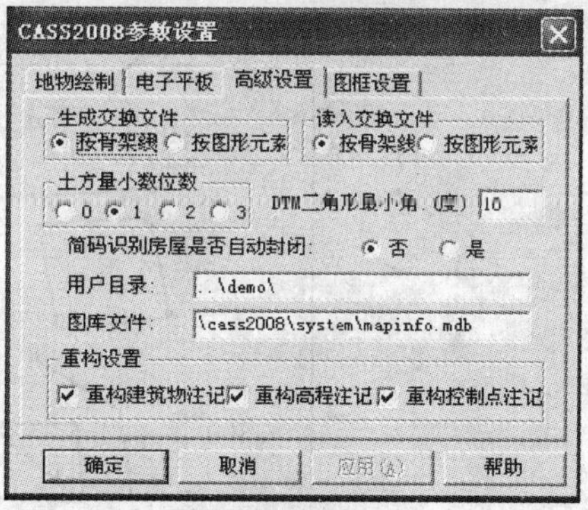

（1）编辑编码引导文件　在绘图之前应编辑一个编码引导文件，该文件的主文件名一般取与坐标数据文件相同的文件名，后缀一般用“YD”，以区别其他文件项。编写引导文件时，有如下要求：

① 每一行只能表示一个地物，如一幢房屋、一条道路、一个控制点。

② 每一行的第一个数据为地物代码，以后按照地物各点的连接顺序依次输入各顺序点点号，格式如下：

代码，点号 1，点号 2，…，点号 *n*

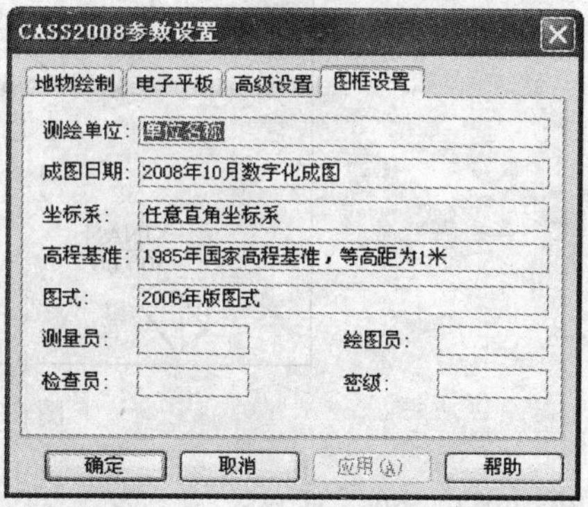

③ 同一行的各个数据之间必须用逗号“，”隔开。

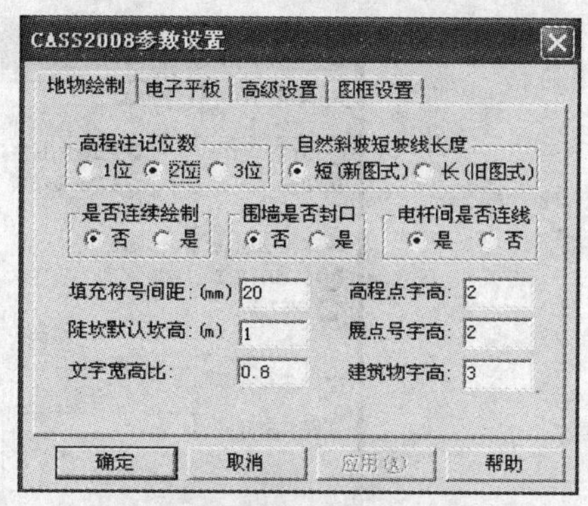

图 10-18　CASS2008 参数设置对话框

图 10-19　高级设置选项卡

图 10-20　图框设置选项卡

④ 表示地物代码的字母要大写。地物代码的编写需参考 CASS 的野外操作码。用户也可根据自己的需要定制野外操作简码，通过更改 C：\ CASS2008 \ SYSTEM \ JCODE. DEF 文件即可实现。

图 10-23 为野外观测草图，对应的编码引导文件如下：

D1，58，59，44

U0，40，35，34，33，32

Y1，38，39

D3，60，59，61，64，66，67

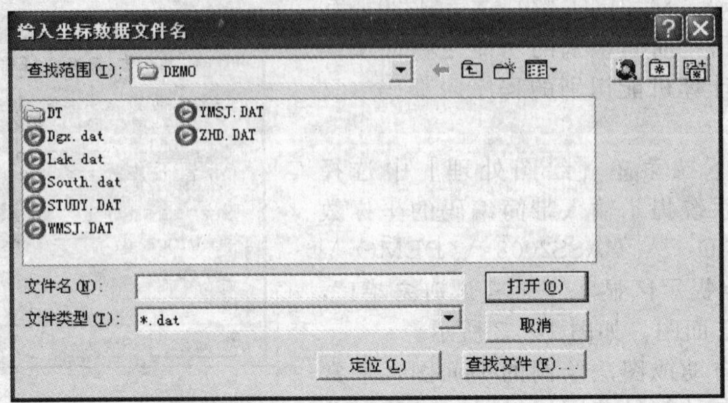

图 10-21 “输入坐标数据文件名”对话框

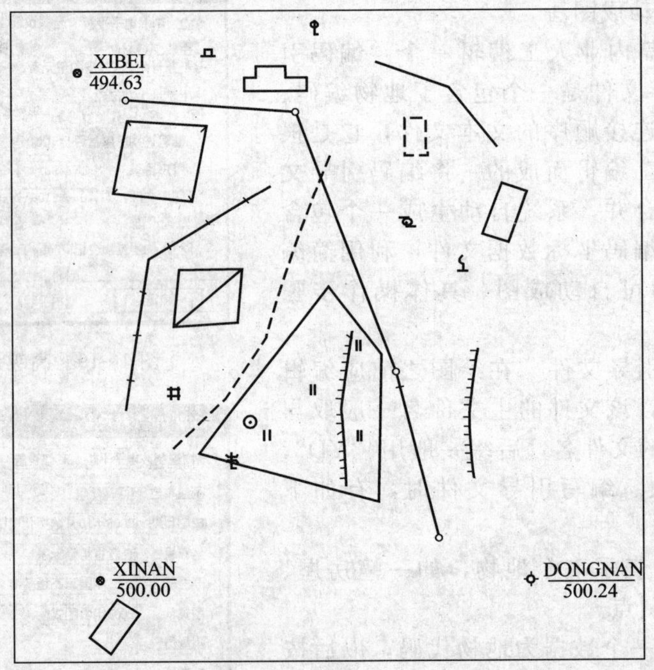

图 10-22 简码法成图示例

F2，31，36，37

H0，32，42，43，45，46，47，48，49，50，51，53，54，58，40

A50，68

A14，41

C0P3，5

(2) 编码引导 “编码引导”的功能是自动将野外采集的无码坐标数据文件（如：ABC.DAT）和前面编辑好的编码引导文件（如：ABC.YD）合并，系统自动生成带简编码的坐标数据文件。由编码引导文件得到的简编码坐标数据文件在形式上与野外采集的简编码坐标数据文件相同，但其实质有所不同，该文件每一行最前面的数字仅仅是顺序号，而不是点号。前者各个点已经经过重新排序，把同一地物点均放在一块，变成一个地物一个地物存放，很有规律，其实质是把引导文件和坐标数据文件合二为一，包含了各个地物的全部信

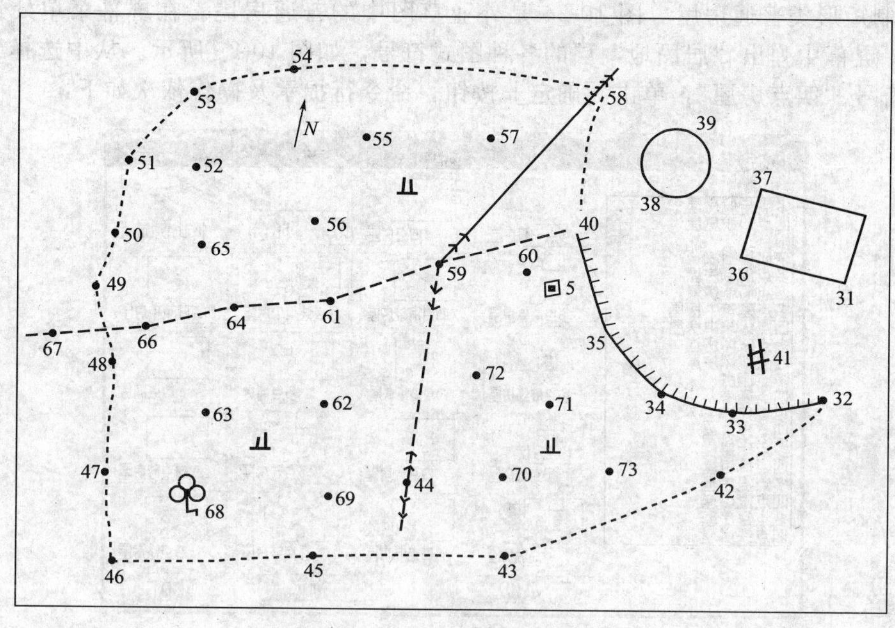

图 10-23　野外观测草图

息。后者各个坐标是按采集时的观测顺序进行记录，同一地物点不一定放在一块，多个地物点可能相互混杂；其每行最前面的数字表示该点点号。

编码引导具体操作如下：

执行［绘图处理］下拉菜单中［编码引导］命令，再根据对话框提示，依次输入编码引导文件名（ABC. YD）和坐标数据文件名（ABC. DAT），系统按照这两个文件自动生成图形，同时命令行提示“引导完毕”，即可自动绘出平面图。

3. 测点点号定位成图法　利用“测点点号定位成图法”绘制平面图时，只需把上述坐标数据文件中的碎部点点号展在屏幕上，利用屏幕菜单“测点点号”中各图式符号，对照草图上标明的各点点号、地物属性和连接关系，将地物逐个绘出。具体方法如下。

(1) 展点　“展点”可把坐标数据文件中的各个碎部点点位及其相应属性（如点号、代码或高程等）显示在屏幕上。此时应展野外测点点号。

在［绘图处理］下拉菜单中选择“野外测点点号”项，系统提示“输入要展出的坐标数据文件名”（如 D：\ YXM \ ABC. DAT）。输入后单击［打开］，则数据文件中所有点以注记点号形式展现在屏幕上。若没有输入测图比例尺，命令行窗口将要求输入测图比例，输入比例尺分母后回车即可。

(2) 选择［测点点号］屏幕菜单　菜单在右侧屏幕菜单的一级菜单［定位方式］中选取“测点点号”，系统将弹出一个对话窗，提示选择点号对应的坐标数据文件名（依然是 D：\ YXM \ ABC. DAT）。输入外业所测的坐标数据文件并单击［打开］后，系统将所有数据读入内存，以便依照点号寻找点位。此时屏幕菜单变为如图 10-13 (c) 所示的菜单，同时命令行显示：

读点完成！　共读入 189 个点

(3) 绘平面图　由图 10-13(c) 可知，屏幕菜单将所有地物要素分为 11 类，如文字注记、控制点、地籍信息、居民地等，此时即可按照其分类分别绘制各种地物。下面以绘矩形类普通房屋、多边形房屋、陡坎来说明其操作方法。

图 10-24　普通房屋

① 绘制矩形类普通房屋 图 10-24 是外业草图中的普通房屋。在屏幕菜单处选择［居民地］时，屏幕中弹出“居民地”层的各种图式符号，如图 10-25 所示。从中选择与草图相应的图式符号“四点房屋”，单击［确定］按钮，命令行提示及操作依次如下：

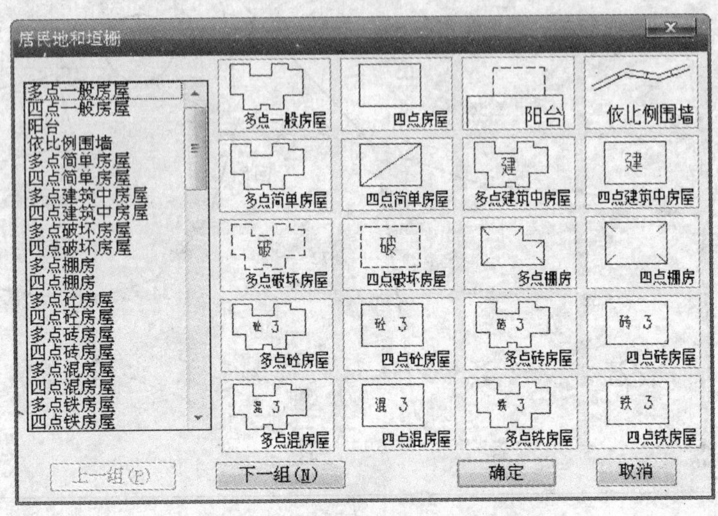

图 10-25 居民地和垣栅对话框

1. 已知三点/2. 已知两点及宽度/3. 已知四点〈1〉：回车

点 P/〈点号〉 输入 33，回车

点 P/〈点号〉 输入 34，回车

点 P/〈点号〉 输入 35，回车

这样，即可把 33，34，35 三点连成一个矩形房屋。同时可以看到，所绘的房屋带有颜色，即图形自动加上了属性（编码：141101），并存放于与其相应的图层中。需要注意的是，绘房子时，输入点号必须按一定顺序（如顺时针或逆时针）输入，否则所绘图形不对。

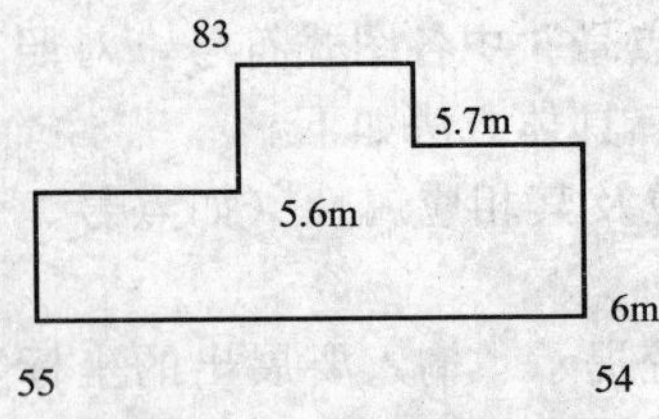

图 10-26 多点一般房屋

为便于查看点号，要使用视图缩放命令适当放大绘图区，方法是单击“标准工具栏”中的视图缩放命令（常用窗口放大命令）放大绘图区。

② 绘制多点房屋 如图 10-26 所示，测定了多边形房屋 55，54，83 三个点点位，丈量了三条边长。在屏幕菜单处选择［居民地］时，屏幕中弹出“居民地”层的各种图式符号，如图 10-25 所示，从中选择与草图相应的图式符号“多点一般房屋”，单击［确定］按钮后，命令行提示及操作如下：

第一点：

鼠标定点 P/〈点号〉：输入 55，回车；

曲线 Q/边长交会 B/点 P/〈点号〉：输入 54，回车。

屏幕绘出第一条边，同时命令行提示：

闭合 C/隔一闭合 G/隔一点 J/微导线 A/曲线 Q/边长交会 B/回退 U/点 P/〈点号〉：输入 A，回车。

因为接下来两个点都是通过直角量距确定，类似于测支导线，故此时可选用“微导线 A”功能，键入 A，回车确认后，命令行提示：

微导线-键盘输入角度（K）/〈指定方向点（只确定平行和垂直方向）〉：用鼠标指定方向

（55—54 的左边）；

距离〈m〉：输入 6，回车。

此时，屏幕上绘出第二条边。同时命令行还提示：

闭合 C/隔一闭合 G/隔一点 J/微导线 A/曲线 Q/边长交会 B/回退 U/点 P/〈点号〉：输入 A，回车。

距离输入 5.7 后，屏幕上绘出第三条边。同时命令行还提示：

闭合 C/隔一闭合 G/隔一点 J/微导线 A/曲线 Q/边长交会 B/回退 U/点 P/〈点号〉：输入 J，回车。

鼠标定点 P/〈点号〉：输入 83，回车。

由于实测了 83 号点，应使用“隔一点”的功能。只需输入 J 和 83 号点，即可绘出第四条边、第五条边。再利用“微导线 A”功能绘出第六边。最后利用“隔一闭合 G”功能，键入 G 自动完成图形闭合。这样多边形房屋就绘好了。

③ 绘制陡坎　在屏幕菜单处选择“地貌和土质”，出现对话框如图 10-27 所示。选择“未加固陡坎”后，单击［确定］按钮，命令行提示及操作如下：

输入坎高：（米）〈1.000〉：输入 1.5，回车；

鼠标定点 P/〈点号〉：输入 20，回车；

鼠标定点 P/〈点号〉：输入 21，回车；

拟合吗〈N〉? 回车。

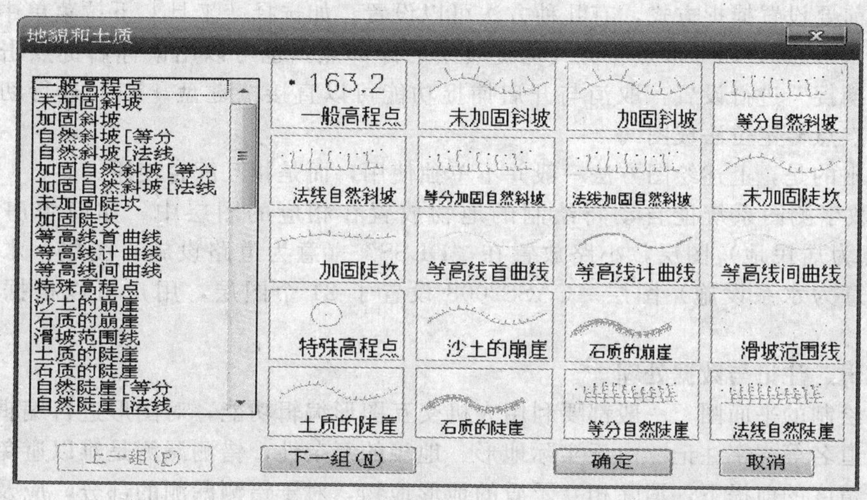

图 10-27　“地貌和土质”对话框

操作时，陡坎的坎毛是沿前进方向的左侧自动生成的，故输入点号时要注意点号的输入顺序。点号输入完毕后，对于下一个提示“点 P/〈点号〉”直接按回车键或按右键结束。当问及是否拟合时，如果要把点间连线拟合成曲线，则键入“Y”，否则，键入“N”或直接回车确认。

④ 绘制独立地物　如欲绘水井，在屏幕菜单处选择［水系设施］，出现“水系及附属设施”对话框，数次点击［下一组］按钮，出现水井图标，如图 10-28 所示。选取“水井”后确定，命令行提示：

鼠标定点 P/〈点号〉：输入水井的点号，回车，即在屏幕上绘出水井符号。

4. 坐标定位成图法

坐标定位成图法操作类似于测点点号定位成图法。所不同的仅仅是，绘图时点位的获取

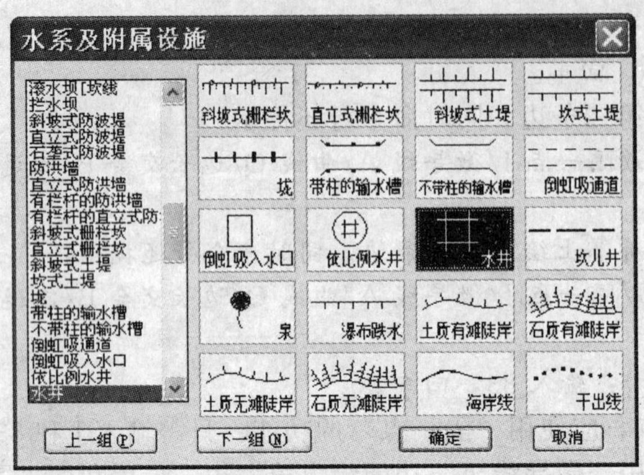

图 10-28 “水系及附属设施”对话框

不是通过输入点号而是利用“捕捉”功能直接在屏幕上捕捉所展的点，故该法较测点点号定位成图法更方便。其具体的操作步骤如下。

① 展点。

② 选择［坐标定位］屏幕菜单。

以上两步操作同前述。

③ 绘制平面图。

绘图之前要设置捕捉方式，有几种方法可以设置。如选择［工具］下拉菜单中“物体捕捉模式”的“节点”，以“节点”方式捕捉展绘的碎部点，也可以用鼠标右键点击状态栏上面的“对象捕捉”进行设置，取消与开启捕捉功能可以直接按键盘［F3］进行切换。绘图方法同“测点点号定位法成图”。

需要指出的是，上述绘图方法一般并不单独使用，而是相互配合使用。

CASS 数字测图系统能自动将绘制的地物放置在相应的图层中，如简单房屋放置在“JMD”（意为居民地）图层，小路放置在“DLSS”（意为道路设施）图层，水井放置在“SXSS”（意为水系设施）图层。CASS2008 设置了 21 个图层，用户可以根据需要增加图层。

四、编辑、注记与数据处理

在室内绘制的平面图，一般都要利用人机交互图形编辑功能，对图形进行编辑修改，进行地名、街道名等文字注记。由于实际地形、地貌的复杂性，错测漏测是难以避免的，此时需要在保证精度的前提下，消除相互矛盾的地形地物，对于错测漏测的部分，应及时进行外业检查、补测或重测。另外，当地图测好后，随着时间的变化，要及时对地图进行更新，即要根据实地变化情况，对变化了的地形地物进行增加、删除或修改，以保证地图的现势性。

1. 地物编辑

“地物编辑”菜单主要提供对地物的编辑功能，下面对该菜单下的一些主要功能进行简单介绍。

“重新生成”能根据图上骨架线重新生成一遍图形。通过这个功能，编辑复杂地物（如围墙、陡坎等）只需编辑其骨架线。

“线型换向”用来改变线型地物（如陡坎、栅栏）的方向。

“修改墙宽”依照围墙的骨架线来修改围墙的宽度。

“修改坎高”能查看或改变陡坎各点的坎高。

“线型规范化”可控制虚线的虚部位置以使线型规范。

“批量缩放”可对屏幕上的注记文字和地物符号进行批量放大或缩小，还可使各文字位置相对它被缩放前的定位点移动一个常量。

“测站改正”的功能，如果用户在外业不慎搞错了测站点或定向点，或者在做控制前先测碎部，可以应用此功能进行测站改正。

“局部存盘”分为“窗口内的图形存盘”和“多边形内图形存盘”，前者能将指定窗口内的图形存盘，主要用于图形分幅；后者能将指定多边形内的图形存盘，水利、公路和铁路测量中的“带状地形图”可用此法截取。

以上这些常用的图形编辑功能都是按命令行提示操作，操作较简单。

“图形接边”的功能：当两幅用旧图数字化得到的图形进行拼接时，存在同一地物错开的现象，可用此功能将地物的不同部分拼接起来形成一个整体。执行本菜单命令后，弹出如图 10-29 所示对话框。输入接边最大距离和无结点最大角度后，可选用有手工、全自动、半自动三种方式接边：手工是每次接一对边；全自动是批量接多对边；半自动是每接一对边前提示问是否连接。

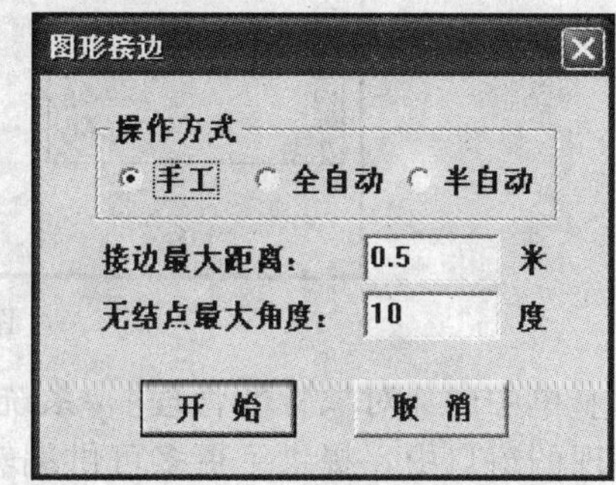

图 10-29　“图形接边”对话框

“图形属性转换”的子菜单提供有 14 种转换方式，每种方式有单个和批量两种处理方法。以“图层→图层”为例，单个处理时，命令行提示：

转换前图层，输入转换前图层；

转换后图层，输入转换后图层。

系统会自动将要转换图层的所有实体变换到要转换到的层中。如果要转换的图层很多，可采用“批量处理”，但是要在记事本中编辑一个索引文件。

“植被填充”、“土质填充”、“小比例房屋填充”、“图案填充”都是在指定区域内填充上适当的符号，但指定区域必须是闭合的复合线。

2. 注记

地图上除了各种图形符号外，还有各种注记要素（包括文字注记和数字注记）。CASS 系统提供了多种不同的注记方法，注记时可将汉字、字符、数字混合输入。

（1）使用屏幕菜单中的“文字注记”　无论是使用屏幕菜单中的哪种定位方法，均提供了“文字注记”功能。用鼠标选择屏幕菜单中的“文字注记”功能项，弹出对话框如图 10-30 所示。

在该对话框中已预先将一些常用的注记用字做成字块，当用到这些字时，可以直接在该对话框中选取，可方便地将常用字注记到鼠标指定的位置。如果要注记的文字在常用字中没有提供时，可以用“注记文字”和“批量文字”的功能按命令行提示（输入注记位置、注记大小、注记内容）进行注记。在图 10-30 对话框中还可以用来注记屏幕上任意点的测量坐标（如房角点、围墙点等）和注记房屋的地坪标高。

（2）使用［工具］”菜单下的［文字］　在［工具］\［文字］中有二级菜单，使用该菜单可满足注记文字、编辑文字等要求。其中“写文字”与屏幕菜单的“注记文字”操作基本相同，按提示进行注记；“编辑文字”是用于对已注记的文字进行修改。

3. 实体属性的编辑修改

对于任何一个实体（对象）来说，都具有一些属性，如实体的位置、颜色、线型、图层、厚度以及是否拟合等。当赋予实体错误的属性信息时，就需要对实体属性进行编辑修改工作。

（1）对象特性管理　该项功能可以管理图形实体在 Auto CAD 中的所有属性。点击［编

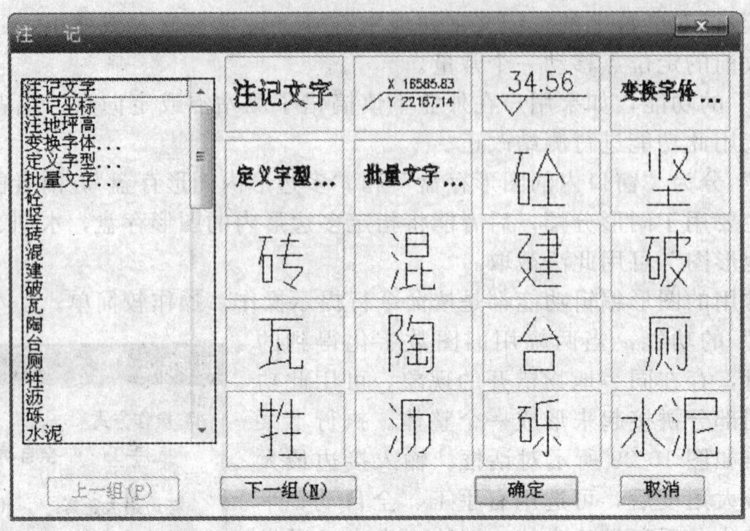

图 10-30 文字注记对话框

辑］单中的［对象特性管理］，系统弹出对象特性管理器，如图 10-31 所示。在以表格方式出现的窗口中，提供了更多可供编辑的对象特性。选择单个对象时，对象特性管理器将列出该对象全部特性；选择了多个对象时，对象特性管理器将显示所选择的多个对象的共有特性；未选择对象时，对象特性管理将显示整个图形的特性。双击对象特性管理器中的特性栏，将依次出现该特性所有可能的取值。修改所选对象特性时可用如下方式：输入一个新值；从下拉列表中选择一个值；用“拾取”按钮改变点的坐标值。在对象特性管理器中，特性可以按类别排列，也可按字母顺序排列。对象特性管理器还提供了“快速选择”按钮，可以方便地建立供编辑用的选择集。

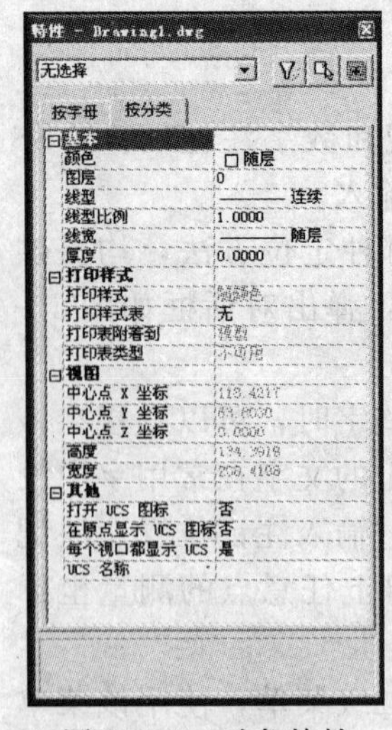

图 10-31 对象特性管理对话框

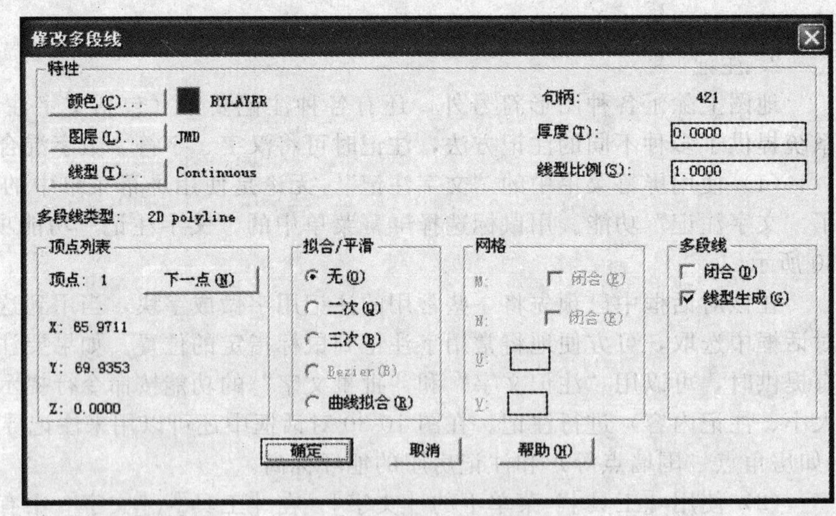

图 10-32 图元编辑对话框

（2）图元编辑 该项功能是对直线、复合线、弧、圆、文字、点等实体进行编辑，修改它们的颜色、线型、图层、厚度以及拟合等。

执行［编辑］\［图元编辑］命令，命令行提示：

选择对象（Select one object to modify）

用鼠标选取对象（如房屋）后，弹出如图 10-32 所示对话框。需要注意的是，不同的实体相应有不同的对话框，留意其中的内容，按需要选择合适的项目进行修改。

（3）修改　该选项可以分别完成对实体的颜色和实体属性（如图层、线型、厚度等）的修改，其功能和“图元编辑”功能完全相同，所不同的是“图元编辑”是采用对话框操作，而“修改”是根据命令行提示一步一步键入修改值进行修改。

（4）实体附加属性　为适应当前 GIS 系统对基础空间数据的需要，CASS2008 全面提供面向 GIS 建库的数据解决方案。CASS2008 系统的“检查入库”下拉菜单里提供了图形的各种检查及图形格式转换功能。

4. 图块的制作及使用

在 CASS 系统中绘制地图时，常常要把一幅图或一幅图的某一部分以图块的形式保存起来，以便以后需要时可以把它插入到所需地方。另外，为了实现相邻图幅之间的拼接，常常把一幅图作为主图，把其他图做成“块”，然后利用插入“块”的方法实现。因此，图块的制作及其使用是 CASS 系统中重要的一部分。

5. 图层管理

图层是 AutoCAD 中用户组织图形的最有效工具之一。用户可以利用图层来组织自己的图形或利用图层的特性如不同的颜色、线型和线宽来区分不同的对象。执行［编辑］\［图层控制］下各子菜单，可以对图层进行创建、删除、锁定/解锁、冻结/解冻，还可设置打印样式。利用此菜单，用户完全可以方便、快捷地设置图层的特性及控制图层的状态。

6. 数据处理

（1）坐标换带　此项功能是实现大地坐标与高斯平面坐标的坐标转换或图形转换。单击[数据]\[坐标换带]，弹出如图 10-33 所示对话框。进行单点转换时，需输入原坐标；进行批量转换时，需选择源坐标文件，并创建或选择目标坐标输出文件。

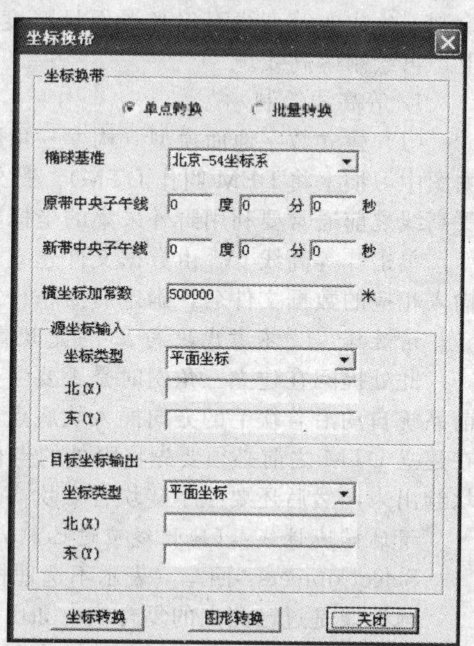

图 10-33　“坐标换带”对话框

（2）坐标转换　此项功能是将图形或数据从一个坐标系转到另外一个坐标系，只限于平面直角坐标系，且只是对图形或数据进行一个平移、旋转、拉伸，而不是坐标的换带计算。执行[地物编辑]\[坐标转换］菜单后，系统会弹出一对话框，如图 10-34 所示。用户拾取两个或两个以上公共点就可以进行转换。

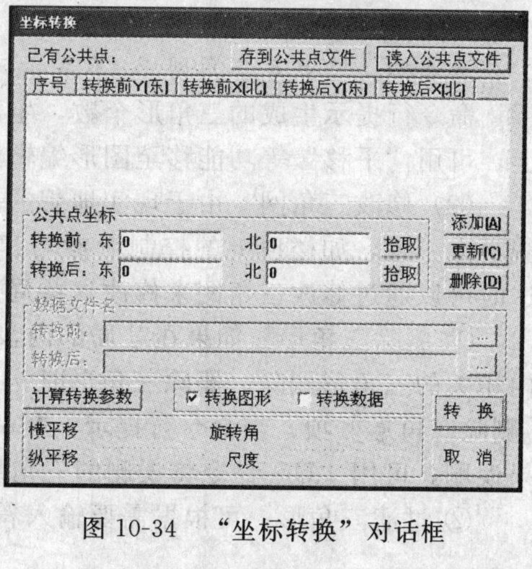

（3）测站改正　如果用户在外业不慎搞错了测站点或定向点，或者在测控前先测碎部，可以应用此功能进行测站改正，以实现坐标的平移与旋转。

图 10-34　“坐标转换”对话框

执行［地物编辑］\［测站改正］后，按命令区提示操作：

请指定纠正前第一点，输入或拾取改正前测站点，也可以是某已知正确位置的特征点，如房角点。

请指定纠正前第二点，输入或拾取改正前定向点，也可以是另一已知正确位置的特征点。

请指定纠正后第一点，输入或拾取测站点或特征点的正确位置。

请指定纠正后第二点，输入或拾取定向点或特征点的正确位置。

请选择要纠正的图形实体，用鼠标选择图形实体。

系统将自动对选中的图形实体作旋转平移，使其调整到正确位置，之后系统提示输入需要调整和调整后的数据文件名，可自动改正坐标数据，如不想改正，按［Esc］键即可。

五、等高线绘制与编辑

地形图要完整的表示地表形状，除了要准确绘制地物外，还要准确的表示出地貌起伏。在地形图中，地形起伏通常是用等高线来表示的。常规的平板测图中，等高线由手工描绘，虽然等高线可以描绘得比较光滑，但精度较低。而在数字测图系统中，等高线由计算机自动绘制，生成的等高线不仅光滑而且精度较高。数字地形图绘制，通常在绘制平面图的基础上，再绘制等高线。

1. 等高线绘制

（1）建立数字地面模型（构建三角网） 这里的数字地面模型指数字高程模型（在数字测图中习惯上将 DEM 叫作 DTM）。野外数字测图软件都是基于三角形格网的 DTM，绘制等高线之前通常要利用野外采集的坐标数据文件来建立 DTM。具体操作如下：

单击［等高线］\［由数据文件建立 DTM］项，在弹出的“输入数据文件名”对话框中输入相应的数据文件名，确定后命令行窗口提示：

请选择：1. 不考虑坎高 2. 考虑坎高〈1〉：回车。

此处提问在建立三角网时是否要考虑坎高因素。如果要考虑坎高因素，则在建立 DTM 前系统自动沿着坎毛的方向插入坎底点，这样新建坎底的点便参与三角网组网的计算。因此在建立 DTM 之前必须要先将野外的点位展出来，再用捕捉“节点”或“最近点”方式将陡坎绘出来，然后还要赋予陡坎各点坎高。选择后命令行窗口提示：

请选择地性线：（地性线应过已测点，如不选则直接回车）

Select objects：回车（表示不选地性线）。

地性线是过已测点的复合线，如山脊线、山谷线。如有地性线，可用鼠标逐个点取地性线；如地性线很多，可专门新建一个图层放置，提示选择地性线时选定测区所有实体，再输入图层名将地性线挑出来。另外，系统默认陡坎骨架线为地性线。绘制地形图一般要选择地性线。

请选择：1. 显示三角网 2. 不显示三角网〈1〉：回车。

命令行提示生成的三角形个数，生成的三角网如图 10-35 所示。三角网如不在当前屏幕上，可用“平移”等功能移至图形编辑区。

（2）修改三角网 由于现实地貌的多样性和复杂性，自动构成的数字地面模型与实际地貌不太一致，如楼顶上的控制点参与建模、三角形边横穿地性线（建模时没有选地性线），这时可以通过修改三角网来修改这些局部不合理的地方。

① 删除三角形：如果在某局部内没有等高线通过或三角形连接不合理，则可将其局部内相关的三角形删除。删除三角形时，可先将要删除三角形的局部放大，再选择［等高线］\［删除三角形］项，当命令行提示：“Select object：”这时可用鼠标选择要删除的三角形，如果误删，可用“U”命令将误删的三角形恢复。

② 过滤三角形：可根据需要输入符合三角形中最小角的度数或三角形中最大边长最多

大于最小边长的倍数等条件，过滤掉部分形状特殊的三角形。另外，如果生成的等高线不光滑，也可以用此功能将不符合要求的三角形过滤掉再生成等高线。

③ 增加三角形：依照屏幕的提示在要增加三角形的地方用鼠标点取，如果点取的地方没有高程点，系统会提示输入高程。

④ 三角形内插点：在三角形中指定点，可将此点与相邻的三角形顶点相连构成三角形，同时原三角形会自动被删除。

⑤ 删三角形顶点：此功能可将所有由该点生成的三角形删除。这个功能常用在发现某一点坐标错误时，要将它从三角网中剔除的情况下。

⑥ 重组三角形：指定两相邻三角形的公共边，系统自动将两三角形删除，并将两三角形的另两点连接起来构成两个新的三角形，这样做可以改变不合理的三角形连接。

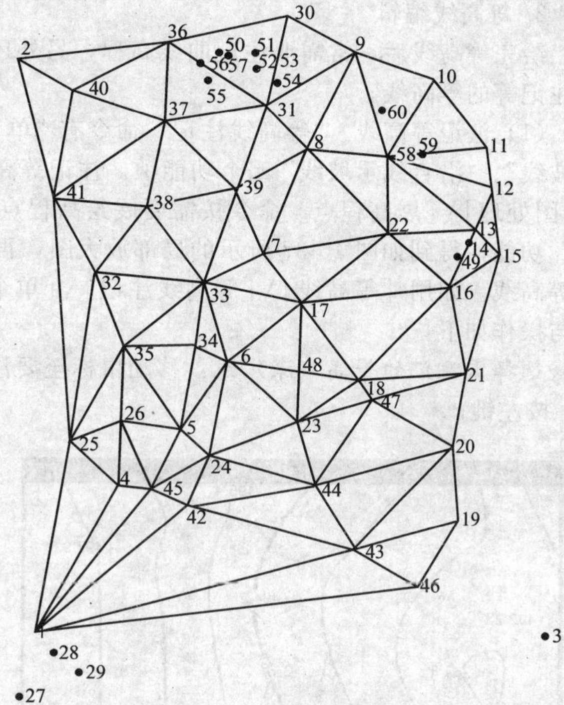

图 10-35　DTM 三角网

修改完三角网后，执行［等高线］\［修改结果存盘］命令，把修改后的数字地面模型存盘。否则修改无效。当命令行显示“存盘结束!”时，表示操作成功。

(3) 绘制等高线　建立数字地面模型后，便可绘制等高线了。单击［等高线］\［绘制等高线］项，系统在命令行的提示和操作为：

最小高程为×××米，最大高程为×××米 。(系统从数据文件中自动搜索最小高程和最大高程。)

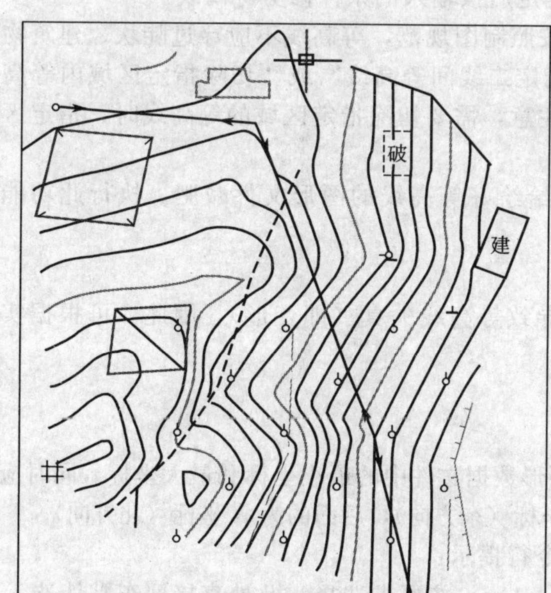

图 10-36　自动绘制的等高线

请输入等高距〈单位：米〉：(根据测图比例尺和现场的地貌起伏输入合理的等高距。)

请选择：1. 不光滑 2. 张力样条拟合 3. 三次 B 样条拟合 4. SPLINE〈1〉：

这里一般输入“3”，用三次 B 样条拟合生成的等高线最光滑。也可根据需要采用其他拟合方法。例如输入“3”，回车。命令行显示：

正在绘图，请稍候!

……

绘等高线完成!

生成等高线后就不再需要三角网了，可用“删三角网”的命令将整个三角网全部删除。自动绘制的等高线如图 10-36 所示。

2. 等高线编辑

绘完等高线后，常需要注记曲线高程，另外还需要切除穿过建筑物、双线路、陡坎、高程注记等的等高线。

(1) 注记等高线 “等高线注记”命令有“单个高程注记”、“沿直线高程注记”、“单个示坡线”、“沿直线示坡线”四个功能项。注记等高线之前，如果还没有展绘高程点，应先用[绘图处理]\[展高程点] 命令按需要展绘高程点。另外，通常用标准工具栏中的“窗口缩放”功能，得到如图 10-37 所示的局部放大图，再执行 [等高线]\[等高线注记] 命令，注记等高线。如用 [等高线]\[等高线注记]\[单个高程注记] 的命令注记等高线，命令区提示与操作如下：

选择需注记的等高（深）线：移动鼠标至要注记高程的等高线位置，如图 10-37 的位置 A，按左键；

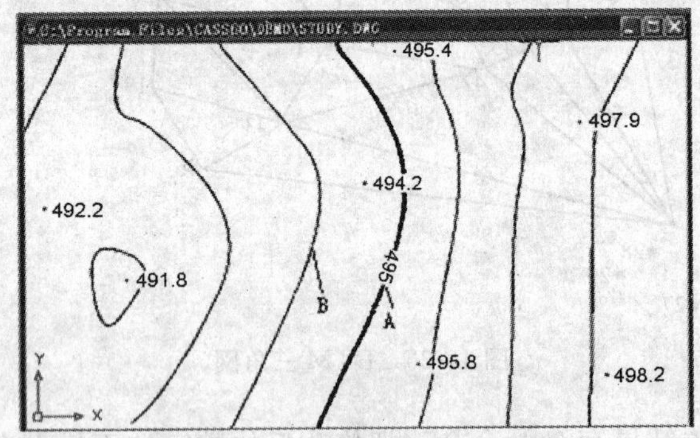

图 10-37 在等高线上注记高程

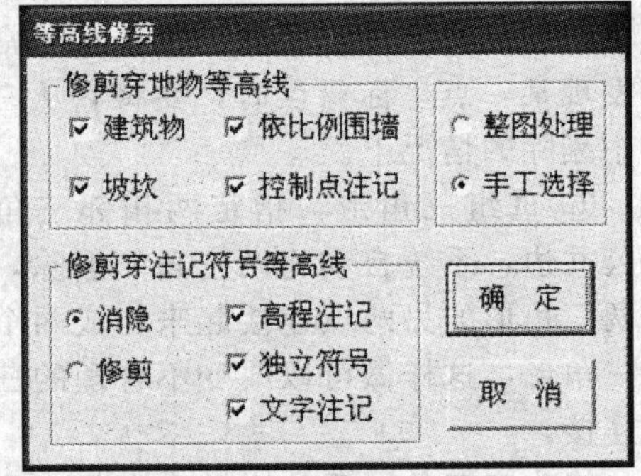

图 10-38 等高线修剪对话框

依法线方向指定相邻一条等高（深）线：移动鼠标至如图 10-37 的位置 B，按左键。等高线的高程值自动注记在等高线上，字头自动朝向高处。

(2) 等高线修剪 执行 [等高线]\[等高线修剪]\[切除穿建筑物等高线] 命令，弹出如图 10-38 所示对话框，设定相关选项，单击确定后按输入的条件修剪等高线。

(3) 切除指定二线间、指定区域等高线 按照制图规范，等高线不应穿过陡坎、建筑物等。执行 [等高线]\[等高线修剪] 下“切除指定二线间等高线”或“切除指定区域内等高线”命令，程序将自动切除指定等高线。应当注意，需要切除指定区域的等高线时，指定区域的封闭区域边界一定要是复合线。

(4) 等值线滤波 此功能可在很大程度上给绘好等高线的图形文件减肥。执行此功能后，系统提示如下：

请输入滤波阈值：〈0.5 米〉

这个值越大，精简的程度就越大，但是会导致等高线失真（即变形），因此，可根据实际需要选择合适的值。一般选择系统默认的值。

六、数字地形图的整饰与输出

1. 图形分幅与图幅整饰

(1) 图形分幅 图形分幅前，首先应了解图形数据文件中的最小坐标和最大坐标。同时应注意 CASS2008 下信息栏显示的坐标前面的为 Y 坐标（东方向），后面的为 X 坐标（北方向）。

执行 [绘图处理]\[批量分幅] 命令，命令行提示：

请选择图幅尺寸：(1) 50 * 50 (2) 50 * 40 〈1〉 按要求选择。此处直接回车默认选 1。

请输入分幅图目录名：输入分幅图存放的目录名，回车。如输入 d：\yxm\dlgs\。

输入测区一角：在图形左下角点击左键。

输入测区另一角：在图形右上角点击左键。

这样在所设目录下就产生了各个分幅图，自动以各个分幅图的左下角的东坐标和北坐标结合起来命名，如："31.00-53.00"、"31.00-53.50"等。如果要求输入分幅图目录名时直接回车，则各个分幅图自动保存在安装了CASS2008的驱动器的根目录下。

(2) 图幅整饰 先把图形分幅时所保存的图形打开，并执行［文件］\［加入CASS2008环境］命令。然后选择［绘图处理］\［标准图幅］项，显示如图10-39所示的对话框。输入图幅的名字、邻近图名、测量员、绘图员、检查员，在左下角坐标的"东"、"北"栏内输入相应坐标，例如此处输入"53000"，"31000"（最好拾取）。在"删除图框外实体"前打勾则可删除图框外实体，按实际要求选择。最后用鼠标单击［确定］按钮即可得到加上标准图框的分幅地形图。

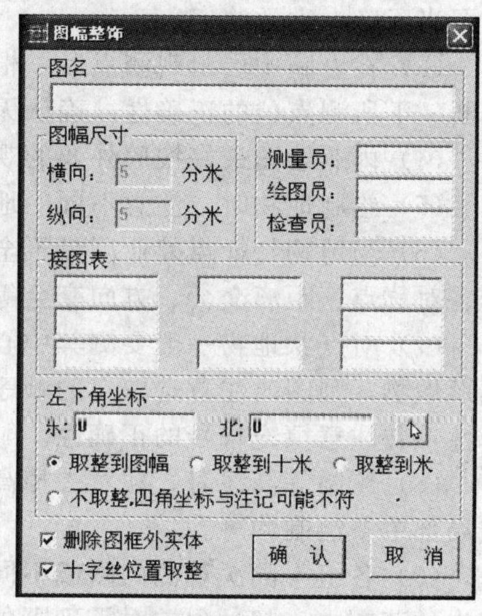

图10-39 图幅整饰对话框

图廓外的单位名称、成图时间、执行图式和坐标系、高程基准等可以在加框前定制，即在"CASS2008参数设置\图框设置"对话框中依实际情况填写单位名称、成图日期、坐标系等，定制符合实际的统一的图框。也可以直接打开图框文件，如打开"CASS2008\BLOCKS\AC50TK.DWG"文件，利用［工具］菜单的"文字"项的"写文字"、"编辑文字"等功能，依实际情况编辑修改图框图形中的文字，不改名存盘，即可得到满足需要的图框。

2. 绘图输出

地形图绘制完成后，可用绘图仪、打印机等设备输出。执行［文件］\［绘图输出］，在二级菜单里可完成相关打印设置，并打印出图。

第五节 测图工作外业与内业的注意事项

一、测图工作外业注意事项

(1) 测图前要对所用的仪器设备进行必要的检查与校正，确保仪器状态的正确性。

(2) 合理地选择地物和地貌的特征点，把握地形的总体骨架，根据用图的要求，进行合理地综合取舍。

(3) 确定适当的观测顺序，立尺员跑尺要有次序，不能东跑一点西立一点，绘图员要边测边绘，及时将地物轮廓线和地性线连接起来，避免发生遗漏和弄错。

(4) 观测员、绘图员和立尺员要联络通畅，立尺员要对特殊地物、地貌进行合理测量，并及时通知观测员和绘图员。

(5) 测绘过程中，要做到边测、边绘、边检查，发现错误及时纠正。

(6) 为避免漏测或重复，两测站所测的范围应以人工或天然的地面线作为分界。对重要的地物、地貌特征点可在两测站分别测定，以作检核。

(7) 外业如果采用简编码法，一定要与成图软件的要求相符；如果采用草图法，则草图上地物的注记点号必须与仪器里贮存的点号一一对应，反映地貌的高程点在草图上可不表示出来，绘制草图的人员最好跟着跑尺员，并随时与观测员进行联系，以免记错点号。

（8）外业工作结束后，应及时进行数据传输，并大致检查当天数据的正确性，及时对所用仪器进行保存与充电以备用。

二、内业绘图工作的注意事项

（1）数据或图形传入电脑中，应及时保存并备份，以防电脑系统或磁盘的损坏而丢失。

（2）绘图工作最好由画草图的人或观测员进行绘制，并及时在电脑中绘完，做到当天测的图当天晚上大致绘完。

（3）在电脑中展出观测点后，根据点位的相对位置或与以前所测地物的相对位置，初步判断一下所测点位的正确性，确认无误后再进行绘图工作。

（4）内业绘图最好按照外业的观测次序进行绘制，一般是先绘地物，再绘等高线。

（5）绘制地物时，注意不同的地物要按其属性，放到相应的图层。

（6）当地物特征点外业测量不全时，在内业可利用解析或图解的方法求得，如利用延长线、对称点、距离交会、方向交会等方法。

（7）对点状地物一般要测其中心，其地物符号的中心要捕捉在其测点上；对有方向性的线形地物，画图时注意选取点的顺序，确保方向正确；对面状地物绘图时要注意其区域的闭合性，并注意填充符号的正确性。

（8）绘制等高线时，注意去掉高程错误的点，可根据实际情况，选择整体统一自动绘制或局部单条绘制均可。

（9）各组不同次观测的图或不同组之间测的图进行相互拼接时，注意拼图误差要在规范容许的范围内，超过限差时需到野外进行实地检查或重测。

（10）整体图形绘制完毕后要认真检查各种注记是否齐全，有没有明显的图面错误。

习题与思考题

1. 简述数字测图的作业流程。
2. 数字地图与模拟地图相比有哪些优点？
3. 测图前需做哪些准备工作？
4. 简述利用全站仪进行数字测图时的作业步骤。
5. 简述利用 RTK GPS 进行数字测图时的作业步骤。
6. 简述利用“测点点号或坐标定位成图法”的内业绘图步骤。
7. CASS2008 成图软件提供了哪些地物编辑功能？
8. 在哪些情况下，需要对等高线进行修剪与断开？
9. 数字测图的外业工作需注意些什么？
10. 内业绘图工作有哪些注意事项？

第十一章　数字地形图的应用

【知识目标】

●了解数字地形图在地籍管理方面的应用

●了解数字地形图在工程方面的应用

●掌握断面图的绘制方法

在数字地形图的基础上，加上各种必要的地籍要素（如界址点、权属线、宗地等）就变成了数字地籍图，数字地籍图在我国的土地管理中是非常重要的基础数据，目前进行的全国第二土地调查，就是利用数字地籍图进行建库管理。有了数字地籍图，可以使用CASS2008提供的地籍编辑功能生成权属信息文件、绘制地籍图和宗地图、生成地籍管理表格等。

第一节　数字地形图在地籍管理方面的应用

一、生成权属信息文件

利用数字地籍图，可以有四种方法得到权属信息文件，如图11-1所示。

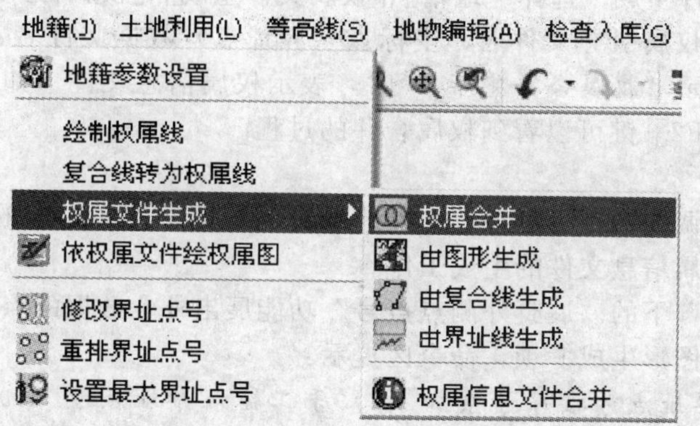

图11-1　权属文件生成的四种方法

1. 权属合并

权属合并需要用到两个文件：权属引导文件和界址点数据文件。

(1) 权属引导文件编辑　权属引导文件的格式如下：

宗地号，宗地名（权利人），土地类别，界址点号，界址点号，……，界址点号，E

宗地号，宗地名，土地类别，界址点号，界址点号，……，界址点号，E

……

E

该文件规定：

① 每行描述一个宗地，行尾的 E 为宗地的结束标志；

② 编写宗地号的方法：

街道号（地籍区号）＋街坊号（地籍子区）＋宗地序号（地块号）

3 位数字（×××）＋2 位数字（××）＋5 位数字（×××××）

③ 权利人按实际调查结果输入；

④ 土地类别按规范要求输入；

⑤ 权属引导文件的结束符为 E，E 要求大写。

权属引导文件可以用任何一种文本编辑器进行编辑、修改，文件名通常取“＊DJ. YD”格式。如用鼠标点取菜单中［编辑］\［编辑文本文件］命令，按上述的权属引导文件的格式和内容编辑好权属引导文件，如图 11-2 所示。存盘返回 CASS 屏幕。

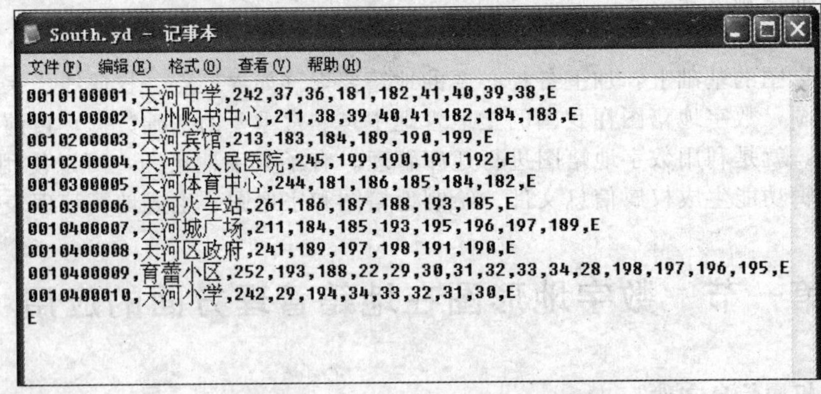


```
0010100001,天河中学,242,37,36,181,182,41,40,39,38,E
0010100002,广州购书中心,211,38,39,40,41,182,184,183,E
0010200003,天河宾馆,213,183,184,189,190,199,E
0010200004,天河区人民医院,245,199,190,191,192,E
0010300005,天河体育中心,244,181,186,185,184,182,E
0010300006,天河火车站,261,186,187,188,193,185,E
0010400007,天河城广场,211,184,185,193,195,196,197,189,E
0010400008,天河区政府,241,189,197,198,191,190,E
0010400009,育蕾小区,252,193,188,22,29,30,31,32,33,34,28,198,197,196,195,E
0010400010,天河小学,242,29,194,34,33,32,31,30,E
E
```

图 11-2 权属引导文件格式

（2）权属信息文件生成　选择［地籍］\［权属文件生成］\［权属合并］项，系统弹出对话框，按提示分别输入权属引导文件名、坐标点（界址点）数据文件名、地籍权属信息文件名。当指令提示区显示“权属合并完毕!”时，表示权属信息文件（如 SOUTHDJ. QS）已自动生成。这时按［F2］键可以看到权属合并的过程。

2. 由图形生成

在外业完成地籍调查和测量后，得到界址点坐标数据文件和宗地的权属信息，在内业，可以用此功能完成权属信息文件的生成工作。

先用“绘图处理”下的“展野外测点点号”功能展出外业数据的点号，再选择［地籍］\［权属文件生成］\［由图形生成］项，命令区提示：

请选择：（1）界址点号按序号累加（2）手工输入界址点号〈1〉按要求选择，默认选 1。

接下弹出对话框，要求输入地籍权属信息文件名，保存在合适的路径下，如果此文件已存在，则提示：文件已存在，请选择（1）追加该文件（2）覆盖该文件〈1〉按实际情况选择。

输入宗地号：输入 0010100001。

输入权属主：输入“天河中学”。

输入地类号：输入 44。

输入点：打开系统的捕捉功能，用鼠标捕捉到第一个界址点（如 37）。接着，命令行继续提示：

输入点：等待输入下一点

……

依次选择 39，40，41，182，184，183 点。

输入点：回车或按空格键，完成该宗地的编辑。

请选择：1. 继续下一宗地　2. 退出〈1〉：输入 2，回车。

选 1 则重复以上步骤继续下一宗地，选 2 则退出本功能。

这时，权属信息数据文件已经自动生成。以上操作中采用的是坐标定位，也可用点号定位。用点号定位时不需要依次用鼠标捕捉到相应点，只需直接输入点号就行了。

3. 由复合线生成

这种方法在一个宗地就是一栋建筑物的情况下特别好用，不然的话就需要先手工沿着权属线画出封闭复合线。

选择［地籍］\［权属文件生成］\［由复合线生成］项，输入地籍权属信息文件名后，命令区提示：

选择复合线（回车结束）：用鼠标点取一栋封闭建筑物。

输入宗地号：输入“0010100001”，回车。

输入权属主：输入“天河中学”，回车。

输入地类号：输入“44”，回车。

该宗地已写入权属信息文件！

请选择：1. 继续下一宗地　2. 退出〈1〉：输入 2，回车。

选 1 则重复以上步骤继续下一宗地，选 2 则退出本功能。

4. 由界址线生成

如果图上没有界址线，可用［地籍］下拉菜单中［绘制权属线］生成（在 CASS 中，“界址线”和“权属线”是同一个概念）。使用此功能时，系统会提示输入宗地边界的各个点。当宗地闭合时，系统将认为宗地已绘制完成，弹出对话框，要求输入宗地号、权属主、地类号等。输入完成后点击［确定］按钮，系统会将对话框中的信息写入权属线。

权属线里的信息可以被读出来，写入权属信息文件，这就是由权属线生成权属信息文件的原理。操作步骤如下：

执行［地籍］\［权属文件生成］\［由界址线生成］命令后，直接用鼠标在图上批量选取权属线，然后系统弹出对话框，要求输入权属信息文件名。这个文件将用来保存下一步要生成的权属信息。

输入文件名后，点保存，权属信息将被自动写入权属信息文件。

已有权属线再生成权属信息文件一般是用在统计地籍报表的时候。

当有多个权属信息文件需要合并成一个文件时，可使用“权属信息文件合并”的功能将多宗地的信息合并到一个权属信息文件中。

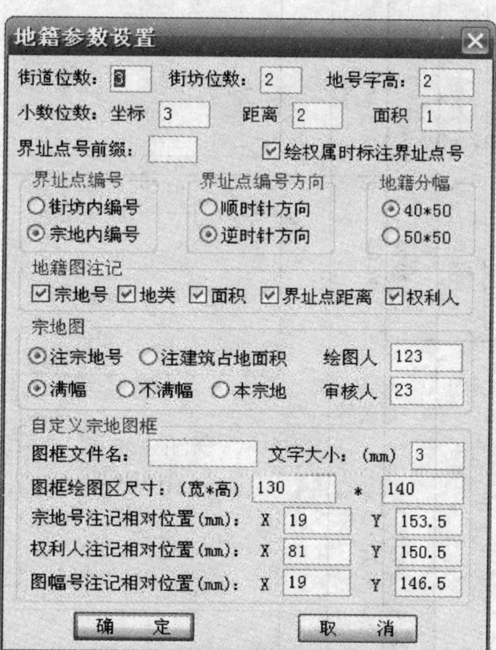

图 11-3　地籍参数设置

二、绘制地籍图

有了权属信息文件后，就可以自动绘制地籍图。首先可以利用［地籍］\［地籍参数设置］功能对成图参数进行设置。

根据实际情况选择适合的注记方式，绘权属线时要作哪些权属注记。如要将宗地号、地类、界址点间距离、权利人等全部注记，则在这些选项前的方格中打上钩，如图 11-3 所示。

特别要说明的是“宗地图”中是否满幅的设置。CASS5.0 以前的版本没有此项设置，默认均为满幅绘图，根据图框大小对所选宗地图进行缩放，所以有时会出现诸如 1∶1215 这样的比例尺。有些单位在出地籍图时不希望这样的情况出现。他们需要整百或整五十的比例尺。这时，可将“宗地图”选项设为“不满幅”。在绘制宗地图时将“宗地图参数设置”内“比例尺分母的倍数”设为需要的值。比如：设为 50，成图时出现的比例尺只可能是 1∶(50×N)，N 为自然数。

参数设置完成后，选择［地籍］\［依权属文件绘权属图］，弹出要求输入权属信息文件名的对话框，这时输入权属信息文件，命令区提示：

输入范围（宗地号．街坊号或街道号）〈全部〉根据绘图需要，输入要绘制地籍图的范围，默认值为全部。

可通过输入“街道号×××”，或输入“街道号×××街坊号××”，或输入“街道号×××街坊号××宗地号×××××”，输入绘图范围后程序即自动绘出指定范围的权属图。如：输入 0010100001 只绘出该宗地的权属图，输入 00102 将绘出街道号为 001 街坊号为 02 的所有宗地权属图，输入 001 将绘出街道号为 001 的所有宗地权属图。最后得到的地籍图如图 11-4 所示。

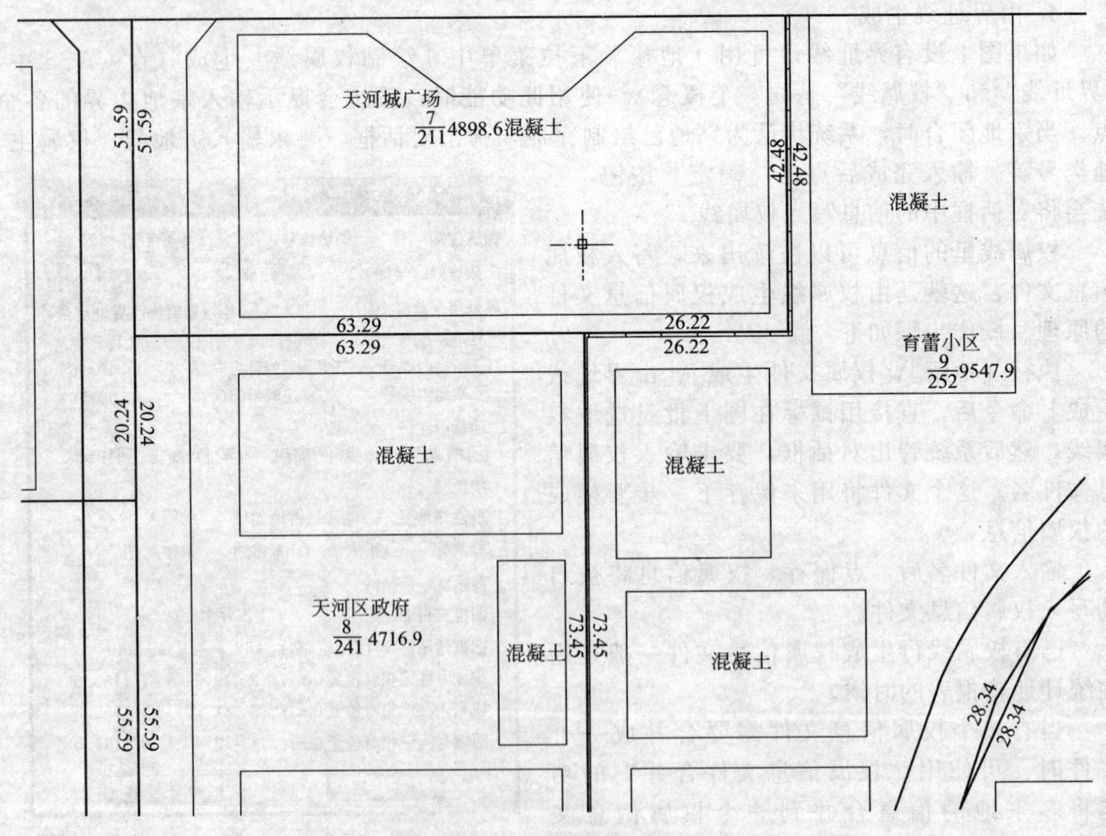

图 11-4 地籍图

由权属信息文件自动绘制的地籍图，通常达不到标准地籍图的要求，还需对地籍图进行一些编辑与修改。选取［地籍］下拉菜单中的“修改界址点号”、“重排界址点号”、“注记界址点点名”、“界址点圆圈修饰（剪切/消隐）”、“修改宗地属性”、“修改建筑物属性”、“修改界址线属性”、“修改界址点属性”等功能，按提示完成相应的操作。

三、**宗地图绘制**

绘制地籍图工作完成后，便可以制作宗地图，有单块宗地和批量处理两种方法，两种都是基于带属性的权属线。

1. 单块宗地

打开绘制好的地籍图，可用鼠标划出切割范围。选择［地籍］\［绘制宗地图框］\［A4竖］\［单块宗地］。弹出如图 11-5 所示对话框，根据需要选择宗地图的各种参数后点击［确定］，屏幕提示如下：

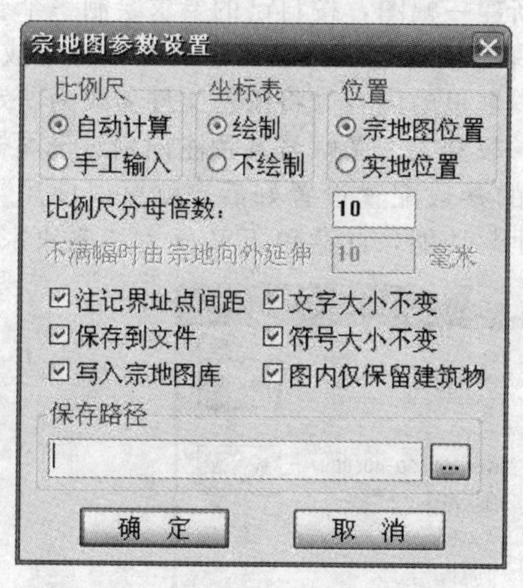

图 11-5　宗地图参数设置

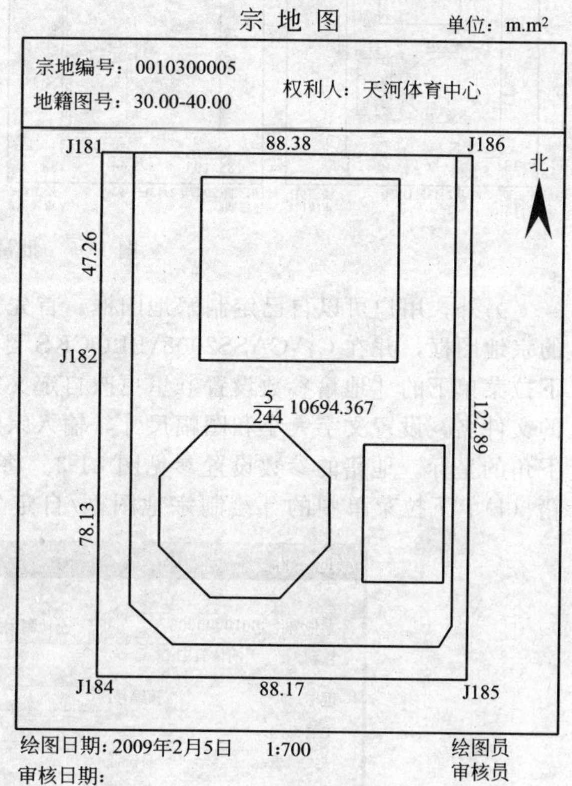

图 11-6　单块宗地图

用鼠标器指定宗地图范围　第一角：用鼠标指定要处理宗地的左下方。

另一角：用鼠标指定要处理宗地的右上方。

用鼠标器指定宗地图框的定位点：屏幕上任意指定一点。

一幅完整的宗地图就画好了，如图 11-6 所示 。宗地图的内容一般有：宗地所在的图幅号、宗地编号（地籍图号）、权属主（权利人）、界址线、界址点、界址点名、界址边长、宗地（序）号、地类号、宗地面积、绘图日期、指北方向、比例尺及主要建筑物、构筑物等，其中界址线和界址点通常用红色表示。

2. 批量处理

打开绘制好的地籍图，选择［地籍］\［绘制宗地图框］\［A4 竖］\［批量处理］。命令区提示：

用鼠标器指定宗地图框的定位点：指定任一位置。

请选择宗地图比例尺：(1) 自动确定 (2) 手工输入〈1〉直接回车默认选 1。

是否将宗地图保存到文件？(1) 否 (2) 是〈1〉回车默认选 1。

选择对象：用鼠标选择若干条权属线后回车结束，也可开窗全选，多块宗地图制作完成，如图 11-7 所示。如果要将宗地图保存到文件，则在所设目录中生成若干个以宗地号命名的宗地图形文件，而且可以选择按实地坐标保存。

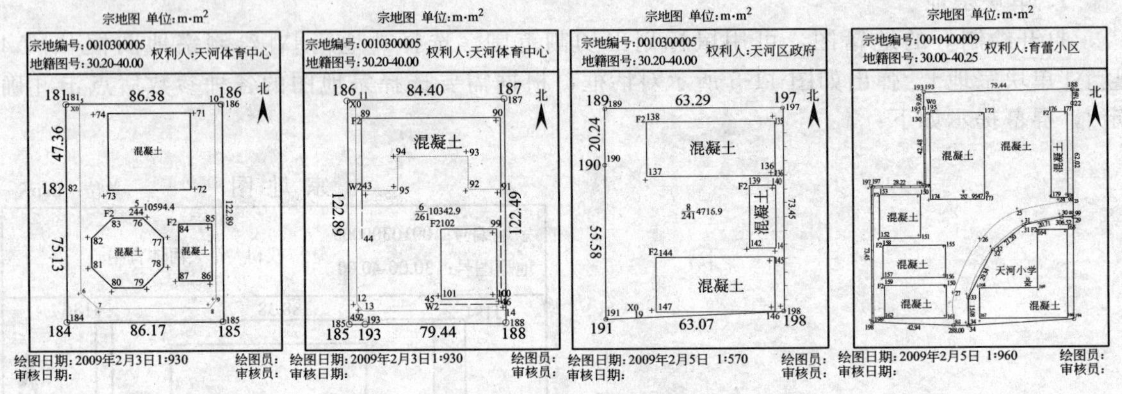

图 11-7 批量制作宗地图

另外，用户可以自己定制宗地图框。首先需要新建一幅图，按自己的要求绘制一个合适的宗地图框，并在 C:\CASS2008\BLOCKS 目录下保存为合适的图名。然后在［地籍成图］下拉菜单下的［地籍参数设置］里更改自定义宗地图框里的内容。将图框文件名改为所定义的文件名，设置文字大小和图幅尺寸，输入宗地号、权利人、图幅号各种注记相对于图框左下角的坐标。地籍的参数设置参见图 11-3。将地籍的参数配置设置好后，就可以使用［地籍 (J)］下拉菜单中的［绘制宗地图框/自定义尺寸］功能，此菜单下又分为“单块宗地”

宗地属性
基本属性
宗地号: 0010300005　土地利用类别: 244 文体用地
权利人: 天河体育中心
确 定
取 消
区号:　预编号:　所在图幅: 30.20-40.00
主管部门:　批准用途:
法人代表:　身份证:　电话:
代理人:　身份证:　电话:
单位性质:　权属性质:　权属来源:
土地所有者:　使用权类型:　门牌号:
通信地址:　标定地价: 0
土地坐落:　申报地价: 0
东至:　南至:
西至:　北至:
申报建筑物权属:　土地证号:
审核日期:　登记日期:　终止日期:
宗地面积: 10594.386961　建筑占地面积: 0　建筑密度: 0
土地等级:　建筑面积: 0　容积率: 0

图 11-8 宗地属性对话框

和“批量处理”两种。依此操作即可加入自定义的宗地图框。

CASS7.0 以上的版本具有修改、输出宗地属性功能。用鼠标点取地籍图上的宗地权属线或注记，系统出弹出如图 11-8 所示对话框，宗地的全部属性一目了然，即可在此对话框中修改宗地属性。还可以将图 11-8 所示的宗地信息输出到 ACCESS 数据库。选取［地籍］下拉菜单下“输出宗地属性”功能，屏幕弹出对话框，提示输入 ACCESS 数据库文件名。输入文件名后，提示：请选择要输出的宗地：选取要输出的到 ACCESS 数据库的宗地，回车后系统将宗地属性写入给定的 ACCESS 数据库文件名。用户可自行将此文件用微软的 ACCESS 打开来看。

四、地籍表格绘制

选择［地籍］\［绘制地籍表格］菜单（图 11-9），根据要求输入相应的信息，即可分别得到界址点成果表、以街坊为单位界址点坐标表、以街道为单位宗地面积汇总表、街道、街坊面积统计表、面积分类统计表等。下面举两个例子说明具体操作。

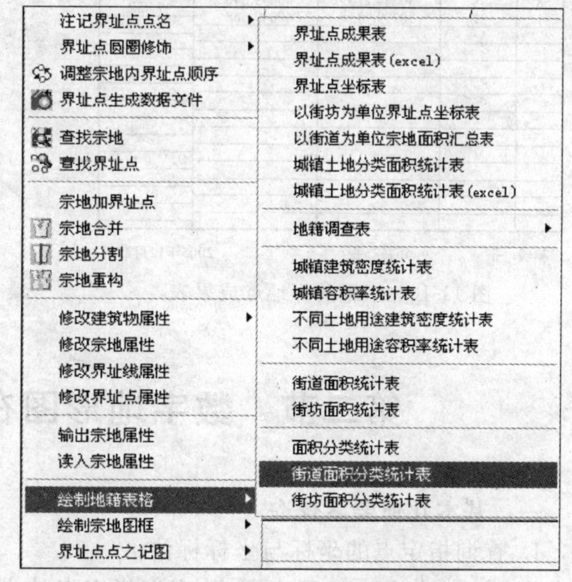

图 11-9 绘制地籍表格菜单

1. 界址点成果表绘制

选择［地籍］\［绘制地籍表格］\［界址点成果表］项，弹出对话框要求输入权属信息文件名，输入权属信息文件名后，命令区提示：

用鼠标指定界址点成果表的点：用鼠标指定界址点成果表放置的位置。

(1) 手工选择宗地 (2) 输入宗地号〈1〉 回车默认选 1

选择对象：拉框选择需要出界址点成果表的宗地

是否批量打印（Y/N）？〈N〉回车默认不批量打印。

根据绘图需要，输入要绘制界址点成果表的宗地范围，可以输入“街道号×××”，或输入“街道号×××街坊号××”，或输入“街道号×××街坊号××宗地序号×××××”，程序默认值为绘全部宗地的界址点成果表。如：输入 0010100001 只绘出该宗地的界址点成果表，输入 00102 将绘出街道号为 001 街坊号为 02 内所有宗地的界址点成果表，输入 001 将绘出街道号为 001 内所有宗地的界址点成果表。

用鼠标器指定界址点成果表的定位位置，移动鼠标到您所需的位置（鼠标点取的位置即是界址点成果表表格的左下角位置）按下左键，符合范围宗地的界址点成果表随即自动生成，如图 11-10 所示，表格的大小正好为 A4 尺寸。

2. 以街道为单位宗地面积汇总表

选择［地籍］\［绘制地籍表格］\［以街道为单位宗地面积汇总表］项，弹出对话框要求输入权属信息文件名，输入权属信息文件名后，命令区提示：

输入街道号：输入 001，将该街道所有宗地全部列出。

输入面积汇总表左上角坐标：用鼠标点取要插入表格的左上角点。出现如图 11-11 的表格。

界址点成果表				第 1 页 共 1 页
宗 地 号 0010100001				
宗 地 名 天河中学				
宗 地 面 积（平方米） 7509.3				
建 筑 占 地（平方米） 0.0				
界址点坐标				
序 号	点 号	坐标 x(m)	坐标 y(m)	边 长
1	37	30299.733	40049.668	120.75
2	36	30299.733	40170.414	8.60
3	181	30299.747	40179.014	47.36
4	182	30252.386	40178.947	8.53
5	41	30252.358	40170.419	71.61
6	40	30252.379	40098.812	28.16
7	39	30244.219	40098.812	49.17
8	38	30244.210	40049.646	75.52
1	37	30299.733	40049.668	

制表：张　　审核：张　　2005年12月25日

图 11-10 宗地的界址点成果表

以街道为单位宗地面积汇总表

____市____区 01 街道

地籍号 \ 项目	地类名称（有二级类的列二级类）	地类代号	面积/m^2	备注
010100001	教育	44	7509.28	
010100002	商业服务业	11	8299.25	
010200003	旅游业	12	9284.08	
010200004	医卫	45	6946.25	
010300005	文、体、娱	41	10594.39	
010300006	铁路	61	10342.86	
010400007	商业服务业	11	4696.56	
010400008	机关、宣传	42	4716.92	
010400009	住宅用地	50	9547.89	
010400010	教育	44	2613.77	

图 11-11 以街道为单位宗地面积汇总表

第二节 数字地形图在工程方面的应用

一、基本几何要素查询

1. 查询指定点的坐标与坐标标注

执行下拉菜单［工程应用］\［查询指定点的坐标］命令或单击实用工具栏中的“查询坐标”按钮，用鼠标捕捉需要查询的点，在命令行或者鼠标十字标靶附近则显示测量坐标。也可以先进入点号定位方式，再输入要查询的点号。

在屏幕菜单［文字注记］\［坐标平高］中选择［注记坐标］，则可以在所需位置将该点的坐标标注在图上。

直接利用AutoCAD的功能，在命令行输入id或者在查询工具栏单击定位点按钮，也可以在命令行显示查询的点的坐标，不过需要注意的是CAD系统中直接显示的屏幕坐标X、Y对应于测量高斯平面坐标的Y、X。在命令行输入Dimordinate或者在标注工具栏单击坐标标注按钮，也可以实现点的X或者Y的坐标标注。

2. 查询两点的距离和方位角

执行CASS下拉菜单［工程应用］\［查询两点距离及方位］命令或单击实用工具栏中的“查询距离和方位角”按钮，按提示用鼠标捕捉需要查询的两个点，在命令行则显示两点间距离和坐标方位角。也可以先进入点号定位方式，再输入两点的点号。同样在AutoCAD中，直接利用系统本身功能，实现查询两点的距离和方位角。

3. 查询线长

执行下拉菜单［工程应用］\［查询线长］命令，用鼠标选择实体（直线或曲线），弹出提示框，给出查询的线长值。也可以直接利用 AutoCAD 系统本身功能来直接进行查询，在命令行键入 List，回车按命令行提示选择查询对象即可得该对象在空间的线长、表面积以及拐点坐标等信息。或者直接点取“查询”工具栏上面的“列表”按钮，进行相同操作即可。

4. 查询实体面积

执行下拉菜单［工程应用］\［查询实体面积］命令，按提示选取实体边线或点取实体内部任意位置，命令行显示实体面积，要注意实体应该是闭合的。或者在 AutoCAD 中点取“查询”工具栏上面的区域面积按钮，根据命名行提示进行相应操作即可得到实体在空间的表面积和周长信息。

5. 计算对象的表面积

对于不规则地貌表面积的计算，系统通过 DTM 建模，将高程点连接为带坡度的三角形，再通过每个三角形面积累加得到整个范围内的表面积。执行下拉菜单［工程应用］\［计算表面积］命令，可选择根据坐标数据文件或根据图上高程点两种方式进行总表面积大小计算，同时系统自动将面积注记于每块对象的中部位置。

二、土方量的计算

在“工程应用”下拉菜单中提供了五种土方量的相关计算方法，即 DTM 法土方计算、断面法土方计算、方格网法土方计算、等高线法土方计算、区域土方量平衡。其中按 DTM 法进行土方计算是目前较好的一种方法。

1. DTM 法土方计算

根据数据的不同格式，DTM 法土方计算在 CASS 软件中提供了三种计算模式：根据坐

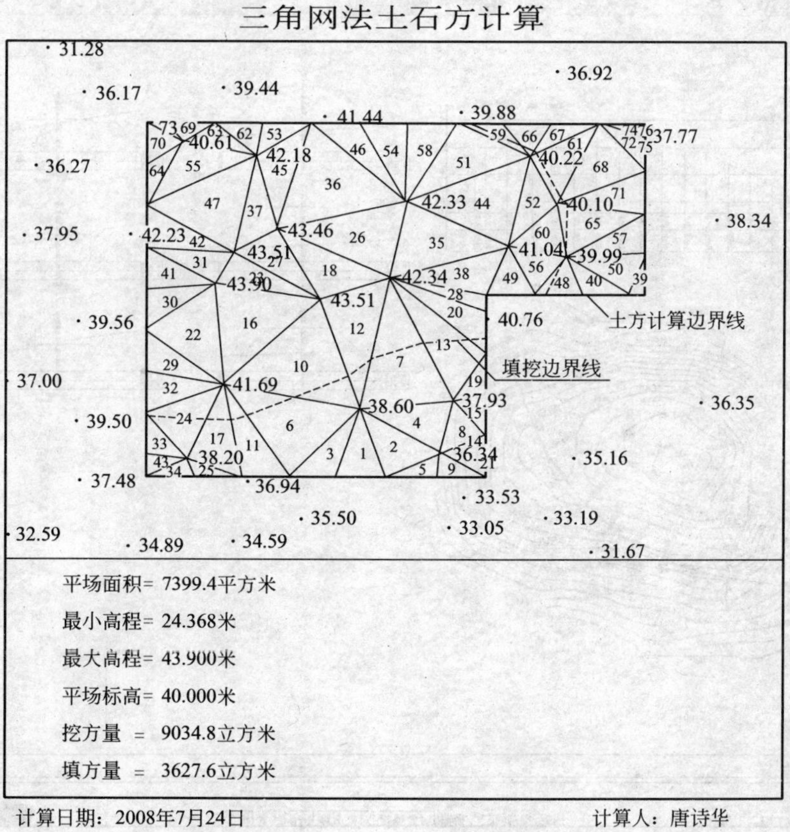

三角网法土石方计算

土方计算边界线

填挖边界线

平场面积= 7399.4平方米

最小高程= 24.368米

最大高程= 43.900米

平场标高= 40.000米

挖方量　=　9034.8立方米

填方量　=　3627.6立方米

计算日期：2008年7月24日　　　　计算人：唐诗华

图 11-12　三角网法土石方计算

断面设计参数

选择里程文件 C:\Program Files\CASS70\DEMO\tsh.hdm 确 定

横断面设计文件 C:\Program Files\CASS70\DEMO\curve.qx 取 消

左坡度 1 右坡度 1

左单坡限高: 0 左坡间宽: 0 左二级坡度 0

右单坡限高: 0 右坡间宽: 0 右二级坡度 0

道路参数

中桩设计高程: 150.25

☑ 路宽 0 左半路宽: 0 右半路宽: 0

☑ 横坡率 0.02 左超高: 0 右超高: 0

左碎落台宽: 0 右碎落台宽: 0

左边沟上宽: 1.5 右边沟上宽: 1.5

左边沟下宽: 0.5 右边沟下宽: 0.5

左边沟高: 0.5 右边沟高: 0.5

绘图参数

断面图比例 横向1: 200 纵向 1: 200

行间距(毫米) 80 列间距(毫米) 300

每列断面个数: 5

图 11-13 “断面设计参数”对话框

标文件计算、根据图上高程点计算、根据图上三角网计算。

DTM 法土方计算要先执行下拉菜单［绘图处理］\［展高程点］命令，将坐标数据文件中的碎部点三维坐标展绘到当前图形中。再用复合线命令 Pline 根据工程要求绘制一条闭合多段线作为土方计算的边界。最后执行下拉菜单［工程应用］\［DTM 法土方计算］\［根据坐标文件］命令，按提示选择边界线后在对话框中显示区域面积，接着输入平场设计标高与边界插值间隔（系统默认为 20 米）或者进行边坡设置后，在对话框中显示挖方量和填方量，并在系统默认的 dtmtf.log 文件中详细记录了每个三角形地块的挖方量和填方量数值。同时还可以在指定表格左下角所在位置后，在指定点处绘制一个如图 11-12 所示的土方计算专用表格。

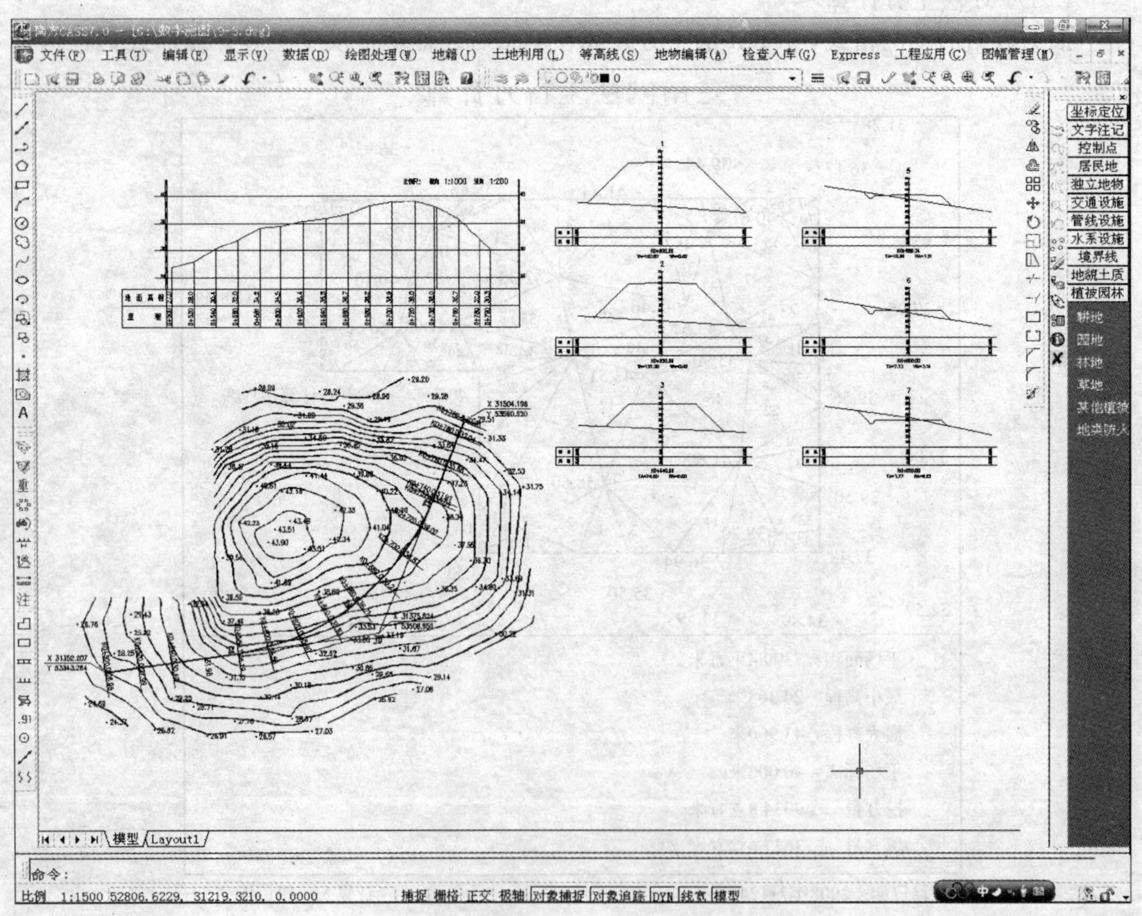

图 11-14 纵横断面图成果示意图

2. 断面法土方计算

当地形复杂起伏变化较大，或地块狭长、挖填深度较大，断面又不规则的地区，宜选择横断面法进行土方量计算。

断面法土方计算主要用在线路土方计算和区域土方计算，对于特别复杂的地方可以用任意断面设计方法。断面法土方计算主要有线路断面、场地断面和任意断面三种计算土方量方法。下面以道路断面法土方计算为例，简介在CASS软件中的主要操作步骤：

(1) 选择土方计算类型。用鼠标点取下拉菜单［工程应用］\［断面法土方计算］\［道路断面］，弹出断面设计参数对话框，如图11-13所示。道路的所有参数都是在这个对话框中进行设置。

(2) 给定计算参数。在“断面设计参数”对话框中输入道路的各种参数。确定后命令行提示输入绘制断面图的横向比例和纵向比例，在屏幕指定横断面图起始位置，即可绘出道路的纵断面图及每一个横断面图，如图11-14所示。

如果生成的部分断面参数需要修改，可用鼠标点取［工程应用］菜单下的［断面法土方计算］子菜单中的［修改设计参数］，在弹出的“断面设计参数”对话框中，可以非常直观地修改相应参数。修改完毕后单击［确定］按钮，系统取得各个参数，自动对断面图进行修正，实现“所改即所得”。

(3) 计算工程量。执行［工程应用］\［断面法土方计算］\［图面土方计算］命令，按命令行提示，选择要计算土方的断面图和指定土方计算表位置，系统自动在图上绘出土石方计算

土 石 方 数 量 计 算 表

里程	中心高/m		横断面积/m²		平均面积/m²		距离/m	总数量/m³	
	填	挖	填	挖	填	挖		填	挖
K0+500.00	8.04		162.67	0.00					
					146.93	0.00	20.00	2938.68	0.00
K0+520.00	7.01		131.20	0.00					
					102.90	0.00	20.00	2057.99	0.00
K0+540.00	4.58		74.60	0.00					
					59.57	0.00	20.00	1191.30	0.00
K0+560.00	3.02		44.53	0.00					
					27.61	0.76	20.74	572.51	15.70
K0+580.74	0.80		10.69	1.51					
					8.90	2.33	19.26	171.48	44.86
K0+600.00	0.50		7.12	3.14					
					4.44	6.39	20.00	88.88	127.77
K0+620.00		0.40	1.77	9.63					
					0.95	12.73	20.00	19.03	254.66
K0+640.00		0.83	0.13	15.83					
					0.07	23.52	20.00	1.34	470.42
K0+660.00		1.71	0.00	31.21					
					0.00	47.53	20.00	0.00	950.67
K0+680.00		3.24	0.00	63.86					
					0.00	70.48	20.00	0.00	1409.66
K0+700.00		3.87	0.00	77.11					
					0.00	78.11	20.00	0.00	1562.28
K0+720.00		4.02	0.00	79.12					
					0.00	68.04	17.82	0.00	1212.23
K0+737.82		3.04	0.00	56.96					
					0.00	55.46	2.18	0.00	121.06
K0+740.00		2.91	0.00	53.96					
					0.00	32.69	20.00	0.00	653.81
K0+760.00		0.68	0.00	11.42					
					21.14	5.71	20.00	422.78	114.25
K0+780.00	2.96		42.28	0.00					
					58.25	0.00	9.56	556.75	0.00
K0+789.56	4.75		74.22	0.00					
合　计								8020.7	6937.4

图11-15　土石方计算表

表，如图 11-15 所示。

3. 方格网法土方计算

在实际测量工作中，可以在测区按照一定间隔长度建立坐标方格网，然后测量得到各格网点的坐标（X，Y，H），也可以按照先测量出地形特征点后，通过一定的内插算法求取方格网点的坐标。根据设计高程，计算出每一个正方体的填挖土方量，最后累计得到指定范围内填方和挖方的土方量，并绘出填挖方分界线。

在 CASS 系统中，首先将方格的四个角上的高程相加（如果角上没有高程点，通过周围高程点内插得出其高程），取平均值与设计高程相减。然后通过指定的方格边长得到每个方格的面积，再用长方体的体积计算公式得到填挖方量。

方格网法计算简便直观，易于操作，但顾及常规测量地形点时通常测定的是地貌特征点，方格网法土方计算适用于地形变化比较平缓的地形情况，用于计算场地平整的土方量计算较为精确，当测区地形起伏较大时，用格网点计算会产生地形代表性误差，造成计算精度偏低。用方格网法计算土方量，设计面可以是水平的，也可以是倾斜的，还可以是三角网。用复合线画出所要计算土方的闭合区域，执行［工程应用］菜单下的［方格网法土方计算］，然后按照方格网土方计算对话框进行相应设置确定后，选择土方计算封闭边界，显示挖方量、填方量。同时，图上绘出所分析的方格网，填挖方的分界线，并给出每个方格的填挖方，每行的挖方和每列的填方，结果如图 11-16 所示。

4. 等高线法土方计算

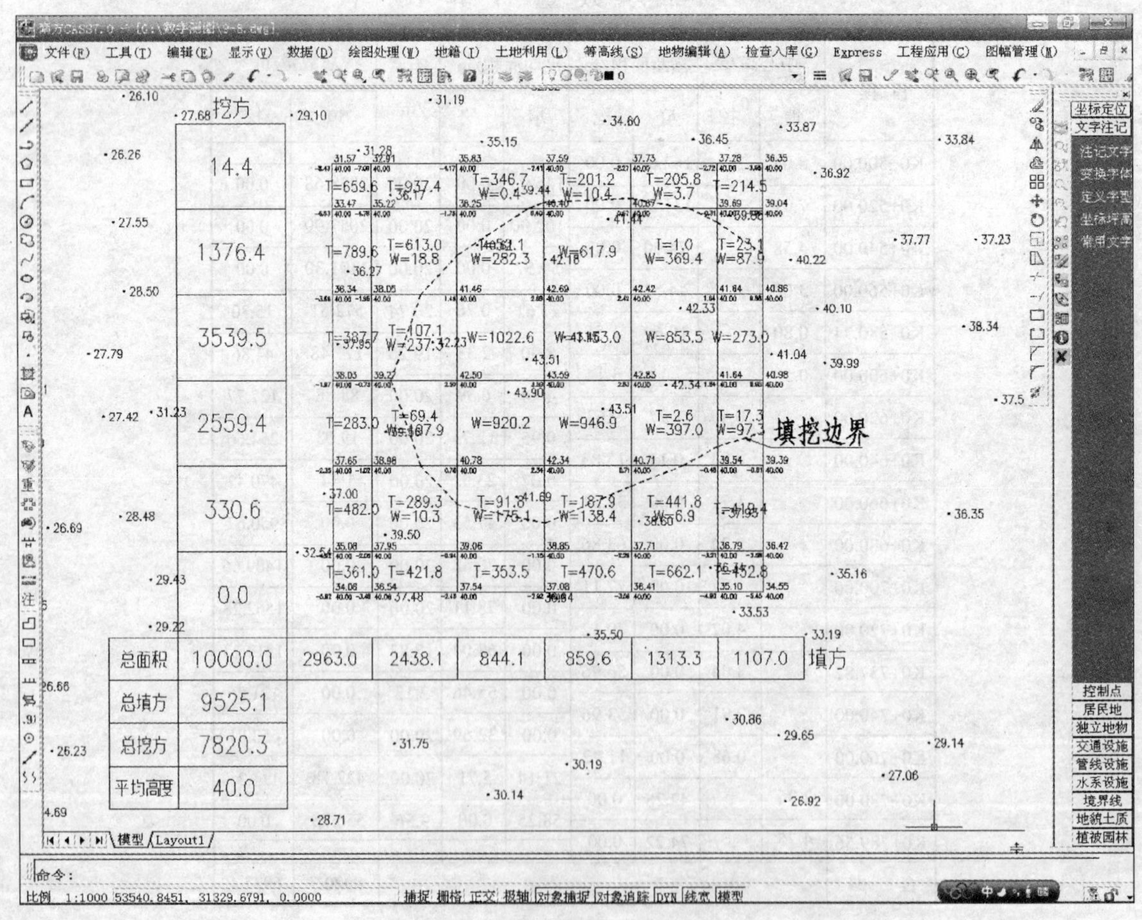

图 11-16　方格网法土方计算成果图

当数字地形图没有对应的高程数据文件时，无法用前面的几种方法来计算土方量。如通常将纸质地形图矢量化后得到电子地图，这种情况下则可采用已有等高线计算法计算土方量。用此方法可计算任意两条等高线之间的土方量，但所选等高线在CASS软件中要求必须是闭合的，还不能处理任意边界为多边形的情况。由于两条等高线所围面积可求，两条等高线之间的高差已知，则可求出这两条等高线之间的土方量。执行［工程应用］\［等高线法土方计算］命令，选择参与计算的等高线，再在屏幕指定表格左上角位置，系统将在该点绘出计算成果表格，如图11-17所示。从表格中可以看到每条等高线围成的面积和两条相邻等高线之间的土方量以及相应的计算公式等。当然也可以采用由等高线生成数据文件后再按照前面方法进行计算。

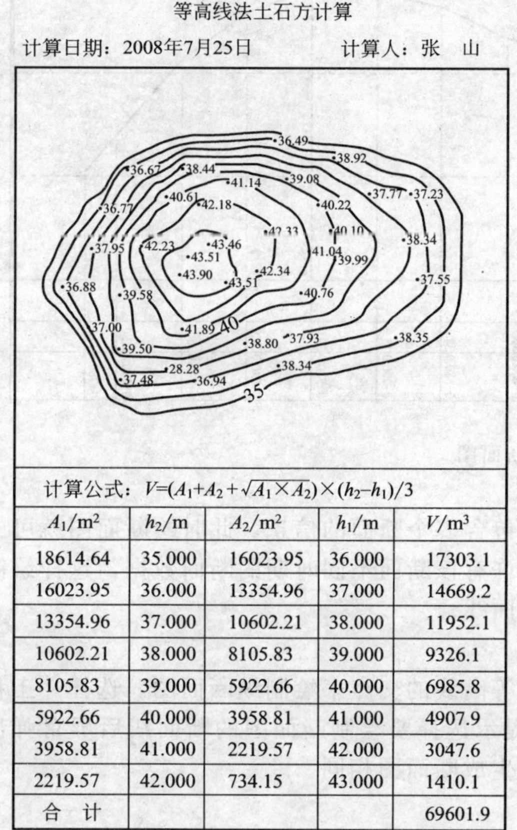

等高线法土石方计算

计算日期：2008年7月25日　　　计算人：张　山

计算公式：$V=(A_1+A_2+\sqrt{A_1\times A_2})\times(h_2-h_1)/3$

A_1/m^2	h_2/m	A_2/m^2	h_1/m	V/m^3
18614.64	35.000	16023.95	36.000	17303.1
16023.95	36.000	13354.96	37.000	14669.2
13354.96	37.000	10602.21	38.000	11952.1
10602.21	38.000	8105.83	39.000	9326.1
8105.83	39.000	5922.66	40.000	6985.8
5922.66	40.000	3958.81	41.000	4907.9
3958.81	41.000	2219.57	42.000	3047.6
2219.57	42.000	734.15	43.000	1410.1
合　计				69601.9

图11-17　等高线法计算土方成果示意图

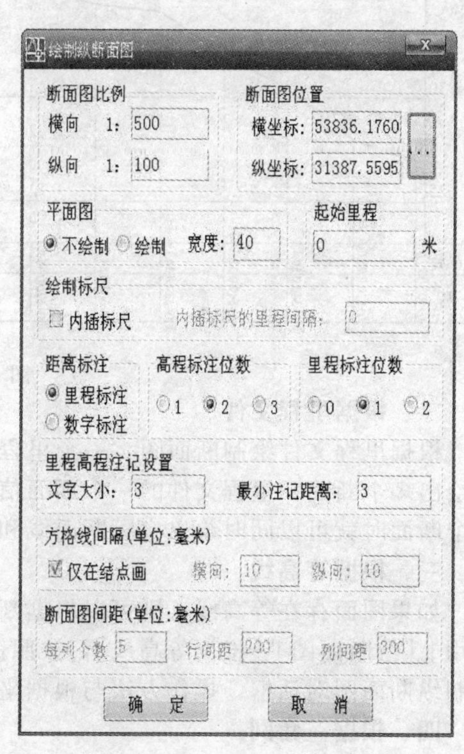

图11-18　“绘制纵断面图”对话框

5．区域土方平衡计算

土方平衡的功能常在场地平整时使用。当一个场地的土方平衡时，挖方量刚好等于填方量。以填挖方边界线为界，从较高处挖得的土石方直接填到区域内较低的地方，就可完成场地平整。这样可以大幅度减少运输费用。

第三节　断面图的绘制

在进行道路、隧道、管线等工程设计时，往往需要了解线路的地面起伏情况，这时，可根据等高线地形图来绘制断面图。绘制断面图的方法有四种：根据已知坐标；根据里程文件；根据等高线；根据三角网。现以根据已知坐标文件为例简介断面图的绘制。

一、根据坐标文件生成断面图

首先在数字地图上用复合线画出断面方向线。点取［工程应用］\［绘断面图］\［根据坐标文件］功能。按命令行提示操作：选择断面线，输入高程点数据文件名。在绘制纵断面图对话框（见图 11-18）输入采样点的间距，输入起始里程、横向比例、纵向比例、隔多少里程绘一个标尺等后，在屏幕上则显示所选断面线的断面图，如图 11-19 所示。

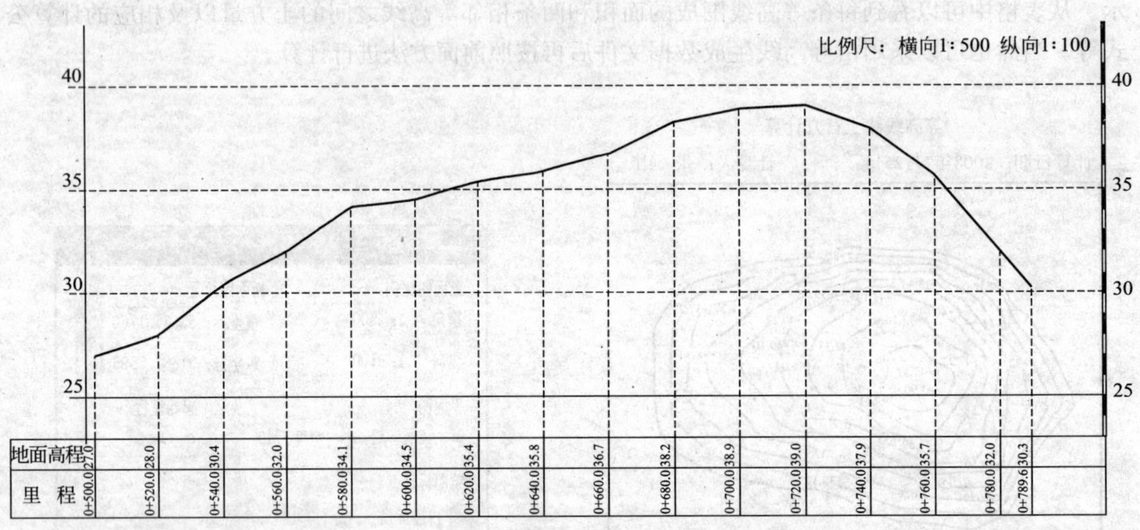

图 11-19 断面图

二、根据里程文件

根据里程文件绘制断面图，一个里程文件可包含多个断面的信息，此时绘断面图就可一次绘出多个断面。里程文件的一个断面信息内允许有该断面不同时期的断面数据，这样绘制这个断面时就可以同时绘出实际断面线和设计断面线。

三、根据等高线

如果图面存在等高线，则可以根据断面线与等高线的交点来绘制纵断面图。选择［工程应用］\［绘断面图］\［根据等高线］，按照命令行提示选择要绘制断面图的断面线后屏幕弹出绘制纵断面图对话框，操作方法与根据坐标文件生成断面图相同。

四、根据三角网

如果图面存在三角网，则可以根据断面线与三角网的交点来绘制纵断面图。

选择［工程应用］\［绘断面图］\［根据三角网］，依据命令行提示选择要绘制断面图的断面线，屏幕弹出绘制纵断面图对话框，操作方法与根据坐标文件生成断面图相同。

五、断面图数据文件

在规划设计单位进行线路勘察设计工作中通常需要相应的断面测量数据，国内设计部门常用的软件有天正、鸿业、纬地、海地道路设计等软件，这些软件对断面数据格式的要求不完全相同，主要有如下几种文本文件格式。

1. 纵断面数据文件

纵断面数据文件通常采用如下格式：

桩号里程　高程

桩号里程　高程

……

例：1200　150.236

152.863

153.178

……

2. 横断面数据文件

横断面数据文件格式主要有以下三种格式。

（1）横断面自然格式　每一桩桩号（实数）单独放一行并且必须以字母 K 开头。

除桩号行外，其余每一行第一项是测量点与中桩的距离（左侧需加负号），第二项为标高，如果为双高程点，则第二项、第三项依次为从左到右第一标高、第二标高、……

中桩处标高距离为零。

数字之间至少用一个空格隔开。

例：K60.0

−15.2　154.77

−8.7　153.86

0　153.33

6.8　153.79

14.7　153.23　152.67

21.3　152.48

（2）单行格式　单行格式采用在每个中桩处的横断面数据用一行数据表示，每行数据格式为：

桩号　中高　平距　标高　平距　标高 ……

（平距左侧为负，右侧为正，标高可以是绝对高程或者相对中桩的高差）

例：K80 38.323 −28.53 −1.229 −21.66 −0.086 −8.37 0.538 5.86 0.879 ……

（3）三行格式　三行格式采用在每个中桩处的横断面数据用三行数据表示，每行数据格式为：

第一行：桩号　中高

第二行：平距　标高（左侧断面数据）

第三行：平距　标高（右侧断面数据）

3. 南方 CASS 断面数据文件

在数字地形图中利用南方 CASS 软件形成的断面数据文件按照如下方式进行排列：

点号，Mi，X 坐标，Y 坐标，高程［其中，代码 Mi 表示道路中心点，代码 i 表示该点是对应 Mi 的道路横断面上的点］

点号，i，X 坐标，Y 坐标，高程

点号，i，X 坐标，Y 坐标，高程

……

例：1，M1，708.522，411.099，90.173

2，1，721.786，410.908，90.242

3，1，719.69，405.228，90.284

4，1，694.71，410.667，89.89

5，1，690.551，410.04，89.631

6，1，689.392，413.865，88.435

7，1，688.08，413.485，88.404

8，1，687.938，413.477，89.645

9，1，685.24，412.393，89.641

习题与思考题

1. 如何得到权属信息文件？
2. 如何使用权属信息文件自动生成地籍图？
3. 如何绘制宗地图？
4. 宗地图主要有哪些内容？
5. 由地籍图可以生成哪些地籍表格？
6. 土石方计算有哪些方法，在南方 CASS 软件中如何进行？
7. 利用 CASS 软件绘制断面图有哪几种方法？

参考文献

[1] 杨晓明，沙从术．数字地图．北京：测绘出版社，2009.

[2] 张书华，沙从术，张驿等．数字地图测绘．北京：北京理工大学出版社，2005.

[3] 刘绍堂．建筑工程测量．郑州：郑州大学出版社，2006.

[4] 翟翊，赵夫来．现代测量学．北京：解放军出版社，2003.

[5] 宁津生，陈俊勇，李德仁，刘经南，张祖勋．测绘学概论．武汉：武汉大学出版社，2004.

[6] 王依，过静郡．现代普通测量学．北京：清华大学出版社，2001.

[7] 武汉测绘科技大学《测量学》编写组．测量学．第3版．北京：测绘出版社，1991.

[8] 李天文，张友顺．现代地籍测量．北京：科学出版社，2004.

[9] 顾孝烈，鲍峰，程效军．测量学．上海：同济大学出版社，2001.

[10] 周建郑．建筑工程测量技术．武汉：武汉理工大学出版社，2002.

[11] 中国机械工业教育协会．建筑工程测量．北京：机械工业出版社，2001.

[12] 张晓明．测量学．合肥：合肥工业大学出版社，2007.

[13] 冯仲科．测量学原理．北京：中国林业出版社，2002.

[14] 李秀江，测量学．北京：中国农业出版社，2007.

[15] 周建郑．建筑工程测量．北京：化学工业出版社，2005.

[16] 梁盛智主编．测量学．重庆：重庆大学出版社，2002.

[17] 施一民．现代大地控制测量．北京：测绘出版社，2003.

[18] 潘延龄主编．测量学．北京：中国建材工业出版社，2001.

[19] 靳祥升主编．测量学．郑州：黄河水利出版社，2001.

[20] 李廷训主编．建筑工程测量．北京：机械工业出版社，2001.

[21] 高井祥主编．测量学．徐州：中国矿业大学出版社，2002.

[22] 李仕东主编．工程测量．北京：人民交通出版社，2004.

[23] 陈学平主编．测量学．北京：中国建材工业出版社，2004.

[24] 聂让，施锁云，聂冰，付涛．测量学．北京：中国科学技术出版社，2004.

[25] 赵文亮主编．地形测量．郑州：黄河水利出版社，2005.

[26] 胡伍生，潘庆林．土木工程测量．南京：东南大学出版社，1999.

[27] 国家技术监督局．1：500 1：1000 1：2000 外业数字测图技术规程（GB/T 14912—2005）．北京：中国标准出版社，2005.

[28] 国家测绘局测绘标准化研究所．数字测绘产品质量要求（GB/T 17941.1—2000）．北京：中国标准出版社，2000.

[29] 北京市测绘设计研究院．城市测量规范（CJJ8—1999）．北京：中国建筑工业出版社，1999.

现代测量学

实习、实训指导书

沙从术　主　编
耿宏锁　副主编

姓名____________________

班级____________________

学号____________________

化学工业出版社
·北京·

现代测量学

实习、实训指导书

沙从术　主　编
耿宏锁　副主编

姓名＿＿＿＿＿＿＿＿＿＿

班级＿＿＿＿＿＿＿＿＿＿

学号＿＿＿＿＿＿＿＿＿＿

化学工业出版社
·北京·

目　录

现代测量学实习、实训须知

现代测量学是一门实践性很强的基础课，测量实习、实训是教学过程中不可缺少的环节。只有通过对测量仪器的操作、实际观测、记录、计算、绘图，编写实习、实训报告等，才能巩固好课堂上所学的理论知识，掌握测量仪器操作的基本技能和测量作业的基本方法。因此，必须对测量实习、实训予以重视。本实习、实训指导书是考核学生和学校实践环节教学效果的重要依据之一，课程结束后应上交实验室存档备案。

一、准备工作

(1) 测量实习、实训之前，必须认真阅读本实习、实训指导书和复习教材中的相关内容，弄清基本概念和方法，了解实习、实训目的、要求、方法、步骤和有关注意事项，使实习、实训工作能顺利地按计划完成。

(2) 按实习、实训指导书中提出的要求，在实习、实训前准备好所需工具，如铅笔、小刀、计算器、三角板等。

二、实习、实训要求

(1) 实习、实训分小组进行，正组长负责组织和协调实习、实训各项工作，副组长负责仪器工具的借领、保管和归还等。

(2) 对实习、实训规定的各项内容，小组内每人均应轮流操作，实习、实训报告应独立完成。

(3) 实习、实训应在规定时间内进行，不得无故缺席、迟到或早退；实习、实训应在指定地点进行，不得擅自变更地点。

(4) 必须遵守本实习、实训指导书所列的“测量仪器工具的借用规则”和“测量记录与计算规则”。

(5) 应认真听取教师的指导，实习、实训的具体操作应按实习、实训指导书的要求、步骤进行。

(6) 实习、实训中出现仪器故障、工具损坏和丢失等情况时，必须及时向指导教师报告，不可随意自行处理。

(7) 实习、实训结束时，应把观测记录和实习、实训报告，交实习、实训指导教师审阅，经教师认可后方可收拾和清理仪器工具，归还实验室。

三、测量仪器工具的借用规则

测量仪器一般都比较贵重，对测量仪器的正确使用、精心爱护和科学保养，是测量工作人员必须具备的素质和应该掌握的技能，也是保证测量成果质量、提高工作效率和延长仪器工具使用寿命的必要条件。测量仪器工具的借用必须遵守以下规则。

(1) 以小组为单位凭有效证件前往测量实验室，借领实习、实训指导书上注明的仪器工具。

(2) 借领时，应确认实物与实习、实训指导书上所列仪器工具是否相符，仪器工具是否完好，仪器背带和提手是否牢固。如有缺损，立即补领或更换。借领时，各组依次由1～2

人进入室内，在指定地点清点、检查仪器和工具，然后在登记表上填写班级、组号及日期。借领人签名后将登记表及学生证交管理人员。

(3) 仪器搬运前，应检查仪器箱是否锁好，搬运仪器工具时，应轻拿轻放，避免剧烈振动和碰撞。

(4) 实习、实训过程中，各组应妥善保护仪器、工具。各组间不得任意调换仪器、工具。

(5) 实习、实训结束后，应清理仪器工具上的泥土，及时收装仪器工具，送还仪器室检查，取回证件。仪器工具若有损坏或遗失，应填写报告单说明情况，并按有关规定给予赔偿。

四、测量仪器、工具的正确使用和维护

1. 打开仪器箱时的注意事项

(1) 仪器箱应平放在地面上或其他台子上才能开箱，不要托在手上或抱在怀里开箱，以免不小心将仪器摔坏。

(2) 开箱后未取出仪器前，要注意仪器安放的位置与方向，以免用毕装箱时因安放位置不正确而损伤仪器。

2. 自箱内取出仪器时的注意事项

(1) 不论何种仪器，在取出前一定要先放松制动螺旋，以免取出仪器时因强行扭转而损坏制、微动装置，甚至损坏轴系。

(2) 自箱内取出仪器时，应一手握住照准部支架，另一手扶住基座部分，轻拿轻放，不要用一只手抓仪器。

(3) 自箱内取出仪器后，要随即将仪器箱盖好，以免沙土、杂草等不洁之物进入箱内。还要防止搬动仪器时丢失附件。

(4) 取仪器和使用过程中，要注意避免触摸仪器的目镜、物镜，以免沾污，影响成像质量。不允许用手指或手帕等物去擦仪器的目镜、物镜等光学部分。

3. 架设仪器时的注意事项

(1) 伸缩式脚架三条腿抽出后，要把固定螺旋拧紧，但不可用力过猛而造成螺旋滑丝；防止因螺旋未拧紧而使脚架自行收缩而摔坏仪器。三条腿拉出的长度要适中。

(2) 架设脚架时，三条腿分开的跨度要适中。架腿并得太靠拢易被碰倒，分得太开易滑动，都会造成事故。若在斜坡上架设仪器，应使两条腿在坡下（可稍放长），一条腿在坡上（可稍缩短）。若在光滑地面上架设仪器，要采取安全措施（例如用细绳将三脚架连接起来或用防滑板），防止滑动摔坏仪器。

(3) 架设仪器时，应使架头大致水平（安置经纬仪的脚架时，架头的中央圆孔应大致与地面测站点对中），若地面为泥土地面，应将脚架尖踩入土中，以防仪器下沉。

(4) 从仪器箱取出仪器时，应一手握住照准部支架，另一手扶住基座部分，然后将仪器轻轻安放到三脚架头上。一手仍握住照准部支架，另一手将中心连接螺旋旋入基座底板的连接孔内旋紧。预防因忘记拧上中心连接螺旋或拧得不紧而摔坏仪器。

(5) 仪器箱多为薄木板或塑料制成，不能承重，故不可踏、坐仪器箱。

4. 仪器在使用过程中要做到的事项

(1) 在阳光下或雨天作业时必须撑伞，防止日晒和雨淋（包括仪器箱）。

(2) 任何时候仪器旁必须有人守护，禁止无关人员搬弄和防止行人车辆碰撞。

(3) 如遇目镜、物镜外表面蒙上水汽而影响观测，应稍等一会儿或用纸片扇风使水汽散尽；如镜头有灰尘应用仪器箱中的软毛刷拂去或用镜头纸轻轻拭去。严禁用手指或手帕等物擦拭，以免损坏镜头上的药膜。观测结束后应及时安上物镜盖。

(4) 转动仪器时，应先松开制动螺旋，然后平稳转动。使用微动螺旋时，应先旋紧制动螺旋。

(5) 操作仪器时，用力要均匀，动作要准确轻缓。用力过大或动作太猛都会造成仪器损伤。制动螺旋不能拧得太紧，微动螺旋和脚螺旋不要旋到顶端，宜使用中段螺纹。使用各种螺旋不要用力过大或动作太猛，应用力均匀，以免损伤螺纹。

(6) 仪器用毕装箱前要放松各制动螺旋，装入箱内要试合一下，在确认安放正确后，将各部制动螺旋略微旋紧，防止仪器在箱内自由转动而损坏某些部件。

(7) 清点箱内附件，若无缺失则将箱盖合上、扣紧、锁好。

(8) 仪器发生故障时，应立即停止使用，并及时向指导教师报告，不得擅自处理。

5. 仪器的搬迁

(1) 远距离迁站或通过行走不便的地区时，必须将仪器装箱后再迁站。

(2) 近距离且平坦地区迁站时，可将仪器连同脚架一同搬迁，其方法是：先检查连接螺旋是否旋紧，然后松开各制动螺旋使仪器保持初始位置（经纬仪望远镜物镜对向度盘中心，水准仪物镜向后），再收拢三脚架，一手托住仪器的支架或基座于胸前，一手抱住脚架放在肋下，稳步行走。严禁斜扛仪器，以防碰摔。

(3) 迁站时，应清点所有的仪器和工具，防止丢失。

6. 仪器的装箱

(1) 仪器使用完后，应及时清除仪器上的灰尘和仪器箱、脚架上的泥土，套上物镜盖。

(2) 仪器拆卸时，应先松开各制动螺旋，将脚螺旋旋至中段大致同高的地方，再一手握住照准部支架，另一手将中心连接螺旋旋开，双手将仪器取下装箱。

(3) 仪器装箱时，使仪器就位正确，试合箱盖确认放妥后，再拧紧各制动螺旋，检查仪器箱内的附件是否缺少，然后关箱上锁。若箱盖合不上，说明仪器位置未放置正确或未将脚螺旋旋至中段，应重放，切不可强压箱盖，以免压坏仪器。

(4) 清点所有的仪器和工具，防止丢失。

7. 测量工具的使用

(1) 钢尺使用时，应避免打结、扭曲，防止行人踩踏和车辆碾压，以免钢尺折断。携尺前进时，应将尺身离地提起，不得在地面上拖曳，以防钢尺尺面刻划磨损。钢尺用毕后，应将其擦净并涂油防锈。钢尺收卷时，应一人拉持尺环，另一人把尺顺序卷入，防止绞结、扭断。

(2) 皮尺使用时，应均匀用力拉伸，避免强力拉曳而使皮尺断裂。如果皮尺浸水受潮，应及时凉干。皮尺收卷时，切忌扭转卷入。

(3) 各种标尺和花杆的使用，应注意防水、防潮和防止横向受力。不用时安放稳妥，不得垫坐，不要将标尺和花杆随便往树上或墙上立靠，以防滑倒摔坏或磨损尺面。花杆不得用于抬东西或作标枪投掷。塔尺的使用，还应注意接口处的正确连接，用后及时收尺。

(4) 测图板的使用，应注意保护板面，不准乱戳乱画，不能施以重压。

(5) 小件工具如垂球、测钎和尺垫等，使用完即收，防止遗失。

五、测量记录与计算规则

(1) 实习、实训记录必须直接填在规定的表格内，不得用其他纸张记录，再另行转抄。

(2) 凡记录表格上规定应填写的项目不得空白。

(3) 观测者读数后，记录者应立即回报读数，经核实后再记录。

(4) 所有记录与计算均用绘图铅笔（2H 或 3H）记载。字体应端正清晰、数字齐全、数位对齐，字脚靠近底线，字体大小一般应略大于格子的一半，以便留出空隙改错。

(5) 记录的数据应写齐规定的位数，规定的位数视精度要求的不同而不同。对普通测量一般规定见表 0-1。

表 0-1 数据的位数

测量种类	数字的单位	记录的位数
水 准	米	三位(小数点后)
量 距	米	三位(小数点后)
角度的分	分	二位
角度的秒	秒	二位

表示精度或占位的“0”均不能省略，如水准尺读数 1.45m 应记 1.450；角度读数 90°5′6″应记 90°05′06″。

(6) 禁止擦拭、涂抹与挖补，发现错误应在错误处用横线划去。淘汰某整个部分时可以斜线划去，不得使原数字模糊不清。修改局部（非尾数）错误时，则将局部数字划去，将正确数字写在原数字上方。所有记录的修改和观测成果的淘汰，必须在备注栏注明原因（如测错、记错或超限等）。

(7) 观测数据的尾数部分不准更改，应将该部分观测值废去重测。废去重测的范围见表 0-2。

(8) 禁止连续更改，如水准测量的黑、红面读数；角度测量中的盘左、盘右读数；距离丈量中的往、返测读数等，均不能同时更改，否则重测。

(9) 数据的计算应根据所取的位数，按“4 舍 6 入，5 前单进双舍”的规则进行凑整。例如，若取至毫米位，则 1.1084m、1.1076m、1.1085m、1.1075m 都应记为 1.108m。

表 0-2 废去重测的范围

测量种类	不准更改的部位	应重测的范围
角度	分和秒的读数	一测回
距离	厘米和毫米的读数	一尺段
水准	厘米和毫米的读数一测回	一测站

(10) 每测站观测结束后，必须在现场完成规定的计算和检核，确认无误后方可迁站。

第一部分　现代测量学实习

实习一　水准仪的认识与使用

一、目的与要求

（1）了解 DS3 水准仪的构造，认识水准仪各主要部件的名称和作用。

（2）初步掌握水准仪的粗平、瞄准、精平与水准尺读数的方法，测定地面两点间高差。

（3）认识和使用自动安平水准仪。

二、计划与仪器工具

（1）实习时数安排为 2 个学时，每一实习小组由 4～6 人组成。

（2）每实习小组配备 S3 水准仪 1 台、水准尺 1 对、尺垫 2 个、记录手簿 1 本，2H 铅笔自备。

（3）由实验室人员安排 2 台自动安平水准仪，各组轮流使用。

三、方法与步骤

1. DS3 水准仪的认识与使用

（1）安置水准仪　在测站上松开架腿的蝶形螺旋，按需要调整架腿的长度，将螺旋拧紧。将三脚架张开，使架头大致水平，并将架脚的脚尖踩入土中。然后把水准仪从箱中取出，将其固连在三脚架上。

（2）认识水准仪　指出仪器各部件的名称，了解其作用并熟悉其使用方法；同时弄清水准尺的分划与注记。

（3）粗略整平水准仪　按“左手拇指规则”，先用双手同时反向旋转一对脚螺旋，使圆水准器气泡移至中间，再转动另一只脚螺旋使气泡居中。通常需反复进行。

（4）瞄准水准尺　瞄准水准尺的步骤是：转动目镜对光螺旋，使十字丝清晰；松开水平制动螺旋，转动望远镜，通过望远镜上的缺口和准星初步瞄准水准尺，固定水平制动螺旋；转动物镜对光螺旋，使水准尺分划清晰；旋转水平微动螺旋，使水准尺影像的一侧靠近于十字丝竖丝（便于检查水准尺是否竖直）；眼睛略作上下移动，检查十字丝与水准尺分划像之间是否有相对移动（视差）；如果存在视差，则重新进行目镜与物镜对光，消除视差。

（5）精确整平水准仪　转动微倾螺旋，使符合水准器气泡两端的像吻合。注意微倾螺旋转动方向与符合水准管左侧气泡移动方向的一致性。

（6）读数　用十字丝中丝在水准尺上读取 4 位读数。读数时，先估读毫米数，然后按米、分米、厘米及毫米一次读出。

2. 测定地面两点间高差

（1）在地面上选择 A、B 两点。

（2）在 A、B 两点之间安置水准仪，使水准仪到 A、B 两点的距离大致相等，并粗略整平。

（3）在 A、B 两点上各竖立一根水准尺，先瞄准 A 点上的水准尺，精确整平后读数，此为后视读数，记入表中。

（4）然后瞄准 B 点上的水准尺，精确整平后读数，此为前视读数，记入表中。

（5）计算 A、B 两点的高差 h_{AB}＝后视读数－前视读数。

3. 自动安平水准仪的认识与使用

（1）安置脚架和连接仪器　选好测站，安放三脚架，使架头大致水平；将水准仪装在架头上，旋紧连接螺旋。

(2) 粗平　按"左手拇指规则"旋转仪器脚螺旋，使圆水准器的气泡严格居中，使补偿棱镜在补偿范围内，使视准轴水平。

(3) 瞄准　轻轻在水平方向转动仪器（该仪器无制动螺旋），使望远镜上的瞄准器指向水准尺，用水平微动螺旋从望远镜中瞄准目标；旋转目镜调焦环使十字丝清晰，旋转物镜调焦螺旋使水准尺分划清晰；检查是否存在视差，如有，则再做对光调整。

(4) 读数　自动安平水准仪的读数与一般水准仪相同。

四、注意事项

(1) 三脚架要安置稳妥，高度适当，架头接近水平，伸缩腿螺旋要旋紧；

(2) 用双手取出仪器，握住仪器坚实部分，要确认已装牢在三脚架上以后才可放手，仪器箱盒要随即关紧；

(3) 掌握正确操作方法，特别是用圆水准安平仪器和使用望远镜的方法；

(4) 要先认清水准尺的分划和注记，然后练习在望远镜内读数；

(5) 瞄准目标必须消除视差；

(6) 水准仪在读数前，必须使长水准管气泡严格居中（自动安平水准仪例外）；

(7) 要爱护仪器，遵守"测量仪器使用规则"；

(8) 要重视记录，遵守"测量资料记录规则"。

五、上交资料

每人上交水准仪的认识与使用实习报告一份（见 23 页）。

实习二　普通水准测量

一、目的和要求

(1) 练习普通水准测量的观测、记录、计算和检核方法。

(2) 从一已知水准点 BM_1 开始，沿各待定高程点 1、2 点，进行闭合水准路线测量，高差闭合差的容许值为

$$f_{h容} = \pm 40\sqrt{L}$$

如观测成果满足精度要求，对观测成果进行整理，推算出 1、2 点的高程。

二、计划与仪器、工具

(1) 实习时数安排为 2 个学时，每一实习小组由 4～6 人组成。

(2) 每个实习小组配备 DS3 水准仪 1 台，水准尺 2 根，尺垫 2 个，记录板 1 块。2H 铅笔、计算器自备。

三、方法与步骤

(1) 在实习场地上选定一点 BM_1 作为已知高程点，高程假设为 100m，选择 1、2 两个点作为待定高程点。

(2) 在 BM_1 与 TP_1 之间，安置水准仪，目估前、后视的距离大致相等，进行粗略整平和目镜对光，观测者按下列顺序观测：

① 后视立于 BM_1 上的水准尺，瞄准、精平、读后视读数，记入观测手簿；

② 前视立于 TP_1 上的水准尺，瞄准、精平、读前视读数，记入观测手簿；

③ 改变水准仪高度 10cm 以上，重新安置水准仪，粗略整平；

④ 前视立于 TP_1 上的水准尺，瞄准、精平、读前视读数，记入观测手簿；

⑤ 后视立于 BM_1 上的水准尺，瞄准、精平、读后视读数，记入观测手簿。

（3）当场计算高差，记入相应栏内。两次仪器高所测得高差之差 Δh 不超过±5mm，取其平均值作为平均高差。

（4）用相同方法，沿选定的路线，依次设站，经过 1、2 点连续观测，最后仍回到 BM_1。

（5）进行计算检核，即后视读数之和减前视读数之和应等于平均高差之和的两倍。

（6）计算高差闭合差，并对观测成果进行整理，推算出 1、2 点的高程。

四、注意事项

（1）注意水准测量进行的步骤，严防水准仪和水准尺同时移走。

（2）注意正确填写记录。

（3）要选择好测站和转点的位置，尽量避开行人和车辆的干扰，保持前后视距离相等，视线长不超过 100 米。

（4）水准尺要立直，用黑面读数。转点要选择稳固可靠的点，用尺垫时要踩实。

（5）读数时要注意气泡符合，消除视差，防止读错，记错。

（6）仪器要保护好，迁站时仪器应抱在胸前，所有仪器盒等工具都要随人带走。

（7）记录要书写整齐清楚，随测随记，不得重新誊抄。

五、上交资料

（1）每人上交普通水准测量实习报告一份（见 25 页）；

（2）每人上交普通水准测量记录手簿一份（见 26 页）。

实习三　四等水准测量

一、目的和要求

（1）练习四等水准测量的观测、记录、计算和检核方法。

（2）熟悉四等水准测量的观测程序及限差要求。

（3）从一个已知水准点开始，选择一路线进行闭合水准路线测量，高差闭合差的容许值为

$$f_{h容}=\pm 20\sqrt{L}$$

如观测成果满足精度要求，对观测成果进行整理，推算出待定点高程。

二、计划与仪器、工具

（1）实习时数安排为 2 个学时，每一实习小组由 4～6 人组成。

（2）每个实习小组配备 DS3 水准仪 1 台，水准尺 2 根，尺垫 2 个，记录板 1 块。2H 铅笔、计算器自备。

三、方法与步骤

（1）在实习场地上选定一点 BM_1 作为已知高程点，高程假设为 160m，选择 1、2、3 三个点作为待定高程点。

（2）四等水准观测顺序如下：

① 照准后视标尺黑面，按上下视距丝、中丝读数；

② 照准后视标尺红面，按中丝读数；

③ 照准前视标尺黑面，按上下视距丝、中丝读数；

④ 照准前视标尺红面，按中丝读数。

(3) 四等水准测量观测限差（表 1-1)。

表 1-1

等级	仪器类型	标准视线长度/m	后前视距差/m	后前视距差累计/m	黑红面读数差/mm	黑红面所测高差之差/mm	检测间歇点高差之差/mm
四等	S3	100	3.0	10.0	3.0	5.0	5.0

(4) 四等水准测量观测记录手簿。

(5) 用相同方法，沿选定的路线，依次设站，经过 1、2、3 点连续观测，最后仍回到 BM_1。

(6) 进行计算检核，在记录手簿中，通过黑红两面的高差之差进行计算检核，以确认测量和计算均合格。

(7) 计算高差闭合差，在规定的限差范围内，并对观测成果进行整理，推算出 1、2、3 点的高程。

四、注意事项

(1) 注意四等水准测量的观测步骤，严格按规定的观测顺序进行；

(2) 每测站观测完毕后，当场进行计算，记入相应栏内，各项限差均符合要求后方可迁站，严防没有计算和检核就将后视尺垫移走；

(3) 注意正确填写记录，做到边记录边计算，以提高观测速度；

(4) 要选择好测站和转点的位置，尽量避开行人和车辆的干扰，保持前后视距大致相等，视线长不超过 100 米，前后视距差累计不要超过 10 米；

(5) 水准尺要立直，用黑红两面读数，转点要安放尺垫并踩实，已知水准点和待测水准点不能放置尺垫；

(6) 读数时要注意气泡符合，消除视差，防止读错、记错，记录要书写整齐清楚，随测随记，不得重新誊抄；

(7) 仪器要保护好，迁站时仪器应抱在胸前，所有仪器盒等工具都要随人带走。

五、上交资料

(1) 每人上交一份四等水准测量实习报告一份（见 27 页)；

(2) 每人上交一份三（四）等水准测量观测手簿一份（见 28 页)。

实习四　水准仪的检验与校正

一、目的和要求

(1) 了解水准仪的构造原理与轴线关系。

(2) 练习水准仪的检验与校正方法。

(3) 重点掌握 i 角的检验原理、检验方法和校正方法。

二、计划与仪器、工具

(1) 实习时数安排为 2 个学时，每一实习小组由 4～6 人组成。

(2) 每个实习小组配备 DS3 水准仪 1 台，水准尺 2 根，尺垫 2 个，改针 1 个，记录板 1 块。2H 铅笔、计算器自备。

三、方法与步骤

(1) 检验与校正的顺序应遵循下述原则：即前面检验的项目不受后面检验项目的影响。

(2) 检验与校正的顺序如下。

① 圆水准器的水准轴应与仪器的旋转轴平行的检验与校正

a. 检验方法　先用脚螺旋将圆水准器气泡居中，然后旋转仪器 180°，若气泡仍居中，则表明此条件满足，可不校正；若气泡有了偏移，则表明条件不满足，需校正。

b. 校正方法　校正工作可以通过用改针调节水准器下面的螺钉来实现。操作时，分别调动三个螺钉使气泡向中间位置移动偏离长度的一半，校正后再检验一次，若还有偏移，再校正一次，直到满足条件为止。

② 十字丝横丝应与仪器旋转轴垂直的检验与校正

a. 检验方法　将仪器整平后，先用十字丝横丝的一端瞄准墙面上的一个点 P，然后用微动螺旋缓慢地转动望远镜，观察 P 点是否始终在横丝上移动，若偏离了横丝，则说明条件不满足，需校正。

b. 校正方法　它是通过旋转十字丝分划板来校正。操作时，应先松动固定十字丝的螺钉，轻轻转动十字丝环至正确位置后，小心地固定十字丝分划板，防止将十字丝分划板的玻璃挤破。校正后再检验，直到满足条件为止。

③ 望远镜视准轴应与水准管的水准轴平行的检验与校正

a. 检验方法　在平坦地方选定适当距离的两个点 A 和 B，并用木桩钉入地面，或用尺垫代替。置水准仪于 A、B 的中间，使两端距离严格相等，如图 1-1(a) 所示，此时测量出正确的高差 h_{AB}，然后将仪器置于 B 点附近，如图 1-1(b) 所示，测量有 i 角影响的高差 h''_{AB}

按公式：$i=\dfrac{h''_{AB}-h_{AB}}{S_A''-S_B''}\cdot\rho$　计算出 i 角。

b. 校正方法　在校正前先算出：$x_A=\dfrac{i}{\rho}\cdot S_A$ 值，

再算出 A 标尺正确读数：$a_2=a_2'-x_A$

在 B 点不要搬动仪器，用微倾螺旋使读数对准 a_2，这时水准管气泡不居中，调节固定水准管的上下螺丝使气泡居中，调节时注意先松后紧。

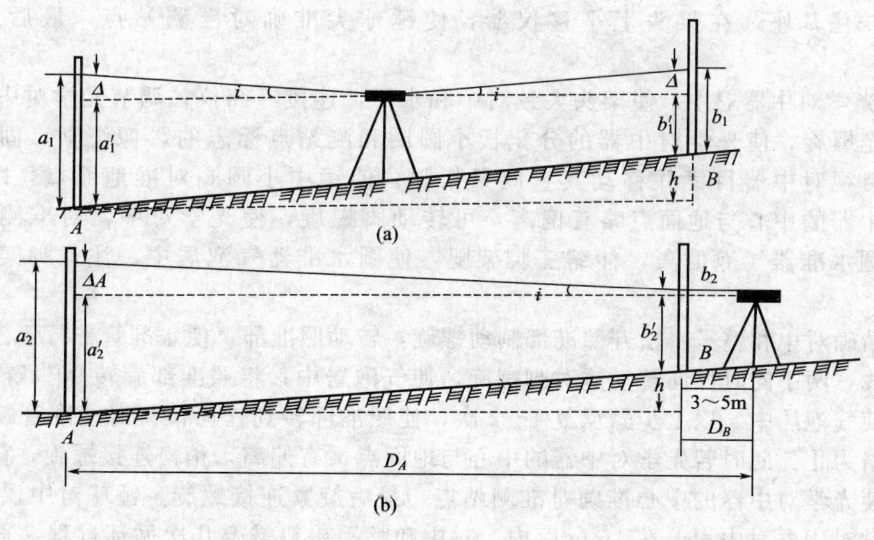

图 1-1

四、注意事项

(1) 水准仪是比较精密的仪器，其轴线关系较严格，校正需反复进行才能满足要求。

(2) 检验合格后，可不校正，确实需要校正的，在调节校正螺丝时，一定要先松后紧，动作要轻，不要用力过大，防止将仪器某些部件拧坏。

(3) 检验与校正必须严格按规定的步骤进行，操作仪器要认真细致，确定 i 角检验无误后再作校正调节。

五、上交资料

每人上交一份水准仪的检验与校正实习报告（见 29 页）。

实习五　J6 经纬仪的认识与使用

一、目的和要求

(1) 了解 J6 经纬仪的构造，主要部件的名称和作用。

(2) 练习经纬仪的对中、整平、瞄准和读数的方法。

(3) 要求对中误差小于 3mm，整平误差小于一格。

二、计划与仪器工具

(1) 实习时数安排为 2 个学时，每一实习小组由 4～6 人组成。

(2) 每实习小组配备 J6 经纬仪 1 台，测钎 2 只，记录板 1 块。

(3) 认识经纬仪的构造，熟悉经纬仪的操作。

三、方法与步骤

1. 经纬仪的安置

(1) 初步对中整平

① 用垂球对中　张开三脚架，安置在测站上，使三脚架高度适中，架头大致水平。挂上锤球，平移三脚架，使锤球尖大致对准测站点，并注意保持架头大致水平，并将架脚的脚尖踩入土中。然后把经纬仪从箱中取出，用连接螺旋将其固连在三脚架上。调整脚螺旋，使圆水准器气泡居中。此时，如果垂球尖偏离测站点标志中心，稍松连接螺旋，双手扶住基座，在架头上平移仪器，使锤球尖准确对准测站点，最后旋紧连接螺旋。

② 用光学对中器对中　使架头大致对中和水平，连接经纬仪；调节光学对中器的目镜和物镜对光螺旋，使光学对中器的分化板小圆圈和测站点标志的影像清晰。固定一只三脚架腿，目视对中器目镜并移动其它两只架腿，使镜中小圆圈对准地面点，踩紧脚架，若光学对中器的中心与地面点略有偏离，可转动脚螺旋，使光学对中器对准测站标志中心，此时圆水准器气泡偏离，伸缩三脚架腿，使圆水准器气泡居中，注意脚架尖位置不能移动。

(2) 精确对中和整平　松开照准部制动螺旋，转动照准部，使水准管平行于任意一对脚螺旋的连线，两手同时反向转动这对脚螺旋，使气泡居中；将照准部旋转 90°，转动第三只脚螺旋，使气泡居中。以上步骤反复 1～2 次，使照准部转到任何位置时水准管气泡的偏离不超过 1 格为止。此时若光学对中器的中心与地面点又有偏离，稍松连接螺旋，在架头上平移仪器，使光学对中器的中心准确对准测站点，最后旋紧连接螺旋。锤球对中误差在 3mm 以内，光学对中器对中误差在 1mm 以内。对中和整平一般需要几次循环过程，直至对中和整平均满足要求为止。

2. 瞄准目标

(1) 转动照准部，使望远镜对向明亮处，转动目镜对光螺旋，使十字丝清晰。

(2) 松开照准部制动螺旋，用望远镜上的粗瞄准器对准目标，使其位于视场内，固定望远镜制动螺旋和照准部制动螺旋。

(3) 转动物镜对光螺旋，使目标影像清晰；旋转望远镜微动螺旋，使目标像的高低适中；旋转照准部微动螺旋，使目标像被十字丝的单根竖丝平分，或被双根竖丝夹在中间。

(4) 眼睛微微左右移动，检查有无视差，如果有，转动物镜对光螺旋予以消除。

3. 读数

(1) 调节反光镜的位置，使读数窗亮度适当。

(2) 转动读数显微镜目镜对光螺旋，使度盘分划清晰。注意区别水平度盘与竖直度盘读数窗。

(3) 读取位于分微尺中间的度盘刻划线注记度数，从分微尺上读取该刻划线所在位置的分数，估读至 0.1′（即 6″的整倍数）。

盘左位置瞄准目标，读出水平度盘读数，纵转望远镜，盘右位置再瞄准该目标，两次读数之差约为 180°，以此检核瞄准和读数是否正确。

四、注意事项

(1) 打开三脚架后，要安置稳妥，先粗略对中地面标志，然后用中心螺旋把仪器牢固地连结在三脚架头上，并把箱子关上；

(2) 仪器对中时，先使架头大致水平，若对中相差较远，可将整个脚架连同仪器一块平移，使垂球接近地面标志点，然后再移动垂球与测站连线所指的一条腿，当垂球偏离标志中心在 1 厘米以内时，可旋松中心螺旋，使仪器在架头上移动，以达精确对中，然后旋紧中心螺旋；

(3) 制动螺旋不可拧（压）得太紧，微动螺旋不可旋得太松，亦不可拧得太紧，以处于中间位置附近为好。

五、上交资料

(1) 每人上交一份 J6 经纬仪的认识与使用实习报告（见 31 页）。

(2) 每人上交一份水平度盘读数练习表（见 32 页）。

实习六　水平角测量

一、目的和要求

(1) 掌握测回法和方向法测量水平角的操作方法、记录和计算。

(2) 测回法观测水平角，选择两个方向目标进行观测，其观测要求：每位同学对同一角度观测一测回；其限差要求：上、下半测回方向值之差不超过±30″，各测回方向值之差不超过±30″。

(3) 方向法观测水平角，选择三个以上的方向目标进行观测，其观测要求：每位同学观测一测回，上、下半测回均需要做“归零”观测；其限差要求：上、下半测回归零差不超过±18″，上、下半测回同一方向的方向值之差不超过±24″，各测回同一方向的方向值之差不超过±18″。

二、计划与仪器、工具

(1) 实习时数为 4 学时，每组 4～6 人组成。

(2) 实习配备 J6 经纬仪 1 台，测钎 4 只，记录板 1 块。

(3) 实习结束后上交一份实习报告。

三、方法与步骤

(1) 在地面上选择一点作为测站，在地面或远处选择几个细长目标物作为观测目标，每位同学用测回法和方向法各测一个测回的角度值。

(2) 测回法观测步骤

① 在测站点安置经纬仪，对中、整平。

② 盘左位置，瞄准左手方向的目标，读取水平度盘读数，记入观测手簿；然后松开照准部制动螺旋，顺时针转动照准部，瞄准右手目标，读取水平度盘读数，记入观测手簿。

③ 盘右位置，松开照准部和望远镜制动螺旋，纵转望远镜成盘右位置，瞄准原右手方向的目标，读取水平度盘读数，记入观测手簿；然后松开照准部制动螺旋，逆时针转动照准部，瞄准原左手方向的目标，读取水平度盘读数，记入观测手簿。

(3) 方向法观测步骤

① 安置经纬仪于测站点，精确对中、整平。

② 将度盘置于盘左位置并任选一方向 A 为起始方向，置度盘读数至略大于 $0°$，精确瞄准目标并读取此读数。松开照准部水平制动螺旋，顺时针方向依次瞄准目标 B、C、D 并读数。最后再次瞄准起始方向 A（称为归零），并读数。以上为半个测回。两次瞄准起始方向 A 点的读数之差称为“归零差”，若限差超限，均应重测。

③ 将度盘置于盘右位置照准起始方向 A，并读数。而后按逆时针方向依次照准目标 D、C、B、A 并读数。以上称为下半测回。

四、注意事项

(1) 仪器要安置稳妥，对中、整平要仔细；

(2) 目标不能瞄错，并尽量瞄准目标下端；

(3) 观测目标要认真消除视差；

(4) 在观测中若发现气泡偏离较多，应废弃重新整平观测；

(5) 在测站上应及时计算角值，如果超限，应重测。

五、上交资料

(1) 每人上交一份水平角的测量实习报告（见 33 页）；

(2) 每人上交一份水平角观测手簿（见 34 页）。

实习七　竖直角测量

一、目的和要求

(1) 掌握竖直度盘的构造和测量竖直角的操作方法、记录和计算。

(2) 使用中丝法观测竖直角，选择一至两个方向目标进行观测，其观测要求：每位同学对同一目标观测一个测回，并计算出一测回竖直角的角度值和竖直度盘的指标差。

二、计划与仪器工具

(1) 实习时数为 2 学时，每组 4～6 人组成。

(2) 实习配备 J6 经纬仪 1 台，测钎 4 只，记录板 1 块。

(3) 实习结束后上交一份实习报告。

三、方法与步骤

(1) 在地面上选择一点作为测站，在远处选择一个目标物作为观测目标，每位同学用中丝法测一个测回。

(2) 测回法观测步骤

① 在测站点安置经纬仪，对中、整平。

② 盘左照准目标，使十字丝的中丝切住标志的顶端，调整竖盘指标水准管微动螺旋，使气泡居中或打开竖直度盘自动补偿装置，读取竖盘读数 L。

③ 盘右照准原标志同一位置，使竖盘指标水准管居中后，读取竖盘读数 R。

以上观测为一个测回竖直角，将观测数据填入观测手簿中进行竖直角和指标差的计算。

四、注意事项

(1) 仪器要安置稳妥，对中、整平要仔细；

(2) 目标要选择易于用中丝切准的目标，不能瞄错，盘左盘右都要瞄准目标顶端或同一位置；

(3) 观测目标时一定要认真，并注意消除视差；

(4) 同一仪器的指标差值应相同，每位同学观测计算出的指标差互差不应超过±25″；

(5) 在切准目标读数之前，一定要调整竖盘度盘的指标水准管微动螺旋，使气泡居中或打开竖直度盘自动补偿装置。

五、上交资料

(1) 每人上交 1 份竖直角测量实习报告（见 35 页）；

(2) 每人上交 1 份竖直角观测手簿（见 36 页）。

实习八　电子经纬仪的认识与使用

一、目的与要求

(1) 了解电子经纬仪的构造和性能。

(2) 熟悉电子经纬仪的使用方法。

二、计划与仪器工具

(1) 实习时数安排 2 学时，每实习小组 4～6 人组成。

(2) 每组配备电子经纬仪 1 台，配套脚架 1 个，标杆 2 根，记录板 1 块。

三、方法与步骤

1. 电子经纬仪的认识

电子经纬仪有许多型号，其外型、体积、重量、性能各不相同，该实习应在指导教师演示后进行操作。

2. 电子经纬仪的使用

(1) 在实习场地上选择一点 O，作为测站，另外两点 A、B，在 A、B 上竖立标杆。

(2) 将电子经纬仪安置于 O 点，对中、整平。

(3) 打开电源开关，进行自检，纵转望远镜，设置垂直度盘指标。

(4) 盘左瞄准左目标 A，按置零键，使水平度盘读数显示为 0°00′00″，顺时针旋转照准部，瞄准右目标 B，读取显示读数。

(5) 同样方法可以进行盘右观测。

(6) 如要测竖直角，可在读取水平度盘的同时读取竖盘的显示读数。

四、注意事项

(1) 光学对中误差应小于 1mm，整平误差应小于 1 格，同一角度各测回互差应小于 24″。

(2) 装卸电池时必须关闭电源开关。

(3) 观测前应先进行有关初始设置。

(4) 搬站时应先关机。

五、上交资料

每人上交一份电子经纬仪的认识与使用实习报告（见37页）。

实习九　光学经纬仪的检验与校正

一、目的和要求

(1) 了解光学经纬仪的构造原理与轴线关系。

(2) 练习经纬仪的检验与校正方法。

二、计划与仪器工具

(1) 实习时数安排2学时，每个实习小组4～6人。

(2) 每组配备光学经纬仪1台，配套脚架1个，标杆2根，记录板1块，改针1个。

三、方法与步骤

1. 照准部水准管轴应垂直于竖轴的检验与校正

(1) 检验方法：将仪器大致整平，转动照准部使水准管与两个脚螺旋连线平行。转动脚螺旋使水准管气泡居中，此时水准管轴水平。将照准部旋转180°，若气泡仍然居中，表明条件满足；若气泡偏离大于1格，则需进行校正。

(2) 校正方法：首先转动与水准管平行的两个脚螺旋，使气泡向中央移动偏离值的一半。再用校正针拨动水准管校正螺丝（注意应先放松一个，再旋紧另一个），使气泡居中，此时水准管轴处于水平位置，竖轴处于铅直位置，即 $LL \perp VV$。此项检验校正需反复进行，直至照准部旋转到任何位置气泡偏离最大不超过1格时为止。

2. 十字丝竖丝垂直于横轴的检验与校正

(1) 检验方法：整平仪器，以十字丝竖丝的上端精确照准任一清晰的小点 P，拧紧照准部和望远镜制动螺旋，转动望远镜上下微动螺旋，使望远镜做上下微动，如果所瞄准的小点始终不偏离竖丝，则说明条件满足；若十字丝竖丝移动的轨迹明显偏离了 P 点，则需进行校正。

(2) 校正方法：卸下目镜处的外罩，即可见到十字丝分划板校正设备，松开四个十字丝分划板套筒压环固定螺丝，转动十字丝套筒，直至十字丝竖丝始终在 P 点上移动，然后再将压环固定螺丝旋紧。

3. 视准轴垂直于横轴的检验与校正

(1) 检验方法：选择一平坦场地，如图1-2所示，在 A、B 两点（相距约100m）的中点 O 安置仪器，在 A 点竖立一标志，在 B 点横放一根水准尺或毫米分划尺，使其尽可能与视线 OA 垂直。标志与水准尺的高度大致与仪器同高。首先用盘左位置照准 A 点，固定照准部，然后倒转望远镜成盘右位置，在B尺上读数，得 B_1，见图1-2(a)。再用盘右位置再照准 A 点，固定照准部，倒转望远镜成盘左位置，在B尺上读数，得 B_2，如图1-2(b)。若 B_1、B_2 两点重合，表明条件满足；否则需校正。

(2) 校正方法：如图1-2(b) 所示，由 B_2 点向 B 点量取 $B_1B_2/4$ 的长度，定出 B_3 点。用校正针拨动固定十字丝左右两个校正螺丝，使十字丝交点与 B_3 点重合。此项检验校正需反复进行，直至满足条件为止。

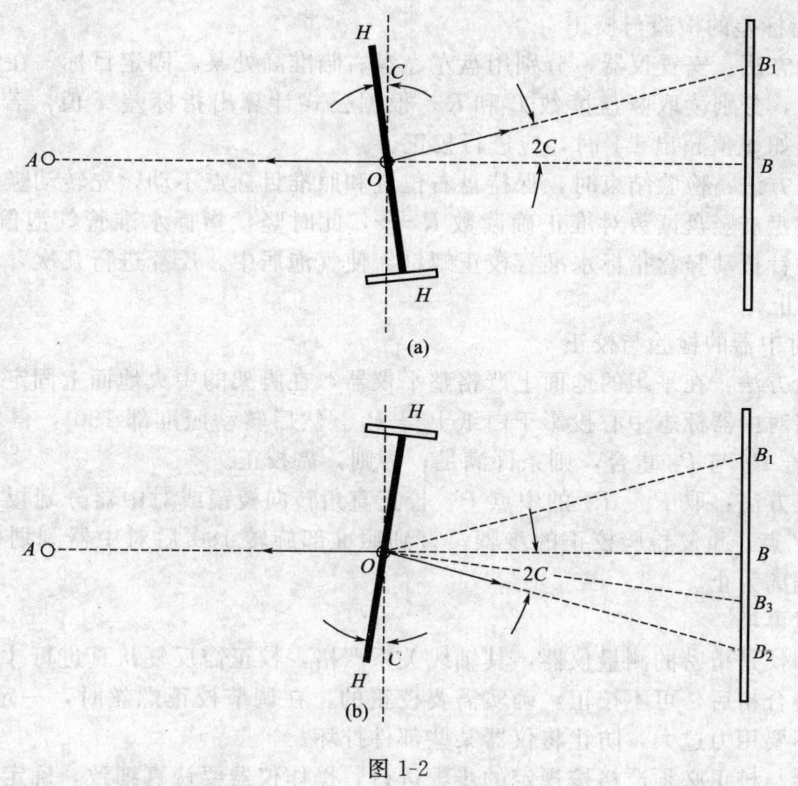

图 1-2

4．横轴垂直于竖轴的检验与校正

（1）检验方法：如图 1-3 所示在距一洁净的高墙 20～30m 处安置仪器，以盘左瞄准墙面高处的一固定点 P，固定照准部，然后大致放平望远镜，按十字丝交点在墙面上定出一点 P_1；同样再以盘右瞄准 P 点，放平望远镜，在墙面上定出一点 P_2。如果 P_1、P_2 两点重合，则满足要求，否则需要进行校正。

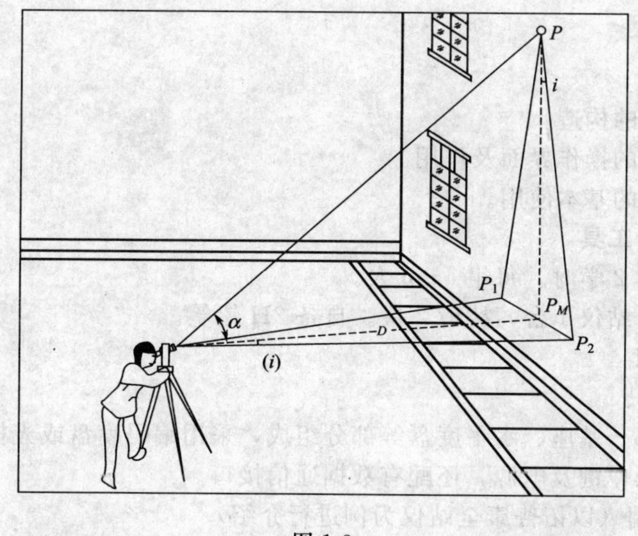

图 1-3

（2）校正方法：由于光学经纬仪的横轴是密封的，一般能够满足横轴与竖轴相垂直的条件，测量人员只要进行此项检验即可，若需校正，应由专业检修人员进行。

5. 竖盘指标差的检验与校正

(1) 检验方法：安置仪器，分别用盘左、盘右瞄准高处某一固定目标，在竖盘指标水准管气泡居中后，分别读取竖盘读数 L 和 R。根据公式计算出指标差 x 值，若 x 接近于零，则条件满足；如 x 值超出 $\pm1'$ 时，应进行校正。

(2) 校正方法：检验结束时，保持盘右位置和照准目标点不动，先转动竖盘指标水准管微动螺旋，使盘右竖盘读数对准正确读数 $R-x$，此时竖盘指标水准管气泡偏离居中位置，然后用校正拨针拨动竖盘指标水准管校正螺钉，使气泡居中。反复进行几次，直至竖盘指标差小于 $\pm1'$ 为止。

6. 光学对中器的检验与校正

(1) 检验方法：在平坦的地面上严格整平仪器，在脚架的中央地面上固定一张白纸。对中器调焦，将对中器标志中心投影于白纸上得 P_1。然后转动照准部 180°，得对中器标志中心投影 P_2，若 P_1 与 P_2 重合，则条件满足；否则，需校正。

(2) 校正方法：取 P_1、P_2 的中点 P，校正直角转向棱镜或对中器分划板，使对中器标志中心对准 P 点。重复检验校正的步骤，直到照准部旋转 180°后对中器刻划标志中心与地面点无明显偏离为止。

四、注意事项

(1) 经纬仪是精密的测量仪器，其轴线关系严格，校正需反复认真进行才能满足要求。

(2) 检验合格后，可不校正，确实需要校正的，在调节校正螺丝时，一定要先松后紧，动作要轻，不要用力过大，防止将仪器某些部件拧坏。

(3) 检验与校正必须严格按规定的步骤进行，操作仪器要认真细致，确定检验无误后再作校正调节，不要盲目地随意调节。

五、上交资料

每人上交 1 份光学经纬仪的检验与校正实习报告（见 39 页）。

实习十　全站仪的认识与使用

一、目的和要求

(1) 熟悉全站仪的构造。

(2) 熟悉全站仪的操作界面及作用。

(3) 掌握全站仪的基本使用。

二、计划与仪器工具

(1) 实习时数为 2 学时。每组 4～6 人。

(2) 每组配备全站仪 1 台，棱镜 2 块。自备 2H 铅笔。

三、方法与步骤

1. 全站仪的认识

全站仪由照准部、基座、水平度盘等部分组成，采用编码度盘或光栅度盘，读数方式为电子显示。有功能操作键及电源，还配有数据通信接口。

2. 全站仪的使用（以拓普康全站仪为例进行介绍）

(1) 测量前的准备工作

① 电池的安装，注意测量前电池需充足电，把电池盒底部的导块插入装电池的导孔，按电池盒的顶部直至听到“咔嚓”响声。向下按解锁钮，取出电池。

② 仪器的安置。在实习场地上选择一点，作为测站，另外两点作为观测点，将全站仪安置于点，对中、整平，在两点分别安置棱镜。

③ 竖直度盘和水平度盘指标的设置。竖直度盘指标设置，松开竖直度盘制动钮，将望远镜纵转一周（望远镜处于盘左，当物镜穿过水平面时），竖直度盘指标即已设置，随即听见一声鸣响，并显示出竖直角。水平度盘指标设置，松开水平制动螺旋，旋转照准部 360°，水平度盘指标即自动设置。随即一声鸣响，同时显示水平角。至此，竖直度盘和水平度盘指标已设置完毕。注意：每当打开仪器电源时，必须重新设置仪器的指标。

④ 调焦与照准目标。操作步骤与一般经纬仪相同，注意消除视差。

（2）角度测量

① 首先从显示屏上确定是否处于角度测量模式，如果不是，则按操作转换为角度测量模式。

② 盘左瞄准左目标 A，按置零键，使水平度盘读数显示为 0°00′00″，顺时针旋转照准部，瞄准右目标 B，读取显示读数。

③ 同样方法可以进行盘右观测。

④ 如果测竖直角，可在读取水平度盘的同时读取竖盘的显示读数。

（3）距离测量

① 首先从显示屏上确定是否处于距离测量模式，如果不是，则按操作键转换为距离测量模式。

② 照准棱镜中心，这时显示屏上能显示箭头前进的动画，前进结束则完成距离测量，得出距离，*HD* 为水平距离，*SD* 为倾斜距离，*VD* 为垂直高差。

（4）坐标测量

① 首先从显示屏上确定是否处于坐标测量模式，如果不是，则按操作键转换为坐标模式。

② 输入本站点 O 点及后视点坐标，以及仪器高、棱镜高。

③ 瞄准棱镜中心，这时显示屏上能显示箭头前进的动画，前进结束则完成坐标测量，得出点的坐标。

四、注意事项

（1）运输仪器时，应采用原装的包装箱运输、搬动。

（2）近距离将仪器和脚架一起搬动时，应保持仪器竖直向上。

（3）换电池前必须关机。

（4）仪器只能存放在干燥的室内。充电时，周围温度应在 10～30℃之间。

（5）全站仪是精密贵重的测量仪器，要防日晒、防雨淋、防碰撞震动。严禁仪器直接照准太阳。

（6）全站仪的种类很多，不同厂家的仪器和不同类型的仪器，其操作方法有所不同，必须多练习才能掌握。

五、上交资料

每人上交 1 份全站仪的认识与使用实习报告（见 41 页）。

第二部分　实习报告

实习一　水准仪的认识与使用实习报告

班级：　　组别：　　姓名：　　学号：　　日期：

主要仪器与工具		成绩	
实习目的			

1. 为什么气泡移动方向与左手拇指移动方向一致？

2. 使用一对脚螺旋时，为什么要相对地旋转？

3. 使用望远镜时，为什么一定要先调目镜，再调物镜对光螺旋？

4. 怎样使用微动螺旋？什么情况下微动螺旋会不起作用？

5. 为什么照准标尺的方向改变后，要重新用微倾螺旋使气泡符合？

6. 实习总结

上交实习报告，请沿此线裁下

实习二　　普通水准测量实习报告

班级：　　组别：　　姓名：　　学号：　　日期：

主要仪器与工具		成绩	
实习目的			

1. 什么是视差？为什么会产生视差？如何消除视差？

2. 水准测量时，为什么要使前后视距相等？

3. 怎样检查计算有无错误？

4. 怎样检查测量有无错误？

5. 产生闭合差的原因有哪些？

6. 实习总结

上交实习报告，请沿此线裁下

实习二　　普通水准测量记录手簿

日　期＿＿＿＿＿＿　仪器编号＿＿＿＿＿＿　观测＿＿＿＿＿＿

天　气＿＿＿＿＿＿　地　　点＿＿＿＿＿＿　记录＿＿＿＿＿＿

测站	测点	后视读数	前视读数	高差/m	平均高差/m	备　注

计算检核

实习三　四等水准测量实习报告

班级：　　组别：　　姓名：　　学号：　　日期：

主要仪器与工具		成绩	
实习目的			

1. 在测量过程中，如何使前后视距保持大致相等？

2. 水准测量中，前后视距相等可以消除哪些误差？

3. 四等水准测量，有哪些检核可以保证测量结果的正确性？

4. 如何选择间歇点，如何检测间歇点？

5. 实习总结

上交实习报告，请沿此线裁下

实习三　　三(四)等水准测量观测手簿

测自　　　至　　天气：　　　　呈像：　　　　　　日期：　　年　　月　　日

仪器号码：No. S325　　　　观测者：　　　　　　记录者：

测站编号	后尺 下丝 / 上丝	前尺 下丝 / 上丝	方向及尺号	标尺读数		K+黑−红	高差中数	备考
	后距	前距		黑面	红面			
	视距差 d	$\sum d$						
	(1)	(5)	后	(3)	(4)	(13)		
	(2)	(6)	前	(7)	(8)	(14)		
	(9)	(10)	后-前	(15)	(16)	(17)	(18)	
	(11)	(12)						
			后 7					
			前 8					
			后-前					
			后 8					
			前 7					
			后-前					
			后 7					
			前 8					
			后-前					
			后 8					
			前 7					
			后-前					
			后 7					
			前 8					
			后-前					
			后 8					
			前 7					
			后-前					
			后 7					
			前 8					
			后-前					
			后 8					
			前 7					
			后-前					
			后 7					
			前 8					
			后-前					

实习四　　水准仪的检验与校正实习报告

班级：　　组别：　　姓名：　　学号：　　日期：

主要仪器与工具		成绩	
实习目的			

1. 水准仪有哪些主要轴线？它们之间的关系如何？

2. 在对圆水准器进行校正时，为什么一次只调节气泡偏离长度的一半？

3. 十字丝横丝应与仪器旋转轴垂直的意义何在？

4. 何谓 i 角？如何消除 i 角对观测高差的影响？

5. 实习总结

上交实习报告，请沿此线裁下

实习五　　J6 经纬仪的认识与使用实习报告

班级：　　　　组别：　　　　姓名：　　　　学号：　　　　日期：

主要仪器与工具		成绩	
实习目的			

1. 经纬仪使用中为什么要对中？对中的要领是什么？

2. 视差对测角有何影响，如何消除它？

3. 望远镜转动时，不松制动螺旋有何害处？

4. 经纬仪为什么要整平后才能测角？

5. 用什么方法可以很快地照准目标？为什么有时望远镜方向已对准目标，而镜内还看不见目标呢？

6. 实习总结

上交实习报告，请沿此线裁下

实习五　水平度盘读数练习表

测站	目标	竖盘位置	水平度盘读数			备注
			(°)	(′)	(″)	

实习六 水平角测量实习报告

班级： 组别： 姓名： 学号： 日期：

主要仪器与工具		成绩	
实习目的			

1. 计算角值β时，为什么一定要用 b-a？被减数不够减时，为什么要加 360°？

2. 对中、整平不精确，对测角有何影响？

3. 若前半个测回测完时，发现水准管气泡偏离中心，重新整平之后仅测下半个测回，然后取平均值行否？为什么？

4. 方向法测水平角进行“归零”观测有什么好处？

5. 实习总结

上交实习报告，请沿此线裁下

实习六

水平角观测手簿(测回法)

观测日期__________ 天气状况__________ 工程名称__________

仪器型号__________ 观测者__________ 记录者__________

测站	测回	竖盘位置	目标	水平度盘读数 /(° ′ ″)	半测回角值 /(° ′ ″)	一测回角值 /(° ′ ″)	各测回平均角值 /(° ′ ″)	备注
		左						
		右						
		左						
		右						

水平角观测手簿(方向观测法)

观测日期__________ 天气状况__________ 工程名称__________

仪器型号__________ 观 测 者__________ 记 录 者__________

测站	测回	目标	水平度盘读数		2c	盘左、盘右平均读数	一测回归零方向值	各测回平均方向值	角值
			盘左	盘右					
			(° ′ ″)	(° ′ ″)	(″)	(° ′ ″)	(° ′ ″)	(° ′ ″)	(° ′ ″)
1	2	3	4	5	6	7	8	9	10

上交实习报告，请沿此线裁下

实习七　　竖直角测量实习报告

班级：　　组别：　　姓名：　　学号：　　日期：

主要仪器与工具		成绩	
实习目的			

1. 认真观察自己所用的仪器，写出盘左和盘右计算竖直角的公式。

2. 比较观测水平角与竖直角时，瞄准目标时有何区别？各需注意什么？

3. 如何判断竖直度盘自动补偿装置是否处于工作状态？

4. 实习总结

实习七　　竖直角观测手簿

观测日期＿＿＿＿＿＿　天气状况＿＿＿＿＿＿　工程名称＿＿＿＿＿＿

仪器型号＿＿＿＿＿＿　观测者＿＿＿＿＿＿　记录者＿＿＿＿＿＿

测站	目标	测回	竖盘位置	竖盘读数/(° ′ ″)	半测回竖直角/(° ′ ″)	指标差/(″)	一测回竖直角/(° ′ ″)	各测回竖直角/(° ′ ″)	备注

实习八　电子经纬仪的认识与使用实习报告

班级：　　组别：　　姓名：　　学号：　　日期：

主要仪器与工具		成绩	
实习目的			

1. 电子经纬仪与光学经纬仪在观测中有哪些异同？

上交实习报告，请沿此线裁下

2. 电子经纬仪有哪些优点和需要改进的地方？

3. 实习总结

实习九　　光学经纬仪的检验与校正实习报告

班级：　　　　组别：　　　　姓名：　　　　学号：　　　　日期：

主要仪器与工具		成绩	
实习目的			

1. 经纬仪具有哪些主要轴线？其轴线间的关系如何？

2. 经纬仪测角时需用盘左和盘右观测，这样有什么好处？盘左盘右平均值可以消除哪些误差的影响？

3. 实习总结

上交实习报告，请沿此线裁下

实习十　　　全站仪的认识与使用实习报告

班级：　　　　组别：　　　　姓名：　　　　学号：　　　　日期：

主要仪器与工具		成绩	
实习目的			

1. 为什么在测距时要测量气压及温度？

2. 为什么每次测出的数值会有差异？

3. 什么是固定误差和比例误差？为什么要进行这两项改正？

4. 用全站仪进行多测回水平角观测时是否在测回间配置度盘读数？为什么？

5. 什么是棱镜常数？不同的棱镜其常数是否一样？如何输入棱镜常数？

6. 实习总结

上交实习报告，请沿此线裁下

第三部分　现代测量学实训

一、实训目的与要求

(1) 教学综合实训是测量学教学的一个重要环节，其目的是使学生在获得基本知识和基本技能的基础上，进行一次较全面、系统的训练，以巩固课堂所学理论知识及提高操作技能。

(2) 培养学生独立工作和解决实际问题的能力。

(3) 培养学生严肃认真、实事求是、一丝不苟的科学态度。

(4) 培养吃苦耐劳、爱护仪器用具、相互协作的职业道德。

(5) 根据实际情况，可以与生产实际相结合，也可以在学校附近进行实训。

二、计划与仪器工具

(1) 实训期间的组织工作，由指导教师负责。综合实训工作按小组进行，每组4～6人，选组长一人，负责组内综合实训分工和仪器管理。

(2) 实训内容及时间安排见表3-1。

表3-1 实训内容及时间安排

综合实训内容	时间安排	备 注
综合实训动员、借领仪器用具、仪器检验	1天	做好测量前的准备工作，对水准仪、经纬仪进行检验
踏勘测区，选择确定控制点点位	1天	选点结束要画出选点略图和点之记图
平面控制测量外业	3天	进行导线测量
导线测量内业计算	1天	计算平面控制点的坐标
高程控制测量	2天	进行水准测量
水准测量内业计算	1天	计算控制点的高程
地形图测绘	8天	了解地形图测量的原理、方法和步骤
仪器操作考核	1天	经纬仪、水准仪、全站仪
上交仪器、工具	1天	将所借仪器整理、擦拭干净后归还实验室
整理资料，编写实训报告	1天	对整个实训过程进行全面的总结

(3) 每组配备的仪器用具：经纬仪1台，水准仪1台，全站仪1台，棱镜2个，大、小钢尺各1把，水准尺1副，尺垫2个，测钎1组，记录板1块，比例尺1把，锤子1把，木桩若干，红漆1桶，计算机1台，有关记录手簿、计算器，橡皮及铅笔等。

三、注意事项

(1) 组长要切实负责，合理安排，使每人都有练习的机会，不要单纯追求进度；组员之间应团结协作，密切配合，以确保综合实训任务顺利完成。

(2) 实训过程中，应严格遵守《测量实训须知》中的有关规定。

(3) 实训前要做好准备工作，随着实训进度阅读本书及教材的有关章节，明确实训任务，掌握测量方法。

(4) 每一项测量工作完成后，要及时计算、整理观测成果。原始数据、资料、成果应妥善保存，不得丢失。

四、实训内容及技术要求

1. 水准仪、经纬仪的检验

(1) 水准仪的检校

① 圆水准器轴平行于仪器竖轴的检验与校正：气泡无明显偏离。

② 十字丝中丝垂直于仪器竖轴的检验与校正：标志点无明显偏离十字横丝。

③ 水准管轴平行于视准轴的检验与校正：$i<\pm 20''$。

(2) 经纬仪的检校

① 水准管轴垂直于仪器竖轴的检验与校正：水准管气泡偏移值都在一格以内。

② 十字丝竖丝垂直于横轴的检验与校正：标志点无明显偏离十字竖丝。

③ 视准轴垂直于横轴的检验和校正：如果 $c>60''$，则需要校正。

④ 横轴垂直于仪器竖轴的检验。

⑤ 指标差的检验与校正：当竖盘指标差 $x>1'$时，则需校正。

2. 图根平面控制测量

在实训测区内进行实地踏勘，布设一条或多条闭合导线或附合导线，经过观测、计算获得控制点平面坐标。

(1) 踏勘选点　每组在指定测区内进行踏勘，了解地形条件，按踏勘选点要求，选定4～5点，选点时应注意：相邻点间应通视良好，地势平坦，便于测角和量距；点位应选在土质坚实，便于安置仪器和保存标志的地方；导线点应选在视野开阔的地方；导线边长应大致相等，其平均边长应符合技术要求；导线点应有足够的密度，分布均匀。

(2) 建立标志　导线点位置选定后，应建立标志，在点位上打一个木桩，在桩顶钉一小钉，作为点的标志；也可在水泥地面上用红漆划一圆圈，圈内点一小点，作为临时性标志。

(3) 水平角观测　用测回法观测导线内角一个测回，要求上、下两半测回角值之差不超过$\pm 40''$，闭合导线角度闭合差不超过$\pm 60''\sqrt{n}$。

(4) 导线边长测量　使用全站仪进行对向观测，取平均值作为最后结果。

(5) 测定起始边的方位角　在有条件的情况下，尽可能地采用国家统一坐标系统，选择已知点作为起始点或起始边。

(6) 平面坐标计算　根据起始数据和观测数据，利用计算器手工计算或利用计算机平差程序计算各平面控制点的坐标。

3. 高程控制测量

高程控制点尽可能地布设在平面控制点上，形成闭合或符合水准路线，经过观测、计算求出各控制点的高程。

(1) 水准测量　水准测量用 S3 水准仪，按四等水准测量的要求进行观测，水准路线高差容许闭合差为：

$$f_{h容}=\pm 20\sqrt{L}(\mathrm{mm})$$

(2) 高程计算　按已知点的高程，计算出各控制点的高程。

4. 地形图的测绘

(1) 在图根控制点的平面坐标与高程计算完毕，按照数字测图原理和方法，利用全站仪进行野外数据采集。

(2) 每天数据采集结束后，及时将全站仪内存中的数据传输到计算机中，进行加工处理。

(3) 根据外业观测数据（即碎部点的坐标），利用计算机绘图软件（南方 CASS 成图软件）进行地形图的绘制工作。

(4) 地形图绘制完毕还需要进行必要的注记与整饰工作。

(5) 为了内业绘图工作的顺利进行，外业采集数据时，需要绘制必要的草图或输入地物的简编码。

(6) 当天采集的数据，最好是当天就绘制完毕，做到当天任务当天做完。

(7) 在外业采集数据时，各组之前可以相互利用图根控制点的观测成果；内业绘图时，注意各组之间图形的拼接要无误。

5. 仪器操作考核

实训结束后，对每个学生的仪器（水准仪、经纬仪和全站仪）操作进行一次考核，根据其操作仪器的动作规范与熟练程度和观测时间的长短进行综合评定，此项成绩在实训总成绩中占有一定的比例。

五、成绩的综合评定

实训成绩的综合评定是根据学生仪器操作能力以及分析问题和解决问题的能力、测量成果的质量及仪器工具爱护情况、实训日记、实训报告、仪器操作考核成绩、出勤情况、实训过程中的口试情况、团队精神等各种情况进行综合评定。成绩评定分为优、良、中、及格、不及格。

凡仪器操作考核有一项不及格，无故缺勤超过 1 天、伪造原始观测数据、未交成果资料和实训日记、严重损坏仪器工具者成绩均作为不及格处理。

六、编制实训报告书

综合实训报告要在实训期间编写，实训结束时上交。编写格式如下：

1. 封面——综合实训名称、地点、起止日期，班级、组别、姓名。

2. 前言——说明综合实训的目的、任务及要求。

3. 内容——综合实训的项目、程序、方法、精度要求及计算成果。

4. 结束语——综合实训的心得体会，意见和建议。

七、上交实训成果

1. 每组应交成果

水平角观测记录、水平距离观测记录及水准测量观测记录，测图外业记录与草图，计算机绘制的地形图。

2. 个人应交成果

(1) 图根导线坐标计算表及水准测量成果计算表。

(2) 实训报告。

第四部分　实训报告

实 训 报 告

时　　　间＿＿＿＿＿＿＿＿＿＿＿＿＿＿＿＿＿

实训地点＿＿＿＿＿＿＿＿＿＿＿＿＿＿＿＿＿

实训组号＿＿＿＿＿＿＿＿＿＿＿＿＿＿＿＿＿

姓　　　名＿＿＿＿＿＿＿＿＿＿＿＿＿＿＿＿＿

学　　　号＿＿＿＿＿＿＿＿＿＿＿＿＿＿＿＿＿

指导教师＿＿＿＿＿＿＿＿＿＿＿＿＿＿＿＿＿

年　　　月　　　日

前言

目 录

实训内容

一、经纬仪、水准仪的检验与校正

二、平面控制测量

(一) 导线略图、实测步骤和技术要求

（二）导线外业测量记录

导线测量外业记录表

日期：______年____月____日 天气：________ 仪器型号：__________组号：________

观测者：________________记录者：________________ 参加者：____________________

测点	盘位	目标	水平度盘读数/(° ′ ″)	水平角		示意图及边长
				半测回值/(° ′ ″)	一测回值/(° ′ ″)	
						边长名：________
						第一次＝________m。
						第二次＝________m。
						平　均＝________m。
						边长名：________
						第一次＝________m。
						第二次＝________m。
						平　均＝________m。
						边长名：________
						第一次＝________m。
						第二次＝________m。
						平　均＝________m。
						边长名：________
						第一次＝________m。
						第二次＝________m。
						平　均＝________m。
校核	角度闭合差 f_β＝					

（三）导线内业计算

导线坐标计算表

点号	观测角（左角）/(° ′ ″)	改正数/(″)	改正角/(° ′ ″)	坐标方位角 α /(° ′ ″)	距离 D /m	增量计算值 Δx /m	增量计算值 Δy /m	改正后增量 Δx /m	改正后增量 Δy /m	坐标值 x /m	坐标值 y /m	备注
总和												
辅助计算												

三、高程控制测量

(一) 水准路线略图、实测步骤和技术要求

（二）水准测量外业观测记录

水准测量记录手簿

日　期＿＿＿＿　仪器编号＿＿＿＿　观测＿＿＿＿

天　气＿＿＿＿　地　点＿＿＿＿　记录＿＿＿＿

测站编号	后尺 下丝	前尺 下丝	方向及尺号	标尺读数		K+黑-红	高差中数	备考
	后尺 上丝	前尺 上丝		黑面	红面			
	后距	前距						
	视距差 d	$\sum d$						
	(1)	(5)	后	(3)	(4)	(13)		
	(2)	(6)	前	(7)	(8)	(14)		
	(9)	(10)	后-前	(15)	(16)	(17)	(18)	
	(11)	(12)						
			后 7					
			前 8					
			后-前					
			后 8					
			前 7					
			后-前					
			后 7					
			前 8					
			后-前					
			后 8					
			前 7					
			后-前					
			后 7					
			前 8					
			后-前					
			后 8					
			前 7					
			后-前					
			后 7					
			前 8					
			后-前					
			后 8					
			前 7					
			后-前					
			后 7					
			前 8					
			后-前					

（三）水准测量内业计算

水准测量内业计算手簿

测段编号	点名	距离/km	测站数	实测高差/m	改正数/m	改正后的高差/m	高程/m	备　　注
Σ								
辅助计算								

四、数字地形图的测绘

(一) 外业数据的采集

（二）内业计算机绘图

（三）测绘地形图过程中遇到的技术问题及解决办法

（四）测图过程中的注意事项

结　束　语

教师评价：